O S T S E E
KIEL
PREETZ
Bothkamp
Depenau
Perdoel
PLÖN
EUTIN
NEUSTADT
BAD SEGEBERG
LÜBECK
BAD OLDESLOE
AHRENSBURG
RATZEBURG
MÖLLN

SCHLÖSSER UND HERRENHÄUSER IM NÖRDLICHEN UND WESTLICHEN HOLSTEIN

von Henning v. Rumohr

Ein Handbuch mit 116 Aufnahmen und 8 Farbtafeln

Neubearbeitet von Cai Asmus v. Rumohr und Carl-Heinrich Seebach

Verlag Weidlich Würzburg

Gesamtherstellung: Kösel, Kempten
Printed in Germany
ISBN 3 8035 1272 7

Inhalt

Vorwort 7

Kreis Plön

1 Perdoel 9
2 Depenau 22
3 Bothkamp 36

Kreis Rendsburg-Eckernförde
(ehem. Kreis Rendsburg)

4 Quarnbek 52
5 Klein Nordsee 65
6 Marutendorf 74
7 Schierensee 83
8 Deutsch-Nienhof 98
9 Emkendorf 113
10 Bossee 135
11 Kluvensiek 148
12 Osterrade 158
13 Hanerau 169

Kreis Steinburg

14 Sarlhusen 182
15 Drage 190
16 Mehlbek 197
17 Krummendiek 207
18 Heiligenstedten 213
19 Breitenburg 221
20 Gross Colmar 247

Kreis Pinneberg
21 Seestermühe 254
22 Haselau 263
23 Haseldorf 272

Kreis Segeberg
24 Kaden 284
25 Bramstedt 292

Namensregister 305
Abbildungsnachweis 319

Vorwort

Der Band Westliches Holstein, der hiermit vorgelegt wird, schließt sich geographisch an den Band Ostholstein an, der 1973 erschienen ist und für den eine Neuauflage 1982 geplant ist. Aus dem Kreise Plön kommen daher in diesen Band noch drei Güter hinein, Perdoel und Depenau im Bereiche des limes saxoniae, dann Bothkamp. Es folgen die vielen Güter rund um den Westensee, einige kleinere im westlichen Holstein, sodann Breitenburg und die adeligen Marschgüter mit dem wichtigen Haseldorf. Den Beschluß bilden zwei Güter aus dem Kreise Segeberg, der fast von Eutin bis dicht vor Kellinghusen das ganze mittlere Holstein einnimmt, so daß Kaden und Bramstedt dem westlichen Holstein zugerechnet werden müssen.

Anfänglich war geplant gewesen, das gesamte übrige Holstein in einem einzigen Band zusammenzufassen. Bei näherer Betrachtung ergab sich jedoch, daß das Land zu groß ist und die Zahl der Güter die Stärke eines einzigen Bandes überschreitet. Daher müssen einem Schlußband die noch verbleibenden Güter im Kreise Segeberg sowie die in den Kreisen Stormarn und Herzogtum Lauenburg zugewiesen werden.

Ein Werk wie das vorliegende kann nur mit Mithilfe vieler privater und amtlicher Stellen geschrieben werden. Ich danke allen Besitzern der hier besprochenen Herrenhäuser für ihre nachhaltige Unterstützung durch Bereitstellung von archivalischem Material, von Gutsbeschreibungen, von Bildern und von Hinweisen auf historisch wichtige Zusammenhänge.

Mein besonderer Dank gilt Herrn Carl-Heinrich Seebach, der die meisten Güter bereist hat und vor allem zur Baugeschichte der Häuser wertvolle Beiträge geschrieben hat. Teile der Kapitel Breitenburg und Emkendorf konnten aus seiner Feder übernommen werden.

Ebenso danke ich Hr. Flemming Jerk in Kopenhagen für seine tätige Mitarbeit. Er hat mich auf vielen Reisen begleitet und aufgrund seiner umfassenden Kenntnisse in historischer und genealogischer Hinsicht jederzeit bestens beraten.

Alle in Betracht kommenden Behörden und Dienststellen haben mich hervorragend unterstützt: Das Schleswig-Holsteinische Landesamt für Denkmalpflege, vor allem auch durch die ausgezeichneten Fotos von Otto Vollert; weiter die Schleswig-Holsteinische Landesbibliothek in Kiel, das Schleswig-Holsteinische Landesarchiv im Schloß Gottorf, die Museen in Altona, Schleswig und Flensburg.

Eine bedeutende finanzielle Beihilfe leisteten die Staatskanzlei des Herrn Ministerpräsidenten durch den allzu früh verstorbenen Staatssekretär Arthur Rathke und das Kultusministerium, vertreten durch den Ministerialdirigenten Dr. Jürgen Scheel.
Nicht als letztem gilt mein Dank dem Verleger, Herrn Wolfgang Weidlich, mit dem ich jetzt seit 20 Jahren zusammenarbeite und mit dem mich ein uneingeschränktes Vertrauensverhältnis verbindet.

Drült, im Sommer 1981 Henning von Rumohr

Vorwort zur 2. Auflage

In den wenigen Jahren seit Erscheinen der „Schlösser und Herrenhäuser im nördlichen und westlichen Holstein" hat sich vieles dort verändert. Um dieses Handbuch auf dem verlagsseitig angestrebten aktuellen Stand zu halten, wurde daher eine Überarbeitung, auch im Bildteil dringend erforderlich.
Die redaktionellen Änderungen beruhen ganz wesentlich auf den freundlicherweise von den Besitzern mitgeteilten Angaben. Ihnen sei an dieser Stelle sehr herzlich gedankt.
Darüber hinaus gilt besonderer Dank wiederum Herrn C.-H. Seebach, der mir bei vielen Fragen zur Seite stand und das Manuskript vor Drucklegung kritisch durchgesehen hat. Von Herrn Seebach stammen nach wie vor die beiden baugeschichtlichen Exkurse zu Emkendorf und, stark überarbeitet, zu Breitenburg.
Wie schon bei dem Band „Schlösser und Herrenhäuser im Herzogtum Schleswig" stand auch bei meiner vorliegenden Bearbeitung das Bestreben im Vordergrund, dem Werk meines Vaters gegenüber mit größter Behutsamkeit vorzugehen.

Drült, im Frühjahr 1988 Cai Asmus von Rumohr

Torhaus

1 Perdoel

Kirchspiel Wankendorf Kreis Plön

Der Name Perdoel erscheint schon sehr früh und weist auf sehr alte Zeiten der Besiedelung hin. Im Mittelalter kommt die slawische Bezeichnung Prodole vor, die mit Quertal übersetzt wird, ein Wort, das gut zu der umgebenden Landschaft paßt. Wir haben es hier offensichtlich mit einer Querverbindung zu tun, die auf die unwegsame Region des limes saxoniae stößt. Dieser Limes Saxoniae bezeichnet die uralte Scheide zwischen den Wenden, also den Slawen, im Osten und den Niedersachsen im Westen. Dieser limes darf nicht als befestigter

Wall angesehen werden wie der von den Römern erbaute limes an der oberen Donau. Dieser war in der Tat durch eine Mauer und Bastionen befestigt. Unser limes bezeichnet mehr ein durch Sümpfe und tiefe Wälder schwer zu passierendes Grenzgebiet, nur an wenigen Stellen über eine Furt oder einen Weg bestand die Möglichkeit für eine Durchquerung, hier standen dann auch verteidigungsfähige Plätze, Schanzen, Erdwälle, Fluchtburgen und dergleichen.

Insofern gesehen dürfte die Anlage der Burg Prodole von einem ausgesprochen strategischen Wert gewesen sein. In den Jahren 1220 und 1221 tauchen erstmalig holsteinische Adelige hier auf, in diesen Jahren urkunden die beiden Brüder Benedict und Schack von Perdoel (Benedictus et Scacco fratres de Prodole). Sie gelten als die Stammväter der Geschlechter Ahlefeldt und Rumohr, beide sind auch durch die Namen der nächsten Generationen als eng miteinander verwandt deutlich erkennbar. Bei den Rumohr heißt durch 250 Jahre hindurch stets der Enkel nach dem Großvater, auf jenen ersten Schack folgt ein Benedikt, auf diesen wiederum ein Schack und so fort, bis in die Mitte des 15. Jahrhunderts hinein. Bei den Ahlefeldt folgt sogar fünfmal hintereinander ein Benedikt auf den gleichnamigen Vater. Auch die Gleichheit der Wappen ist bemerkenswert, es zeigt in der heraldisch rechten Hälfte einen silbernen Flügel im blauen Feld, in der linken zwei rote Balken im silbernen Feld. Der Flügel ist stets als das eigentliche Stammwappen angesehen worden, die Balken entstammen vielleicht dem Wappen der benachbarten und vielfach verwandten Block oder Stake. Die größten Schwierigkeiten bereitet die Erklärung der Helmzier, einer Bracke auf einem Kissen. Diese Helmzier taucht erstmalig in Siegeln aus der zweiten Hälfte des 14. Jahrhunderts auf, alle uns bekannten älteren Siegelabdrucke tragen überhaupt keine Helmzier. Vielleicht ist der Hund als Zeichen der Treue zu den alten Landesherren, den Herren von Westensee, zu erklären, dafür spricht, daß nach dem Erlöschen der Westensee sich der riesige Besitz an den Ufern des Westensees in den Händen der Ahlefeldt findet.

Nach alter Überlieferung hat die Burg der Brüder de Prodole nicht auf dem festen Land, sondern auf einer Insel im Wasser des Stolper Sees gelegen. Heute ist nichts von einer Insel zu sehen, aber man weiß, daß das benachbarte Gut Depenau, dem der Stolper See gehörte, den Ausfluß aus dem See, die Depenau selber erheblich aufgestaut hat und daher die Insel im Wasser versinken ließ. Vor kurzem erst hat sich auf Anregung der Kieler Universität eine Arbeitsgemeinschaft Submarine

Archäologie gebildet, die unter anderen Aufgaben sich die Erforschung des mittelalterlichen Turmhügels im Stolper See zum Ziele gesetzt hat. Eine Gruppe von Tauchern hat in der Tat diesen Turmhügel aufgespürt und dabei eine beachtliche Reihe von wissenschaftlichen Erkenntnissen beigebracht. Durch das Echolot-Verfahren konnte der genaue Standort dieser versunkenen Burg festgestellt werden, der höchste Punkt liegt heute 1,30 m unter der Wasseroberfläche, die Basis ist mit über 20 m vermessen worden, eindeutig handelte es sich nicht um einen künstlich aufgeworfenen Turmhügel, sondern um eine Erhebung natürlichen Ursprungs. Genauere Angaben werden erst im Laufe der nächsten Jahre aufgrund umfangreicher geophysikalischer Vorarbeiten vorliegen, aber die geborgenen Fundstücke lassen erkennen, daß dieser Hügel schon in slawischer Zeit, zurück bis in das 6. Jahrhundert hinein besiedelt worden war, während in späteren Jahrhunderten niedersächsische Funde aus Metall, behauenem Stein und Pfahlwerk geborgen werden konnten. Wenn hier also die Burg der beiden Brüder de Prodole von 1220 gelegen hat, so kann es sich nur um ein einfaches aus Fachwerk bestehendes Gebäude handeln.

Beide Brüder haben nicht lange hier gelebt, die Ahlefeldt scheinen im 13. Jahrhundert das Land verlassen zu haben und kommen in diesem Jahrhundert am Hofe der beiden Herzöge Bogislav IV. und Barnim I. von Pommern vor, zusammen mit ihnen Johann und Otto de Prodole. Schack Rumohr taucht, jetzt als Ritter, in den Jahren von 1245 bis 1253 als scacco de rumore im heutigen Dorfe Rumohr auf. Erst bei der Teilung gemeinschaftlicher Ländereien (1316) zwischen den Schauenburgischen Grafen Johann und Gerhard v. Holstein erfährt man wieder etwas von „Prodole", das ebenso wie Rodowinkel, Wankendhorpe und Stolpe, Graf Gerhard und damit dem „husthume Kyle" zufällt.

Über die nächsten Jahrhunderte wissen wir so gut wie nichts, aber seit 1340 kennt man wenigstens die Namen von Besitzern: aus der ältesten Zeit Mitglieder des Geschlechts Walstorp, das seinen Namen nach dem benachbarten Wahlstorf am Lanker See trägt und das mit den Reventlow wappengleich und stammverwandt ist.

1533 wird Ove Walstorp genannt, nach ihm Heinrich Walstorp. Detlev Walstorp hinterließ eine Tochter Dorothea, die durch eine Schenkung ihres Bruders Ove das Gut Perdoel erhielt und die es in ihrer Ehe mit dem Klosterprobsten von Preetz, Detlev Sehestedt, besaß. Henneke Walstorp hatte einen Sohn Joachim Walstorp, der diese Schenkung anfocht, aber 1540 seinen Anspruch auf Perdoel zugunsten des betagten und angesehenen Moritz Sehestedt aufgab. Unter ihm wurde Perdoel geteilt. Paul erhielt Depenau mit den dazugehörigen Ländereien und den Dörfern Wankendorf und Stolpe. Jacob behielt die verbleibende Hälfte, bestehend aus Bockhorn, Schönböken, Dieckhof und den Dörfern Belau und Ruhwinkel.

Jetzt verbleibt Perdoel für länger als ein Jahrhundert bei den Sehestedt, freilich in verschiedenen Linien. Die letzte Sehestedt auf Perdoel war Dorothea Hedwig Sehestedt, die mit Hartwig Asche v. Schack auf Basthorst verheiratet war. Er war 1606 geboren, diente als junger Offizier in französischen, schwedischen und landgräflich hessischen Diensten und fiel 1645 als Oberst und Stadtkommandant in Lübeck in einem Duell mit Otto Blome. Hierüber besitzen wir einen zeitgenössischen Bericht, der in etwa wie folgt lautet:

> „Beiläufig will ich hierselbst ein Duell erwähnen, welches den 3. Juni 1645 zwischen dem hiesigen Kommandanten, Obersten Hartwig Asche Schack und einem holsteinischen Edelmann Otto Blome vorgefallen ist. Diese beiden Kavaliere hatten sich auf einem Gastmahle bei dem Dompropst und Dechant Johann Friedrich v. Winterfeldt gestritten. Sie ritten daher abends und zwar jeder besonders, Blome um 6 Uhr und Schack um 8 Uhr nach Krempelsdorf (dicht bei Lübeck), um sich zu schlagen. Anfänglich wechselten sie Kugeln und verfehlten einer den anderen. Allein darauf griffen sie zu den Degen und trafen so unglücklich, daß sie beide einer den anderen erstachen und tot auf dem Platze blieben. Die Körper lagen die Nacht über in Krempelsdorf, bis am folgenden Morgen über sie Recht gesprochen werden konnte und wurden dann in die Stadt gebracht. Der Körper Otto Blomes wurde am 17. Juni in aller Stille nach seinem bei Kiel gelegenen Gute (=Deutsch-Nienhof) weggeführt. Dem Obersten Schack aber als gewesenem Stadtkommandanten, nachdem sein Körper wegen des Widerspruchs der Geistlichen ein Vierteljahr über der Erde gestanden hatte und solange in der Domkirche in einer Kapelle aufgebahrt gewesen war, wurde endlich hierselbst am 3. September ein ehrenvolles Leichenbegängnis abgehalten."

Die Witwe machte 1646 mit Perdoel Konkurs. Aus dem Konkurse heraus kaufte Cord Christopher Graf v. Königsmarck das Gut an. Damit hebt eine Epoche an, die nur ein halbes Jahrhundert andauern sollte, die aber eine Zeitspanne ungewöhnlicher Ereignisse und bemerkenswerter Persönlichkeiten enthält.

Das Geschlecht Königsmarck stammt aus der Altmark. Der Vater von Cord Christopher namens Johann Christoph ging in schwedische Dienste und wurde nach vielen erfolgreichen Feldzügen schwedischer Generalfeldmarschall und schwedischer Graf. Als er 1663 starb, hinterließ er seinen Nachkommen ein bedeutendes Vermögen. Der obengenannte Sohn Cord Christopher hatte gleichfalls eine glänzende militärische Laufbahn hinter sich gebracht und kaufte sich jetzt im Holsteinischen an, 1666 Perdoel, 1668 Nehmten. Nach seinem Tode gingen beide Güter über an seinen Sohn Philipp Christoph, †1694. Dieser ging als junger Mensch viel auf Reisen und fand für seine zahlreichen Liebesabenteuer in Venedig einen Genossen in dem damaligen Kurprinzen August v. Sachsen. Nach seiner Heimkehr lebte er einige Zeit in Dresden, bis seine Triumphe dem fürstlichen Freunde auf die Dauer beschwerlich fielen. Königsmarck trat daraufhin in die Dienste des Herzogs von Braunschweig in Hannover und knüpfte hier mit einer Jugendfreundin, der Gemahlin des Kurprinzen, der Prinzessin Sophie Dorothea v. Celle, ein enges Verhältnis an. Sie wurde ihrerseits von ihrem Gemahl, dem Kurprinzen Georg, sicherlich vernachlässigt, aber der Hof in Hannover sah die Sache mit bösen Augen an. 1694 wurde Königsmarck in dem Schlosse Monbrillant bei Hannover ermordet unter mysteriösen Umständen, seine Leiche ist niemals gefunden worden.
Die Kurprinzessin Sophie Dorothea wurde ihres Ranges und ihrer Würden entkleidet und verbrachte eine dreißigjährige Gefangenschaft auf dem Schlosse Ahlden und ist daher unter dem Namen einer Prinzessin v. Ahlden bekannt geworden. Nach dem Tode Philipp Königsmarcks ging Perdoel auf die beiden überlebenden Schwestern über, (Maria) Aurora und Amalie. Amalie heiratete einen schwedischen Grafen, den Grafen Axel v. Lewenhaupt, Aurora ist in der galanten Welt dieser Zeit bekannt geworden als die Geliebte August des Starken. Das Verhältnis mit August dem Starken dauerte allerdings nicht lange Zeit an, sie wurde vom sächsischen Hofe abgeschoben als Pröpstin des Stiftes in Quedlinburg. Beide Schwestern besaßen eine für Holstein ungewöhnliche musische Begabung, man sagt nicht vergeblich: Holsatia non cantat – Holstein singt nicht. Diese beiden Schwestern machten eine entschiedene Ausnahme von dieser für Holstein sicherlich weithin gültigen Regel, beide konnte dichten, singen, komponieren. Die Schwester Amalie knüpfte eine Verbindung an zu dem Hamburger Komponisten Johann Mattheson und ließ ihn die von ihr gedichtete Operette ›Le Retour du Siècle d'Or‹ in Musik setzen. Diese Ope-

rette ist 1705 sowohl in Nehmten wie auch in Perdoel aufgeführt worden.
Die Güter blieben nicht lange in den Händen der Schwestern, 1710 wurde Nehmten verkauft, 1714 erwarb Wulf Christian v. Ahlefeldt Perdoel. Jetzt blieb das Gut für fast ein ganzes Jahrhundert hindurch in den Händen dieser Familie. Nach dem frühen Tode Wulf Christian v. Ahlefeldts für lange Jahre bei der Witwe Margarethe Hedwig geb. v. Buchwaldt, † 1760. Sie brachte ihm das große adelige Gut Lammershagen zu und entwickelte während ihres Witwenstandes eines bemerkenswerten Eifer in der Errichtung großer Bauten auf ihren Gütern. In Perdoel verlegte sie die Wassermühle am Gutshof vom Einlauf in den Stolper See an den Auslauf des Belauer Sees. Die bescheidenen Wirtschaftsgebäude wurden aufgegeben und durch eine große Scheune und einen Kuhstall ersetzt, die noch heute die Lage des Hofes an der Durchgangstraße bestimmen. Vor diesem errichtete sie 1716 ein einstöckiges Torhaus. Über dem Torbogen ist das Doppelwappen Ahlefeldt/ Buchwaldt angebracht, das auf die Erbauerin hinweist. Etwa 25 Jahre später ließ sie in Lammershagen ein zweistöckiges Torhaus aufführen, das dem Baumeister Dallin zugeschrieben wird. Das Torhaus von Seegalendorf zeigt ebenfalls Ähnlichkeiten mit Perdoel.
Als Margarethe Hedwig v. Ahlefeldt gestorben war, ging Perdoel zunächst über an vier überlebende Töchter als gemeinschaftliche Erben, aber im Jahre 1761 kauften die beiden Schwestern Ottilie und Catharine Elisabeth den anderen Schwestern das Gut für 60000 Rthlr. ab. Ottilie v. Ahlefeldt wurde Äbtissin des adeligen Klosters Itzehoe und hat sich ein bleibendes Gedächtnis bewahrt durch die umfangreichen Stiftungen, Vermächtnisse und Legate, für die Armen von Itzehoe, für die in Perdoel, für die Erbauung des Turmes der St. Laurentiuskirche in Itzehoe, für das dortige Pflegeheim und viele andere soziale Zwecke mehr.
Beide Schwestern verkauften ihren halben Anteil von Perdoel an den Sohn der Schwester Margarethe Hedwig, den Kammerjunker Christian Friedrich v. Holstein. Dessen Schwester erbte schließlich Perdoel, die mit dem Grafen Friedrich Otto v. Dernath auf Hasselburg vermählt war. Dieser hatte insgesamt vier Ehen geschlossen, seine zweite Ehe war die mit Sophie Magdalene v. Holstein, † 1783 in Kiel.
Im Jahre 1795 verkaufte Graf Dernath Perdoel an den Lizentiaten G. L. Bokelmann aus Hamburg. Dieser ist der Erbauer des großartigen Herrenhauses, das von Christian Friedrich Hansen in den Jahren von

1798 bis 1800 entstanden ist. Was es bis dahin an Bauten gegeben hat, wissen wir im Grunde nicht. Die frühe Burg im Stolper See ist sicher lich bald verlassen worden, soweit man weiß, entstand dann eine Burg auf dem festen Lande in der Nähe des Sees, aus einem alten Lageplan ergibt sich, daß ein Herrenhausbau vorhanden gewesen sein muß. Auf einer Karte von 1729 ist in Verlängerung der Durchfahrt des Torhauses ein quadratischer Grundriß nahe dem hohen Seeufer eingezeichnet, der auf einen Herrenhausbau, vielleicht aus der Renaissance-Zeit, schließen läßt. Man weiß, daß dieses Schloß noch von Margarethe Hedwig v. Ahlefeldt, geborene v. Buchwaldt, † 1760, nach der Aufgabe Lammershagens bewohnt gewesen ist. Aber bereits 1778 hat ihre Tochter Ottilie v. Ahlefeldt den eingemeißelten Initialen nach an dieser Stelle eine einfache Scheune errichten lassen. Bei ihrem Umbau ist man noch auf Fundamente dieses früheren Herrenhausbaues gestoßen.
Der Titel Licentiat, den Georg Ludwig Bokelmann führte, mutet uns heute ungewöhnlich an und ist jetzt auf theologische Grade beschränkt. Bokelmann war zweifellos Jurist, hatte in Göttingen studiert und lebte seit 1770 als Licentiat und Advocat in Hamburg. 1793 wurde er Canonicus minor am Hamburger Dom. Sein Sohn Georg Wilhelm

Herrenhaus von 1800, abgebrannt 1884
Lithographie von Chr. Fr. Hansen

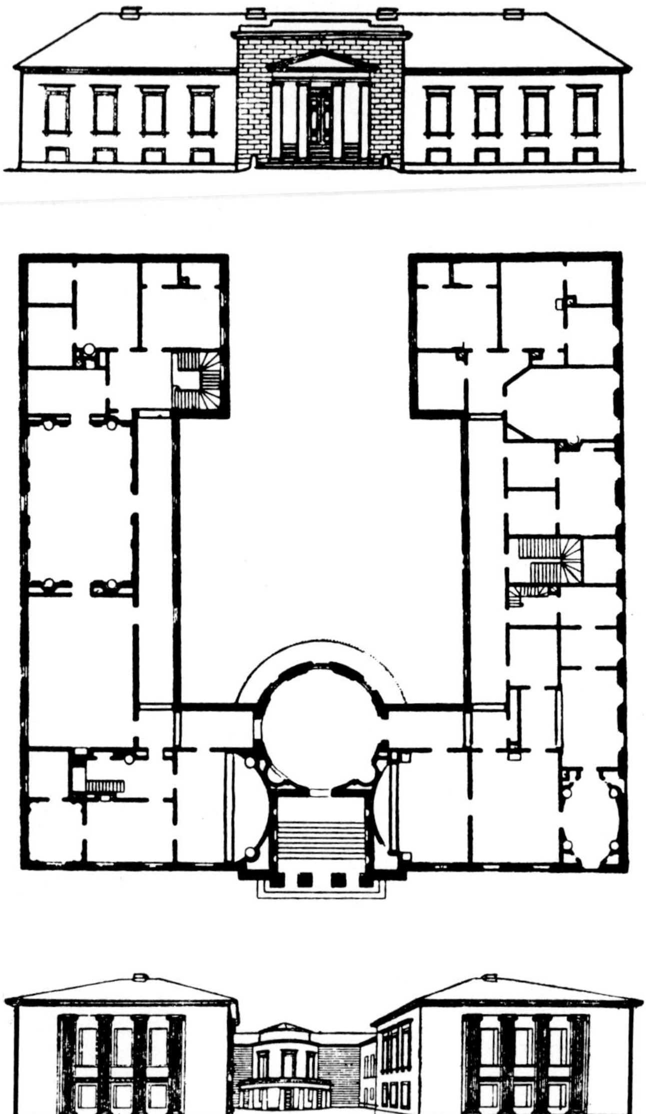

Grundriß und Aufrisse nach Hansen, Samling . . ., Neuausgabe 1921

Bokelmann war kgl. dän. Geheimer Legationsrath, Commandeur vom Dannebrog, kgl. dän. Geschäftsträger und Generalconsul in Hamburg. Das Haus von 1800 wurde abseits vom Gutshof an der Wildkoppel, einem parkartigen Geländegehege, errichtet. Dem Volksmund nach hatte es 99 bewohnte Zimmer, im 100. Zimmer soll es gespukt haben. Nach einem Schwelbrand, der durch eine Kerze in einem Schrank mit Pelzen unbemerkt ausgebrochen war, brannte dieses Haus 1884 wieder ab.
Obwohl Christian Friedrich Hansen zu den bedeutendsten Baumeistern dieser Epoche gerechnet werden muß und obwohl Perdoel eindeutig das größte Landschloß gewesen ist, das er errichtet hat, blieb dieser Bau nicht ohne Kritik. Der Domherr Friedrich Johann Lorenz Meyer hat uns sehr interessante Beschreibungen von seinen Reisen durch Holstein hinterlassen unter dem Titel:

„Darstellungen aus Norddeutschland,
2. Sommerreise in Holstein 1815".

Meyer beurteilt das Werk kritisch. Es hatte einen quadratischen Grundriß, der einen Hof umschloß, dessen Rückseite zu einem Drittel mit Richtung auf den See geöffnet war. In diesen Hof ragte vom Vorderhaus aus halbrund das Vestibül hinein, das mit einer vorgelagerten Säulenstellung umgeben war. Das Haus bestand aus einem sehr hohen Kellergeschoß und einem Hauptgeschoß. Die Angabe, welchen Zwecken die einzelnen Räume gedient haben, fehlt, man kann also vermuten, daß im Hauptgeschoß zur rechten Hand die eigentlichen Wohnräume und die Zimmer der Frau des Besitzers lagen, Kinderzimmer, Fremdenzimmer und dergleichen, linker Hand vom Eingang die Räume des Hausherrn und zwei große Festsäle. Außerdem gab es noch einige Appartements für Fremde. Auffallend sind die vielen in sich abgeschlossenen Raumgruppen, die wie eine moderne Aufteilung in Appartements wirken. Bedenklich fand Meyer die vielen dunklen Räume und die lange ungegliederte Seitenfaccade.
Das Äußere des Hauses hatte seinen vornehmsten Schmuck in dem sehr kräftigen Mittelrisalit, der auf ungeteilter Wand ein stattliches, von vier ionischen Säulen gebildetes Portal trug. Die flankierenden Seitenteile fallen in der Wirkung ab, sie tragen je vier Fenster, und das Ungünstige der geraden Zahl der Öffnungen, die ein Architekt fast stets zu vermeiden weiß, zeigt sich hier sehr deutlich. Es fehlt diesen Flächen die innere Spannung. Über Eck schließen sich die langen fenstergeteilten

Seitenflügel an, diese Häufung gleichmäßiger Einzelheiten ohne weitere Unterbrechung wurde schon von dem Domherrn Meyer als kasernenhaft bemängelt. Die Rückseite war dafür um so wirkungsvoller gegliedert, die Behandlung der Flügel mit großen eingebauten Pfeilerstellungen ist sehr geschickt. Insgesamt gesehen wirkte die Anlage groß, aber gedrückt.

Bokelmann trennte die beiden Meierhöfe Bockhorn und Schönböken ab und erlangte dadurch wahrscheinlich die nötigen Geldmittel zur Errichtung dieses stattlichen Herrenhauses. Gleichwohl konnte er Perdoel nicht halten und verkaufte es 1806 an den Grafen Knud Bille Schack. Dieser Graf Schack gehört zu der Familie der Grafen Schack auf Schackenborg jenseits der dänischen Grenze, er selber nicht zu der Hauptlinie der Lehnsgrafen Schack-Schackenburg, sondern war Inhaber des großen Fideikommisses Giesegaard auf der Insel Seeland und der beiden großen adeligen Güter Gramm und Nübel im nördlichen Nordschleswig. Graf Schack hat Perdoel nur wenige Jahre behalten, nur bis 1815. Seine Besitzungen gingen dann über auf die älteste Schwester Anna Christine Gräfin Schack, die mit Johann Ludwig v. Brockenhuus vermählt war. Dadurch ergab sich jetzt eine auf Dauer bestehende Verbindung der beiden Geschlechter Schack und Brockenhuus, die bis zum heutigen Tage besteht, auch heute noch sind sowohl Giesegaard wie Gramm und Nübel in den Händen der Nachkommen aus dem Hause Brockenhuus-Schack.

Graf Schack verkauft Perdoel an den Pächter seines Gutes, den Schwiegersohn Bokelmanns, Etatsrat Johann Peter Stoppel. Dieser hat das Gut erfolgreich bewirtschaftet. Nach 20 Jahren verkaufte er es 1836 an den dänischen Konsul in Hamburg J. W. Rücker. Rücker gehört zu einer der bekanntesten großen Familien Hamburgs und hatte Perdoel erworben für seinen Sohn Martin Wilhelm Rücker, 1819–1879. Die Witwe Augste Rücker, geb. Mackedey, verstorben 1896 in Kiel, verkaufte 1892 das Gut an Herrn O. Rocholl aus Soest in Westfalen, jedoch ohne den Meierhof Dieckhof. Dieser fiel an ihren Sohn Wilhelm, der sich nach kurzer Zeit wieder von ihm trennte, um in Belau einen Hof zu erwerben, auf dem er ein „schloßartiges" Gutshaus errichtete. Eine der Töchter vermählte sich mit Herrn v. Donner auf Gut Bockhorn. Herr O. Rocholl hat in den wenigen Jahren seiner Besitzzeit außerordentlich viel für die Entwicklung von Perdoel getan. Das Herrenhaus wurde äußerst geräumig in dem Stile der Zeit erbaut und – was für 1890 selten war – gleich mit Wasserleitung, Zentralheizung und elektrischem Licht eingerichtet. Es

Altes Herrenhaus, abgebrochen 1951

wurden kostspielige Meliorationen durchgeführt. Das von einem Teil seiner Knicks befreite Ackerland wurde für den Anbau von Zuckerrüben mit Dampfpflügen tief bearbeitet. Feldbahnen wurden verlegt und ein Verladebahnhof wurde eingerichtet. Die Abnahme der Rüben wurde durch einen langfristigen Liefervertrag mit der Zuckerfabrik in Wesselburen gesichert.

Man sagt, daß Rocholl diese großen Investierungen nur hat machen können, weil er mit dem Gelde eines Onkels arbeiten konnte, der damals nicht verheiratet war und der ihn hatte zum Erben einsetzen wollen. Als der Onkel aber in späteren Jahren sich doch verheiratete, forderte er sein Geld zurück, das soll der Anlaß gewesen sein, weswegen Rocholl Perdoel 1902 verkaufte. Die Rückführung auf eine den holsteinischen Verhältnissen angepaßte Wirtschaftsweise stellte den Käufer, den Landwirt und Fabrikbesitzer aus Itzehoe, Ludwig Hirschberg, vor große Aufgaben. Er besaß bereits die Güter Mehlbek und Weide, verlegte aber jetzt seinen Wohnsitz ganz nach Perdoel. Die Art der Bewirtschaftung und die von ihm gestaltete Hofanlage sind noch heute für den Betrieb richtungsweisend. Noch zu Lebzeiten übertrug er das Gut auf seinen Sohn Ludwig, dem bereits der Enkel, wiederum ein Ludwig Hirschberg, gefolgt ist. Das Herrenhaus erlitt durch die Nachkriegszeit so schwere Schäden, daß es abgebrochen werden mußte. Zunächst diente es der englischen Besatzungsmacht, die daraus eine Schule für displaced persons machte. Für

Torhaus, Feldseite

die offenen Kamine wurden Schornsteine durch zwei offene Balkone getrieben, ohne daß die Durchbrüche entsprechend abgedichtet worden wären. Dadurch drang Wasser in das Haus ein, es wurde von Schwamm befallen und mußte 1951 abgebrochen werden.
Das jetzige Gutshaus liegt in unmittelbarer Nähe des Hofes, wurde zunächst als Gebäude für vier Wohnungen geplant und aus Altmaterial und Abbruchsteinen der Stadt Neumünster errichtet. Es ist durch Um- und Anbauten so verändert, daß vielleicht weniger sein Äußeres, aber seine innere Aufteilung und Einrichtung den Charakter eines Herrenhauses tragen.

Das Gut hat heute eine Größe von 884 ha.
Hiervon entfallen auf Acker und Grünland 580 ha, 115 ha auf Wald, 160 ha auf Wasser, der Rest auf Gebäude, Hofflächen, Wege und nicht zu bearbeitendes Land.

Adeliges Gut Perdoel

Besitzer: Ludwig Hirschberg

Besitzer

1220, 1221	Brüder v. Perdoel Stammväter der beiden Geschlechter Ahlefeldt und Rumohr
1390	Walstorp dann Sehestedt dann Schack
1667	Grafen v. Königsmarck
1714–1795	v. Ahlefeldt, dann deren Erben v. Holstein, und Grafen v. Dernath
1795–1806	Bokelmann
1806–1815	Graf Schack
1815–1836	Stoppel
1836–1894	Rücker
1894–1902	Rocholl
seit 1902	Hirschberg

Gut und Bauten

um 1200	Turmburg im Stolper See
16./17. Jh.	Herrenhaus am Ufer des Stolper Sees
1716	Bau des Torhauses
1798–1800	Bau des 2. Herrenhauses durch C. F. Hansen
1884	Brand dieses Hauses
1894	Bau des 4. Herrenhauses
1951	Abbruch dieses Hauses wegen Schwammbefalls
1948	Bau des jetzigen Wohnhauses

2 Depenau

Kirchspiel Wankendorf Kreis Plön

Das Gut Depenau bildet sich erst im Laufe des 16. Jahrhunderts, bis dahin ist es ein Teil des unmittelbar benachbarten großen adeligen Gutes Perdoel, auch die Besitzer sind für lange Zeit die gleichen. Die endgültige Trennung ist, wie eine noch vorhandene Urkunde belegt, am 12. März 1576 erfolgt. An diesem Tage teilen die drei Brüder Sehestedt, Söhne von Paul Sehestedt, das Erbgut ihres Vaters und ihrer Mutter und verlosen diese Teile. Der jüngste Bruder Detlev erhält den Hof Stendorf bei Eutin mit Dörfern und dergleichen mehr, der älteste, Jürgen, den Hof Westensee mit Dörfern und weiteren Belegenheiten und barem Geld, der mittlere, Ove Sehestedt, erhält den Hof Depenau mit den zugehörigen Dörfern Konstorp (das Dorf besteht heute nicht mehr),

Horst, Stolpe und Wankendorf und auf den Fall des Todes der Mutter den Hof Schönböken mit dem damaligen Dorfe Löhndorf.
Die Ansprüche auf das Lehngut Perdoel sollen laut dieser Urkunde gemeinsam verfolgt werden.
Aus diesen Einzelheiten ergibt sich, daß Ove Sehestedt der eigentliche Begründer des Gutes Depenau gewesen ist. Das ist auch dadurch wahrscheinlich, daß er im Jahre 1586 das heute noch stehende Torhaus auf dem Hofe erbaut hat. Wahrscheinlich sind zur gleichen Zeit die heute nicht mehr vorhandene Wasserburg und die Hofgebäude entstanden.
Die Gebäude auf dem Hofe haben eine eigentümliche Entwicklung erfahren. Das Plateau, auf dem der Gutshof Depenau liegt, wird umflossen auf der einen Seite von der Depenau selber, auch alte Schwentine genannt, auf den anderen Seiten sind künstliche Gräben angelegt. Die Hofanlage entspricht in ihrer ursprünglichen Gestaltung vollständig dem Aussehen holsteinischer Gutshöfe. Auffallend ist nur die Lage des Torhauses, das nicht in gerader Achse mit der ursprünglichen Wasserburg liegt, sondern in Schräglage dazu auf dem Hofe steht. Wahrscheinlich ist diese Schräglage durch die Beschaffenheit des Geländes verursacht worden.
Über den Gebäuden insgesamt schwebt ein eigentümliches Schicksal. Das Torhaus wird seit langer Zeit nicht mehr als Torhaus benutzt, beide Tordurchfahrten von vorne und von hinten sind seit langem zugemauert worden. 1773 brannte das ursprünglich einstöckige, über einem hohen Kellergeschoß errichtete Torhaus ab und wurde dann unter Hinzufügung eines zweiten Geschosses zu dem jetzigen stattlichen Bau erweitert. Im 19. Jahrhundert kamen noch hinzu ein Dachreiter, Umbau, Putz, Schieferdach, Zinnen, im 20. Jahrhundert Anbauten aller Art, die für Wirtschaftszwecke des Gutsbetriebes bestimmt sind. Gegenwärtig steht das Torhaus als ein ungefüger Baukörper an der Seite des Hofes. Von den beiden großen Hofgebäuden ist das Kuhhaus 1904 abgebrochen. 1984 brannte die große Hofscheune ab. In gerader Richtung auf die Niederung zu stand die Wasserburg aus der Zeit von Ove Sehestedt. Sie ist durch den Grafen Nikolaus Luckner nach 1783 abgebrochen worden. An ihrer Stelle wollte er ein großes neues Schloß errichten, kam aber nicht über die Lagerung der Fundamente hinaus. Inzwischen traten Kriegszüge und sein früher Tod auf der Guillotine in Frankreich ein. Erst in neuerer Zeit hat man die Fundamente ausgegraben. Man fand riesige Granitsteine, die durch den damaligen Besitzer für Zwecke des Küstenschutzes auf die Insel Sylt geschafft worden sind.

Vor diesem Gelände stehen links und rechts zwei kleinere Gebäude, das rechte dient gegenwärtig der Mutter des Besitzers als Wohnhaus, das linke enthält die Wohnung des Besitzers. Dieses linke Haus, sehr wahrscheinlich das Geburtshaus der Gräfin v. Cosel, geb. v. Brockdorff, ist ein formschönes Haus mit Verbesserungen und Vergrößerungen von 1938. Lange galt es nach alten Plänen als Reitstall, dürfte jedoch bereits seit 1680 als Gutshaus verwendet worden sein. Dieses Gebäude enthält in einem Drittel seiner Länge tonnengewölbte alte Keller, die in späteren Zeiten als Gerichtsgefängnis benutzt worden sind, hier sollen auch die Folterungen der unglückseligen angeblichen Hexen erfolgt sein.
Nach 1845 erbaute der damalige Besitzer, Georg Eduard Böhme, ein stattliches großes Herrenhaus, das 1979 abgebrochen worden ist. Dieses Herrenhaus stand überhaupt nicht auf dem Hofe, sondern war nur zu erreichen durch eine Brücke über die Schwentine in den Park hinein. Es ist nach 1904 durch den damaligen Besitzer Rudolf Hammerschmidt stark umgebaut worden und diente nach dem letzten Kriege zunächst als Mannschaftsunterkunft für englische Truppen, anschließend wurden Flüchtlinge einquartiert. Fast das ganze Mobiliar, welches vorwiegend aus der Villa Hammerschmidt in Bonn stammte, ließen die Engländer mitgehen. Einige der Flüchtlinge fanden auf Depenau Arbeit und wohnten bis 1970 in dem Haus. Wegen der durch die Engländer und Flüchtlinge angerichteten massiven Schäden war das Haus seit 1970 unbewohnbar und mußte 1979 abgerissen werden.
Eine besondere Rolle spielte der Stolper See, der ursprünglich aus zwei Becken bestand und der seit jeher zum Gute Depenau gehört hat. Die beiden Becken hatten angeblich eine Landverbindung vom westlich gelegenen Dorfe Stolpe bis zu dem östlich gelegenen Gutshofe Perdoel, nur eine kleine Au trennte die beiden Landzungen. Die Submarine Archäologie, eine Arbeitsgemeinschaft, die im Auftrage der Kieler Universität sich dieses Spezialfach als Arbeitsgebiet gewählt hat, hat festgestellt, daß die alte Burg der Ritter de Prodole mitten im See lag, wahrscheinlich genau an dieser Stelle, wo die Landverbindung von Westen nach Osten bestanden haben soll. Der See wurde später seitens des Gutes Depenau um 1,50 m aufgestaut, so daß heute weder der Landweg von Norden nach Süden noch die Burg erkennbar sind.
1972 hat das Gut Depenau den Stolper See verkauft.
Ove Sehestedt hat einen Sohn Detlev, der seit 1620 Klosterprobst des Klosters Preetz war, dieser wiederum zwei Töchter. Die jüngere der beiden. Heilwig, heiratete Joachim Brockdorff auf Rixdorf, † 1644.

Jetzt bleibt Depenau für viele Jahrzehnte, praktisch bis 1783, bei dem Geschlechte Brockdorff, eine Zeitspanne, die voller besonderer Ereignisse werden sollte. Auf Joachim d. Ä. folgt der Sohn Detlev, der in vielen militärischen und diplomatischen Diensten zu Ehren kam. Er war verheiratet mit einer Tochter des Statthalters Gert Rantzau, Ölgard Catharine Rantzau.

Der älteste Sohn aus dieser Ehe hieß nach dem Großvater wiederum Joachim, * 1643, er starb auf dem Hofe Depenau 1719. Während seiner Lebenszeit kamen zwei Hexenprozesse in Depenau vor, der erste im Jahre 1678, der zweite 1687. Man muß zur Ehre von Joachim Brockdorff sagen, daß beide Prozesse, so schrecklich ihr Ausgang auch war, genau nach den damals gültigen Rechtsvorschriften durchgeführt wurden. In dem ersten Prozeß waren zwei ältere Frauen und ein Mann angeklagt. Der Notar aus Kiel, der Pastor aus Bornhöved, der Gutsverwalter und der Gärtner wurden als Zeugen hinzugezogen. Der Scharfrichter untersuchte die Körper der Angeklagten nach ihnen vom Teufel angeblich gegebenen Merkzeichen. Die Universität in Kiel bestätigte 1678 das

Herrenhaus von 1845

Urteil. Am 3. Dezember dieses Jahres wurde die Exekution auf einem Hügel bei Depenau durch Verbrennen der unglücklichen Opfer vollzogen.

In dem zweiten Prozeß 1687 wurden vier Weiber der Zauberei angeklagt und wiederum von der juristischen Fakultät in Kiel wie es heißt: ,,von Rechts wegen'' verurteilt. Man hatte ihnen dieses Mal sogar einen Verteidiger bewilligt, der vorbrachte, die Angeklagten seien weiblichen Geschlechts und seien arme, einfältige Bauersfrauen. Der Fiskal, also der Staatsanwalt, den gab es hier also auch noch, wies diese Einwendungen ab, in Gottes Wort werde kein Unterschied zwischen Männern und Frauen gemacht. Und auch die Armut und Einfalt könne man nicht glauben, sie seien zwar alt, aber rechtschaffen verheiratet, bei vollkommenem Verstand und im Christentum wohl unterrichtet. So nahm das Schicksal auch hier seinen Lauf, am 21. September 1688 wurden drei Frauen verbrannt, eine vierte ist anscheinend mit dem Leben davongekommen.

Im Jahre 1716 entschloß sich Joachim Brockdorff, das Dorf Horst niederzulegen und daraus einen Meierhof zu bilden. Die empörten Bauern weigerten sich, ihre Höfe zu verlassen und griffen zu Äxten und Sensen, um sich zur Wehr zu setzen. Es kam hierbei zu einem schweren Zwischenfall, Joachim Brockdorff erschoß einen Mann namens Claus Löhndorf. Er wurde daraufhin vor Gericht gestellt und seines Besitzes enthoben, ihm wurde verboten, die Gutsherrschaft auszuüben, das Gut wurde seiner Frau zur Verwaltung überlassen. Auf Grund dieser Unruhen blieb Joachim Brockdorff nichts übrig, als um die Entsendung eines militärischen Executionskommandos nachzusuchen. In der Tat kamen 22 Mann unter Führung eines Fähnrichs vom 25. März bis zum 2. April 1716 nach Depenau, sie sorgten schnellstens für die Beruhigung der Gemüter. Aber Brockdorff erreichte trotzdem sein Ziel, die Bauern wurden auf andere Höfe umgesiedelt, das Dorf wurde niedergelegt und daraus der Meierhof Horst gebildet. Erst im Jahre 1810 wurde Horst von Depenau getrennt und zu einem eigenen Gute umgestaltet. Seit dem Jahre 1900 gehört es der Familie der Freiherren v. Kap-Herr.

Als die Soldaten wieder abzogen, wurde Rechnung gelegt über den Aufenthalt dieser Truppe auf Depenau. Die Soldaten hatten offensichtlich nicht bescheiden gelebt. Sie verzehrten alleine an Lebensmitteln:

1 Ochse
4 Schafe

2 Schweine
9 Enten
4 Truthühner
30 geräucherte Gänsebrüste
9 geräucherte Schweinsköpfe
1 Schinken und geräucherten Speck
84 Pfund Butter, (das sind fast 4 Pfund auf jeden Mann gerechnet!)
100 Pfund gesalzenes Fleisch und
4 Käse.

Natürlich mußten sie auch das nötige Getränk und Rauchwaren bekommen, sie verbrauchten:

13 Tonnen Bier
79 Kannen Branntwein
29 Pfund Tabak.

Als sie endlich abzogen, schlugen sie alles in Stücke.
Das liest sich in der Abrechnung wie folgt:

> Für die Freßglocke (das ist die Glocke, die das Mittagessen einläutet), so sie entzweigeschlagen,
> die Fahne im Stall entzwei,
> die Trommel entzwei,
> entzweigeschlagene Tische, Türen, Bänke, Schappen (das sind Schränke) und dergleichen mehr.

Insgesamt entstand eine Rechnung von über 148 Rthlr., die sicherlich der Gutsherr hat bezahlen müssen.
Dieses Executionskommando ist aber nur ein kleiner Teil dessen, was auf Joachim Brockdorff zukam. Insgesamt hat er 18000 Taler Strafe und Kosten bezahlen müssen. Wenn man das in Vergleich setzt zu dem Wert einer Kuh in damaliger Zeit mit 1 Kuh = 10 Taler, hätte er also den Wert von 1800 Kühen aufbringen müssen. Das hat auch wahrscheinlich das Gut in wirtschaftliche Schwierigkeiten gebracht.
Joachim Brockdorff war vermählt mit Anna Margarethe Marselis, die einer hochbedeutenden Familie aus Holland entstammte, einer Familie, die ihre Heimat des Glaubens wegen verlassen hatte. Die Religionsverfolgungen unter dem Herzog von Alba hatte viele Kalvinisten zur Flucht ins Ausland bewogen. Gabriel Marselis ging erst für lange Jahre nach Moskau und kam später nach Hamburg. Er hinterließ vier Söhne und eine Tochter, mehrere dieser Söhne wurden in den dänischen Adelsstand

erhoben, wobei sie es liebten, ihre Namen zu latinisieren und sich statt Marselis Marcellus oder ähnlich nannten. Daher erscheint auch Joachim Brockdorffs Ehefrau oft unter dem Namen Marcellien.
Diese Anna Margarethe war in erster Ehe vermählt gewesen mit dem Hamburger Großkaufmann Albert Balthasar Berns, der zu der gleichen Gruppe holländischer Emigranten gehört und auch bald landgesessen wurde, ihm selber gehörte das adelige Gut Wandsbek, dem Schwiegersohn Paul v. Klingenberg Hanerau und in Jütland Høiriis mit Nebengütern.
Das Ehepaar Brockdorff hatte unter mehreren fast sämtlich früh verstorbenen oder unbeerbten Kindern eine Tochter Anna Constantia, 1680–1765, die ihren Weg durch die Geschichte Europas nahm. Sie begleitete die Prinzessin Sophie Amalie von Holstein-Gottorp zu deren Vermählung mit dem Kurprinzen von Sachsen nach Dresden. Hier lernte der Kurfürst August der Starke, König von Polen, sie kennen und gewann alsbald ihre Zuneigung, die zu einer tiefen Liebesbeziehung führte, die viele Jahre lang, von 1703 bis 1716, anhielt. Sie war zunächst verheiratet mit dem allmächtigen sächsischen Kabinettsminister Adolf Magnus Grafen v. Hoym, doch wurde diese Ehe schon 1702 geschieden, wohl im gleichen Jahre, in dem ihre Liaison mit August dem Starken begann.
Der Kaiser in Wien erhob sie jetzt zur Reichsgräfin von Cosel, einer Grafschaft in Schlesien, die ihr nie gehört hat. Sie schenkte dem König vier Kinder, darunter auch Söhne, die sämtlich Titel und Namen von Grafen und Gräfinnen v. Cosel führten. 1716 geschah der Bruch mit dem König, dieser hatte sein Interesse anderen Damen des Hofes zugewandt.
Anna Constantia wurde nach der Landwarte Stolpen in der Lausitz verbannt und blieb hier bis an ihr Lebensende wohnen, also fast 50 Jahre lang, obwohl sie nach dem Tode des Königs Stolpen hätte verlassen können. Der Turm in der altertümlichen Bergveste, in dem sie bis an ihr Lebensende in freiwilliger Einsamkeit gewohnt hat, heißt noch heute der Cosel-Turm. Bemerkenswerterweise hat die DDR sich der Anna Constantia Cosel angenommen, im Jahre 1981 fand in dem Cosel-Turm eine besondere Ausstellung mit Erinnerungsstücken an ihre Zeit statt.
Es gibt ein Werk von Erich Haenel und Erna v. Watzdorf: August der Starke, das 1933 zum ersten Mal erschienen ist, 1981 als Reprint. In diesem Werke ist das Schicksal der Anna Constantia Brockdorff ausführlich wie folgt behandelt:
Wie ein strahlender Stern in steiler Bahn am Firmament aufzieht, so

Landwarte Stolpen, Wohnsitz der Gräfin von Cosel geb. Brockdorff

tauchte die blendende Erscheinung der fünfundzwanzigjährigen Anna Constantia, geborene von Brockdorff, am Hofe des augenblicklich in Flammen stehenden roi galant auf. Sie selbst war nicht leicht zu erobern. Auf ihren Vorteil bedacht, stellte sie nicht eben bescheidene Bedingungen. Zur Macht gelangt, verstand sie es allein, das flatterhafte Herz des Königs sieben Jahre (in Wirklichkeit waren es 13 Jahre) zu fesseln. Sie war eine ungewöhnliche Frau von bezwingender Anmut, adeligem Wuchs, rassig, temperamentvoll, mit sprühendem Witz begabt, voll persönlichen Muts, eine verwegene Reiterin, kühne Jägerin. Verschwenderisch und geizig zugleich, nützte sie die schrankenlose Freigebigkeit des Monarchen nach Kräften aus, herrschsüchtig, launisch und voller Jähzorn, eine gefährliche Intrigantin, die mit ihren zarten Händen sogar die Fäden der hohen Politik zu schüren suchte. Diese Übergriffe führten das jähe Ende ihrer Laufbahn herbei. Sie wurde auf ihr Schloß Pillnitz verbannt. Aber Nebenrollen lagen ihr nicht. Als alle Bitten und Klagen ungehört verhallten, entfloh sie nach Berlin, wurde schließlich von

Preußen an Sachsen ausgeliefert und als Gefangene auf die Festung Stolpen gebracht. Der Freiheit beraubt, den Menschen entrückt, wandelte sie sich zu einem bösen, dämonischen Geist, der geheimnisvolle Verbindungen unterhielt, um all das in Jahren des Glanzes angehäufte Hab und Gut in sicheren Schlupfwinkeln zu verbergen und Hexenzauber und Anschläge auf das Leben des Königs nicht verschmähte. Als der Nachfolger Friedrich Augusts ihr die Freiheit gab, blieb sie starrköpfig als freiwillige Gefangene auf dem Felsen. Ein halbes Jahrhundert hauste sie in dem allmählich zerfallenden Gemäuer, dumpf brütend und verstummt, als fünfundachtzigjährige Greisin, bis der Tod sie hinwegnahm.

Nikolaus Graf von Luckner, Bronzestatuette in Straßburg, Musée Historique

Depenau geht nach dem Tode von Joachim Brockdorff 1720 zunächst über auf den ältesten Sohn aus seiner Ehe, Christian Detlev Brockdorff, † 1744. Christian Detlev war nicht verheiratet, daher war nächste Erbin jetzt Anna Constantia Gräfin v. Cosel, die aber wegen ihres Aufenthaltes auf der Landwarte Stolpen sich außerstande sah, sich um das Gut zu kümmern. Infolgedessen kam jetzt Prozeß auf Prozeß in Gang über die Erbfolge. Die Erbschaftsregelungen waren unklar. Nach ihrem Tode fiel Depenau zunächst an ihren Enkel, den Grafen Sigismund v. Cosel, der das Gut im Jahre 1779 an seine Mutter, die Generalin Christine Friederike Gräfin v. Cosel, verkaufte. Sie behielt das Gut nur wenige Jahre. 1783 ging Depenau über an den Grafen Nikolaus v. Luckner, maréchal de France, der schon in Holstein Grundbesitz erworben hatte. Er beendigte sein tapferes Leben im Jahre 1794 auf der Guillotine, als er sich vorzeitig in die von Revolutionswirren erschütterte Stadt begeben hatte, um seine Vermögensansprüche zu ordnen.

Nikolaus Luckner hatte sich nach der Sitte seiner Zeit in den vielen Feldzügen, die er siegreich bestanden hatte, Vermögen und Geld erworben und faßte beizeiten den Entschluß, sich Güter in Holstein zu kaufen. 1761 erwarb er Blumendorf, 1763 Schulenburg, 1783 Depenau. Hier hat er auch in den Jahren von 1783 bis 1790 gewohnt, man fragt sich nur, in welchem Hause. Die Ruine der alten Burg ließ er 1784 abbrechen, ein anderes großes Schloß, das er plante, gedieh nicht über die Fundamente hinaus. Vielleicht hat er in dem gleichen Nebengebäude, das auf alten Kellern ruht und das auch gegenwärtig als Wohnung des Besitzers dient, seine Unterkunft gehabt.

Übrigens hat der Convent in Paris bereits im Jahre nach der Hinrichtung des Marschalls das Urteil wieder aufgehoben und für ungültig erklärt und das Vermögen dem ältesten Sohne des Marschalls zurückgegeben.

Nikolaus Luckner hatte nebst mehreren Töchtern zwei Söhne, Nikolaus, † 1824, und Ferdinand, † 1815, und gedachte, zwei Fideikommisse zu stiften, um der Familie bleibenden Grundbesitz zu schaffen. Er begründete daher ein Primogenitur-Fideikommiss für die ältere Linie, bestehend aus Schulenburg und Blumendorf, ein Sekundogenitur-Fideikommiss für den jüngeren Sohn und dessen Nachkommen, bestehend aus Depenau. Ferdinand Luckner war verheiratet mit Hedwig Sophie v. Brömbsen und erwarb durch diese Heirat noch das deren Eltern gehörige adelige Gericht Tüschenbeck im Herzogtum Lauenburg hinzu.

Aber es scheint, daß seine wirtschaftlichen Verhältnisse nicht günstig blieben, 1809 kam er um die königliche Bewilligung ein, das Fideikom-

miss über Depenau aufzuheben und an seiner Stelle ein Fideikommisskapital von 400000 Rthlr. zunächst, später von 163000 Rthlr. einzutragen. Dadurch erhielt er die Möglichkeit, Depenau zu verkaufen.
Die nächsten Jahrzehnte sind eine Zeit der Wirren um das Gut. Im gleichen Jahre 1809 verkaufte es der älteste Sohn Carl Nikolaus Luckner an den Canonicus C. H. G. Schlüter, dieser verkaufte alsbald, schon 1810, den Meierhof Horst. Schlüter machte zwei Jahre später Konkurs, jetzt wurde Depenau in zwei Teile zerlegt. Die Dörfer Stolpe und Wankendorf wurden anderweitig verkauft. Carl Nikolaus Luckner kaufte das Restgut Depenau mit den beiden Meierhöfen Löhndorf und Nettelau wieder zurück, um das Fideikommisskapital zu retten.
Es scheint so, als sei den Geschwistern Luckner die Freude am Besitz vergangen, als der älteste Bruder unbeerbt 1820 starb, suchte sich der jetzige Besitzer, der Graf Adam v. Luckner, † 1877, eine neue Heimat in Ostpreußen. Er hinterließ nur zwei Töchter, damit war die Nachfolge in das Fideikommiss oder in das Fideikommisskapital erloschen.
Aus der Familie Luckner sind in neuerer Zeit bekannt geworden zwei Persönlichkeiten, einmal der Maler Graf Heinrich v. Luckner, † 1970, hochbedeutender Maler der Moderne mit lithographischen und in Farbe gehaltenen Arbeiten, langjähriger Professor der Kunst-Pädagogik an der Hochschule für bildende Künste in Berlin. Er wird zu Unrecht als Pommer ausgegeben, weil er zufälligerweise in Kolberg in Pommern geboren ist, gehört aber eindeutig zu der holsteinischen Familie der Grafen v. Luckner. Der andere in neuerer Zeit sehr bekannt gewordene Luckner ist dessen Vetter Felix Graf v. Luckner, * 1881, † 1966. Felix Luckner hatte sich durch seine kühnen Segelfahrten im Ersten Weltkriege einen großen Ruf auch in den Vereinigten Staaten erworben, während des Krieges tauchte er überall mit seinem Segelschiff auf und konnte viele feindliche Fahrzeuge zur Kapitulation zwingen. Er hatte den Spitznamen „der Seeteufel" und war unter diesem Namen in der ganzen Welt bekannt. Er ist als der Retter von Halle bekannt geworden. In den Apriltagen des Jahres 1945 wollten die Amerikaner die Industriestadt an der Saale bombardieren, weil sich dort die Hitlerjugend verteidigen wollte. Graf Luckner, der viele Freunde und Verehrer als „Seeteufel" bei den Amerikanern hatte, ging mit einer weißen Fahne als Zeichen der Unterwerfung mutig allein zu den Amerikanern und bat sie, die Stadt nicht zu bombardieren. Tatsächlich ist Halle bis auf einen Angriff am Ostersonnabend 1945 verschont geblieben, so konnte der alte aus dem Mittelalter stammende Stadtkern völlig unbeschädigt den

Krieg überstehen. Dieser Einsatz des Grafen Luckner wurde in Windeseile in Halle bekannt, seine Wohnung am Alten Universitätsring war wochenlang danach das Ziel vieler Hallenser. „Phylax", wie er sich selber nannte nach einem Hund, einem Namen, den er schon als Schiffsjunge führte, wurde prominentester Einwohner der Saalestadt.
Adam Graf Luckner verkaufte Depenau im Jahre 1839 an den Kaufmann Georg Eduard Böhme, der einige Jahre darauf das adelige Gut Oehe in Angeln hinzu erwarb.
Von Adam Luckner gibt es eine kleine Schrift!

> „Wie ist der überhandnehmenden Armuth im
> Herzogthum Holstein gründlich abzuhelfen?
> Von Graf A. Luckner, Hamburg 1831"

In dieser Schrift setzt sich der Verfasser sozialkritisch mit der Verbesserung der wirtschaftlichen Lage der Arbeiter auf den Gütern auseinander, freilich ohne große Resonanz mit seinen etwas theoretisch vorgetragenen Ansichten zu erhalten.
Böhme wie sein Sohn behielten Depenau bis 1890, dann folgt für einige Jahre Gustav v. Löbbecke aus Kassel. Seit 1904 ist Depenau im Besitz der Familie Hammerschmidt.
Der Geheime Kommerzienrat Rudolf Hammerschmidt, * 1853, ist der erste Besitzer aus der Familie Hammerschmidt auf Depenau. Neben einer eigenen Bank in Düsseldorf, die er zusammen mit seinem Schwiegersohn, dem Bankier Poensgen betrieb, bestand der Löwenanteil eines in den 1880er Jahren aufgebauten Wirtschaftsimperium aus mehreren Textilfabriken in Rußland mit dem Hauptsitz in St. Petersburg, dem heutigen Leningrad. Seine Machtposition in Rußland war derart beherrschend, daß er als Inhaber des Baumwollmonopols betitelt wurde.
Ebenfalls in den 1880er Jahren kaufte er das von Herrn Koenig (dem sogenannten Zucker-Koenig) erbaute große Haus in Bonn, das heute Villa Hammerschmidt genannt wird. An den Erbauer, Herrn Koenig, erinnert noch heute das gegenüberliegende Museum Koenig.
Rudolf Hammerschmidt lebte teils in Bonn, teils in St. Petersburg. Nachdem er 1904 Depenau mit den beiden Meierhöfen Nettelau und Löhndorf erworben hatte, verbrachte er jeweils mehrere Wochen der Erntezeit in Depenau, wo er das von Böhme erbaute sog. neue Herrenhaus für seine Zwecke umbaute.
Nach dem Tode von Rudolf Hammerschmidt 1922 ging Depenau auf seinen einzigen Sohn Wilhelm Hammerschmidt über. Inzwischen war

durch die Revolution der gesamte Besitz in in Rußland verlorengegangen, die russischen Fabriken, die Anteile, die er in Rußland besessen hatte und dergleichen mehr.
Der Sohn Wilhelm Hammerschmidt überlebte den Vater nur um zwei Jahre, 1924 war er bereits verstorben.
Seitdem wurde die Villa Hammerschmidt nicht mehr von der Familie bewohnt, das weitläufige Haus zu Wohnungen umgebaut und vermietet. 1945 beschlagnahmte die britische Besatzungsmacht das Haus, 1949 verkaufte die Erbengemeinschaft Hammerschmidt das Haus an die Bundesrepublik Deutschland. Seitdem ist es Sitz des Bundespräsidenten.
Das Gut verblieb zunächst im Besitz der Witwe Karoline Hammerschmidt, geb. Soennecken im Wege des Niessbrauchs und wurde dann dem Sohne Gerhard Hammerschmidt 1939 übertragen. Auch ihm war kein langes Leben beschieden, er starb schon im Jahre 1968.
Gerhard Hammerschmidt hat sich als prominenter Landwirt einen hervorragenden Ruf in Schleswig-Holstein bewahrt. Er zählte zu den führenden Landwirten unserer Zeit, die mit modernen Methoden den Versuch machten, die Gutsbetriebe zu modernen Großwirtschaften zu entwickeln. 1948 erbaute er eine Konservenfabrik zusammen mit der Firma Carl Ebbrecht. Diese Firma mietete das 1948 von Gerhard H. errichtete Fabrikgebäude mit Nebengebäuden an unter der Bedingung,

Villa Hammerschmidt in Bonn, um 1900

das in Depenau angebaute Gemüse – Erbsen, Buschbohnen, Karotten, Blumen- und Grünkohl sowie Kirschen – abzunehmen und zu verarbeiten. Die Firma hatte noch eine zweite Fabrik in der Nähe von Hamburg. Ende der 60er Jahre begann der Gemüseanbau unrentabel zu werden. 1970 zeichnete sich für die Firma die Notwendigkeit ab, die Produktion bei Hamburg einzustellen. Da auf Grund der für Depenau sich abzeichnenden Unrentabilität des Gemüseanbaus eine ursprünglich geplante Erweiterung der Depenau-Fabrik nicht mehr in Frage kam, erbaute die Firma Ebbrecht in Neumünster eine neue große Fabrik. Seitdem ist die Produktion in Depenau eingestellt und ein Teil der Gebäude wurde zum Lager. Das eigentliche Fabrikgebäude ist heute anderweitig vermietet. Depenau hat seit 1973 den Obst- und Gemüseanbau völlig eingestellt. 1968 ging Depenau auf den heutigen Besitzer Jürgen Hammerschmidt über, der das Gut gleichfalls selbst bewirtschaftet.
Das Gut hat heute eine Größe von 760 ha, davon 575 ha Acker und Grünland, 160 ha Wald und 13 ha Wasser.

Adeliges Gut Depenau

Besitzer: Jürgen Hammerschmidt

Besitzer

im 16. Jh.	(v.) Sehestedt
dann	(v.) Brockdorff und deren Erben, die Grafen v. Cosel
1783–1838	Grafen v. Luckner mit Unterbrechung
1838–1890	Böhme
1890–1904	v. Löbbecke
seit 1904	Hammerschmidt

Gut und Bauten

nach 1575	Entstehung des Gutes
1586	Bau des Hofes mit dem heute noch stehenden Torhaus
1773	Erweiterung des Torhauses
1783	Beginn des Baues eines Schlosses
1845	Bau des Neuen Herrenhauses
1979	Abbruch des Neuen Herrenhauses
1984	Brand der Hofscheune

3 Bothkamp

Kirchspiel Kirchbarkau   Kreis Plön

Die Angabe, daß das Kirchspiel Kirchbarkau zuständig ist, trifft nur bedingt zu. Das sehr große und sehr langgestreckte Gut gehört insgesamt zu drei Kirchspielen, der Norden mit dem Herrenhof nach Kirchbarkau, die Mitte zum Kirchspiel Brügge, der Süden, insbesondere der Hof Alt-Bokhorst, zum Kirchspiel Neumünster. Kirchbarkau ist eindeutig das wichtigste von ihnen, hier sind die Stühle der Gutsherrschaft, hier ruht auf der Kirche seit langen Jahrzehnten das Patronat, übrigens in Gemeinschaft mit dem Preetzer Kloster, hier sind auch die großartigen Schnitzwerke am Gestühl zu finden, die Paul Rantzau mit seinen neun Söhnen, die Ehefrau Beate geb. Sehestedt mit ihren sechs Töchtern darstellen und die Ciriacus Dirkes zugeschrieben werden.

Bothkamp ist eine Gründung des 16. Jahrhunderts in Verbindung mit dem Siegeszug der Reformation. Als die katholische Kirche in dieser Zeit auf breiter Front zurückweichen muß, werden sämtliche Männerklöster im Lande aufgehoben, gleichgültig, ob sie den Bettelmönchen in den Städten gehören, den Orden der Dominikaner und Franziskaner, oder ob sie zu den vornehmen Feldklöstern rechnen wie die der Benediktiner und Cistercienser. Die Landesfürsten legen alsbald ihre Hand auf den umfangreichen Grundbesitz dieser Klöster, der König, Christian III., Herzog Johann d. Ä. von Hadersleben und Herzog Adolf von Holstein-Gottorp teilen sich die reiche Beute. Der einheimische Landesadel geht praktisch leer aus, Versuche der Herren v. Pogwisch, ihre Rechte auf das Kloster Bordesholm zu erhalten, der Herren v. Rathlow auf das Kloster Cismar, Herrn Benedict v. Ahlefeldts auf das Rüdekloster bei dem heutigen Glücksburg werden von den Landesherren abgewiesen.
Nur einem einzigen Mitglied der Ritterschaft gelingt ein größerer Landerwerb aus Klosterbesitz, das ist der Feldherr Johann Rantzau. Er begründet aus dem Besitz des Klosters Bordesholm in der Niederung am Unterlauf der Stör die Herrschaft Breitenburg, die später sein ältester Sohn Heinrich übernehmen wird. Jetzt sucht Johann Rantzau für den zweiten Sohn Paul nach geeignetem Grund und Boden. Es gelingt ihm, zunächst vom Kloster Uetersen die abgelegenen Dörfer Hollenbek und Schipphorst zu erwerben, weitere Dörfer aus dem Besitz der Klöster Segeberg und Bordesholm kommen hinzu, in den wenigen Jahren von 1531 bis 1538 hat er den gesamten südlichen Teil des späteren Gutes Bothkamp mit 3300 ha Grundfläche in seinem Eigentum. Er geht dabei mit großem Geschick vor, einem unmittelbaren Verkauf seitens der Klöster an ihn könnten Schwierigkeiten entgegenstehen. Daher sorgt er dafür, daß die Klöster zu hohen Lasten herangezogen werden und springt dann als hilfreicher Geldgeber ein. So wissen wir von dem reichen Kloster Bordesholm, daß es zu einer Sondersteuer von 4000 Mark Lübsch herangezogen wurde. Das Kloster konnte diese Summe nicht aufbringen und mußte sich daher zum Verkauf von ganzen Dörfern entschließen.
1535 kauft er Rendswühren und Bokhorst, 1538 Busdorf und Bredenbek. In dem letztgenannten Jahre kauft er von Otto Pogwisch dessen Burg Bistikessee mit den damaligen Dörfern Siek, Dosenbek, Klein-Buchwaldt und Dudendorf mit einer Gesamtfläche von 2700 ha und nannte nunmehr 6000 ha sein Eigen.
Die Herren v. Bistikessee kommen um 1200 mehrfach in den Urkunden

vor, man kennt auch ihr Wappen, es ist dem Wappen der Herren v. Buchwaldt gleich. Wir haben es daher hier mit einem Zweige dieses großen Adelsgeschlechts zu tun. Bistikessee oder Bissee, wie es bald genannt wird, ist heute noch als Dorf vorhanden, nördlich von Bothkamp, hat aber nie zum Gute gehört. Andererseits sitzen spätestens um 1400, wenn nicht schon seit 1322, die Herren v. Pogwisch auf Bissee, der gleichen Burg, die 1538 von Johann Rantzau gekauft wird. Der Kaufvertrag ist uns bekannt, auch die Kaufsumme: 9100 Mark, wesentlich mehr, als er für die 600 ha größeren Klosterländereien hatte bezahlen müssen. Nur die Lage der Burg ist nicht eindeutig bestimmbar, nach der einen Quelle lag sie westlich vom heutigen Gutshof, dann hätte sie im See gelegen, was nicht einmal unwahrscheinlich ist. Wir wissen von den ersten Rittern v. Rumohr und v. Ahlefeldt, daß sie eine Burg im See bei Perdoel hatten, ebenso war es in Wahlstorf. Andere Schriftsteller verlegen diese Burg in die Niederung östlich des heutigen Herrenhofes, dritte endlich auf die Stelle des Herrenhauses selber.
Mit seinen 6000 ha, die bis in das 20. Jahrhundert in einer Hand blieben, war Bothkamp das größte Einzelgut, das es in Holstein gab. Größer waren die Herrschaften wie Breitenburg oder die Herrschaft Hessenstein, aber sie bestanden aus mehreren Einzelgütern. An Größe vergleichbar waren nur Emkendorf und Neuhaus.
Diese fast legendäre Größe fand ihren Niederschlag in einer reizenden Anekdote, die um 1900 spielt. Drei junge Mädchen aus dem Hause Bothkamp, 13, 14 und 15 Jahre alt, schritten jede Woche einmal zum nahen Kirchdorf Kirchbarkau, um auf die Konfirmation vorbereitet zu werden. Der Geistliche, ein frommer und andächtiger Herr, legte ihnen die Frage vor: „Was ist das größte Gut auf Erden?" und erwartete eine fromme und andächtige Antwort. Die drei jungen Mädchen riefen wie aus einem Munde: „Bothkamp!"
Die Struktur des Gutes in sich selber ist vielen Veränderungen unterworfen gewesen. Als erster Meierhof in ganz Holstein wird aus dem südlichen Teile des Gutes schon um 1626 der Meierhof Bokhorst gebildet, später kam noch Neu-Bokhorst hinzu, daher heißt dieser alte Hof heute Alt-Bockhorst und fiel in der Erbteilung der jetzt lebenden Brüder dem jüngeren Sohne Cai-Harry v. Bülow zu.
Die meisten Meierhöfe entstanden nach 1700, ein Teil erst nach 1800. Das Dorf Siek wurde im Jahre 1700 niedergelegt und umfaßt heute den eigentlichen Kern des Bothkamper Hoflandes, der Hof Bothkamp liegt allzu ungünstig in der nördlichen Spitze des ganzen Gutes. Aus dem

Kieler Torhaus von 1711

Dorfe Dudendorf wurde der Meierhof Schönhagen, ebenso entstanden die Höfe Altenrade, Neuenrade, Bornrüm, der Ziegelhof. Daneben gab es weitere elf Dörfer, die auch heute noch bestehen, und unzählige Einzelstellen.
Johann Rantzau dürfte auch das Herrenhaus erbaut haben, sein Sohn Paul war damals noch ein Kind. Das Haus scheint zwischen 1538 und 1547 errichtet zu sein, die mächtigen Kellergewölbe sind eindeutig spätmittelalterlich. Das Gelände zum See fällt so steil ab, daß es schwer verständlich ist, wieso das Haus allseitig von Hausgräben umzogen gewesen sein soll. Aber da der Spiegel des Sees früher erheblich höher lag, mag man dieser Angabe doch Glauben schenken.
Heinrich Rantzau bezeichnet das Herrenhaus als eins der schönsten aller holsteinischen Sitze. In einem Epigramm läßt er Bothkamp selber sprechen:

> „Ich bin auf einem Bergrücken mit steinernen Säulen aufgeführt und das edle Werk erstrahlt in italienischer Kunst ... Mein großartiger Bau übertrifft an Kunst und Schönheit ... auch jeden adeligen Herrensitz ..."

Das Wort italienisch darf man nicht wörtlich nehmen. Es soll hier nur auf die neue Bauweise hinweisen, besonders wohl im Gegensatz zu dem von dem gleichen Bauherrn auf Breitenburg errichteten vierfachen Haus im alten Stil. Auffallend ist die horizontale Gliederung und die Einfassung der Fenster, ferner erstmalig am Giebel die Halbrundbögen, ein Motiv, das erst später am Kieler Schloß um 1558 wieder aufgenommen wird. Es ist möglich, daß die Terracotten aus der Werkstatt des Statius van Düren in Lübeck stammen. Das Haus hatte über einem hohen Sockel zwei Geschosse mit einem hochgezogenen Mittelgiebel und besonders betonten Seitengiebeln. Auf dem Dach saß in der Mitte ein Dachreiter.
Auffallend ist die Errichtung von Säulen. Wahrscheinlich waren die Fenster mit Terracotten-Säulen eingefaßt, das muß in der Tat dem Hause ein faszinierendes Äußeres gegeben haben.
Und noch ein Umstand muß erwähnt werden, das Haus war ebenso wie heute auch wohl in alter Zeit weiß gestrichen. Daher stammt das Sprichwort:

> „Dat lücht as Bothkamp in Düstern".

Großes Torhaus von 1714

Das Haus ist später wiederholt umgebaut worden, vielleicht nach 1705, mit Sicherheit um 1800, wie die Jahreszahl 1794 am Treppenaufgang beweist. Um die Zeit nach 1705 entstanden die zwei Torhäuser, die im Gegensatz zu der üblichen Anlage auf den Gütern nicht in der Achse des Herrenhauses liegen, sondern im rechten Winkel dazu. Das kleinere oder Kieler Torhaus mit der Durchfahrt und den angebauten Stallungen trägt an der Schmalseite zum Herrenhaus die Bauinschrift mit dem Namen von Bendix v. Ahlefeldt und seiner Ehefrau Ida Margarethe v. Rumohr mit der Zahl 1711. Bedeutender ist das gegenüberliegende große oder Hamburger Torhaus mit seinen zwei Türmen. Die viergeschossigen Türme flankieren den zweigeschossigen Mittelbau mit der Durchfahrt. Die Architektur wird beherrscht durch die Doppelpfeiler mit den holzgeschnitzten Kapitellen. Auch hier sind über den Erdgeschoßfenstern die Wappen v. Ahlefeldt und v. Rumohr angebracht. Dieses Torhaus wird auf 1714 datiert.
Auf Paul Rantzau folgen einige seiner Nachkommen. Von seinen vielen Söhnen war der älteste, Gert, als Nachfolger berufen, aber er hat nur ein Jahr lang Bothkamp innegehabt, 1580 fiel er in einem Duell auf dem Lehenstag in Odense 1580 von der Hand des berüchtigten Friedrich Brockdorff auf Bossee. Diese Tat versetzte das gesamte Geschlecht Rantzau in die tiefste Empörung, einer ihrer besten und hoffnungsvollsten jungen Männer war leichtfertig ums Leben gebracht worden. Sie verlangten feierliche Abbitte in der Nicolaikirche in Kiel von 12 Jungfrauen, 12 Frauen und 12 Männern aus dem Geschlechte Brockdorff, sie erzwangen, daß Friedrich Brockdorff das Land verlassen mußte und erst nach sieben Jahren zurückkehren durfte, und sie gaben sich erst zufrieden, als er eine größere Geldstiftung für wohltätige Zwecke der Stadt Kiel vornahm.
Von den weiteren Herren auf Bothkamp ist am bekanntesten geworden Josias Rantzau, † 1650, Marschall von Frankreich und ausgezeichnet in vielen Schlachten und Gefechten. Für Bothkamp hat er nicht viel bedeutet, es zog ihn immer wieder in den Kampf.
Es ist daher kein Wunder, daß es in seiner Zeit wirtschaftlich nicht zum Besten um Bothkamp stand. Aber 1649 fand sich ein wohlhabender Vetter, auch ein Paul Rantzau, der genügend Geld besaß, um das Gut zu übernehmen. Er hatte nur einen einzigen Sohn, der mit 15 Jahren starb. Daher ging nach Paul Rantzaus Tod 1670 Bothkamp über auf seine drei Schwestern bzw. deren Nachkommen. Nach altem Brauch wurde um das Gut gelost, glücklicher Gewinner war der Sohn der

Schwester Margarethe Rantzau vermählten Brockdorff, Cai Bertram Brockdorff.

Aber die Brockdorffsche Zeit verlief nicht ungetrübt. Der Vater war, wie so viele aus seiner Familie, schwer reich und hatte schon zu Lebzeiten mit dem einzigen Sohn aus seiner ersten Ehe, Cai Lorenz Brockdorff, seit 1672 dänischer Lehnsgraf, geteilt, er überließ dem Sohn die großen adeligen Güter Kletkamp, Grünhaus und Westensee in Holstein sowie die Herrschaften Werwick und Doorn in der Provinz Utrecht, dazu die Pfründe des Archidiakons und Dompropsten in Utrecht und behielt sich selber Bothkamp vor. Dem Sohn gab er die Zusicherung, er werde nicht wieder heiraten. Tatsächlich tat er es doch, 1671 vermählte er sich mit Hedwig Rantzau a. d. H. Ascheberg und hatte noch drei Töchter aus dieser Ehe. Von jetzt an war der Gegensatz zwischen Vater und Sohn nicht mehr zu überbrücken, der Sohn nahm den Standpunkt ein, der Vater habe seine Zusicherung, nicht noch einmal zu heiraten, gebrochen, er sei der berufene Erbe von Bothkamp. Der Vater stand auf dem

Sogenannter Susannen-schrank, ca. 1580

gegenteiligen Standpunkt, niemand könne ihn daran hindern, nochmals zu heiraten und dann mit seinem Vermögen (d. h. mit dem Gute Bothkamp) für die Kinder aus der zweiten Ehe zu sorgen. Prozeß über Prozeß spann sich an, selbst in der dritten Generation wurde der Streit mit größter Erbitterung und bis zum Reichskammergericht in Wetzlar fortgesetzt, fast ein halbes Jahrhundert verging im Streiten. Längst gab es andere Besitzer, die Gräfin Reventlow, den Baron Woldemar Løvendahl, dann Benedikt v. Ahlefeldt und dessen Sohn Hinrich v. Ahlefeldt. Dieser letztere ließ kurz vor dem Ende des Prozesses, von Angst um den Besitz getrieben, eine Schrift erscheinen unter dem (hier etwas gekürzten) Titel:

„Kurtze Nachricht
von dem
Seiter An. 1682 beym Kayserl. Höchstpreißl. Cammer-
Gericht rechtshängig gewesenen Processu, das in
Hollstein belegene
Adeliche Lehen-Guth Bothkamp betreffend,
Nebst
Vorläuffiger Anzeige
Was der jetzige Herr und Besitzer des besagten
Lehen-Guths und der dabey befindlichen Allodial-
Meyerhöfe und Dörffer,
Herr Heinrich von Ahlefeldt/
Salvo regressu adversus venditores ratione præ-
standæ evictionis abzutreten gehalten, falls die
vom Kayserl. Cammer-Gericht zu Wetzlar den 22.
Octobr. 1725, eröffnete Urthel in Sachen
Herrn Christian Friederich/Grafen von Brockdorff
auf Kleetkamp
wider
Frauen Benedicten Margarethen Gräfin zu Reventlau
und Hn. Baron Woldemar von Löwendahl
zur würcklichen Execution gebracht werden solte.
Kiel, im Jahr 1726“

Er vertrat hier nicht ohne Scharfsinn den Gedanken, daß man das Gut notfalls teilen könne, den nördlichen Teil aus dem alten Besitz der Herren v. Pogwisch auf Bissee könne man als Lehengut anerkennen und dann

den Brockdorff zuerkennen. Die südliche Hälfte, die aus dem Besitz der Klöster herrührte, sei dagegen nicht der Lehnspflicht unterworfen, über diese habe Cai Bertram Brockdorff frei verfügen können.
Es kam nicht zu dieser Teilung, die Brockdorff erhielten zwar ein obsiegendes Urteil, ließen sich aber mit Geld für den entgangenen Gewinn abfinden. Bothkamp verblieb jetzt zu Recht bei Hinrich v. Ahlefeldt.
Aber die Nöte gingen weiter. Hinrich v. Ahlefeldt, † 1743, hinterließ drei Kinder, zwei Töchter, die beide mit einem Rumohr verheiratet waren, und einen Sohn Bendix, der als Erbe von Bothkamp ausersehen war. Dieser Bendix v. Ahlefeldt führte ein sehr ungebührliches Leben, er wurde aus der Kieler Universität exmatrikuliert, weil er in schlechte Gesellschaft gekommen war und große Schulden gemacht hatte. Er ging dann zum Militär, wurde Rittmeister in einem Regiment, das in Flensburg in Garnison lag. Während der Abwesenheit seines Regimentschefs, des Generals v. Schmettow, ließ er sich, wie es heißt verleitet durch schändliche Menschen, die sein Vertrauen mißbraucht hatten, in Hamburg mit einem Dienstmädchen verheiraten, die einen schlechten Ruf hatte. Als Schmettow hiervon erfuhr, bot er alles auf was er konnte, damit Bendix nicht von den Listen des Heeres gestrichen wurde. Er erreichte, daß die Ehe für ungültig erklärt wurde und erreichte, daß das Mächen von allen Forderungen gegen den leichtsinnigen jungen Mann Abstand nahm. Bendix v. Ahlefeldt starb bereits mit 26 Jahren 1760 und hinterließ eine Schuld von 200 000 Rthlr., ebensoviel wie sein Großvater für ganz Bothkamp bezahlt hatte.
Nun mußte irgendetwas geschehen, um die Erbschaft zu ordnen. Der eine Schwager, Johann Rudolf v. Rumohr auf Hanerau, † 1785, erreichte, daß die Schuld, die sicherlich großenteils durch Spielschulden entstanden war, auf 80 000 Rthlr. ermäßigt wurde. Er übernahm diese Schuld zuzüglich 4% Zinsen und verkaufte Hanerau für 135 000 Rthlr. an den König. Auf diese Weise hatte Johann Rudolf v. Rumohr genug Geld, um die Schulden des leichtsinnigen Schwagers zu bezahlen und seiner anderen Schwägerin eine Abfindung auszuzahlen. Seitdem war Johann Rudolf Rumohr Herr auf Bothkamp.
In den wenigen Jahren seines Besitzes, von 1777 bis 1785, dürfte er keine großen Veränderungen in Bothkamp vorgenommen haben. Er hinterließ unter seinen 14 Kindern einen Sohn, Heinrich v. Rumohr, † 1812, der jetzt Bothkamp übernahm und in dessen Lebenszeit sich die vielen Schwierigkeiten auf Bothkamp niederschlugen, die mit der Aufhebung

der Leibeigenschaft in dieser Zeit verbunden waren. Heinrich v. Rumohr erreichte aber, daß bei seinem Tode das Gut in bester Ordnung war.
In seiner Zeit dürften auch die Umbauten des Herrenhauses entstanden sein, die bis heute dem Hause erhalten geblieben sind, wenn nicht gar ein völliger Neubau auf den alten Kellern. Die zierlichen Säulen aus Terracotta dürften jetzt verschwunden sein, über den Fenstern waren Terracotten-Medaillons in die Wand eingelassen, die jetzt herausgenommen wurden, einige von ihnen sind heute noch in einem Bauernhause im nahen Kirchbarkau im Fachwerk erhalten geblieben.
Im übrigen erfuhr das Haus in diesen Jahren eine der Zeit entsprechende Modernisierung. Die Räume im Erdgeschoß erhielten Stukkaturen, die dem Italiener Francesco Angelo Tadey zugeschrieben werden. Sehr schön ist das Vestibül mit seiner Pilastergliederung in dorischer Ordnung und der Gartensaal, in dem die sogenannte Deutsche Ordnung nach Sturm angewandt wurde. Dem weiteren Schmuck dienen Blüten- und Früchtegehänge, Portraitmedaillons und Supraporten mit Allegorien der Jahreszeiten. Links und rechts an den Seitenwänden sind Medaillons in Gestalt griechischer Göttinnen angebracht, man erzählt sich, daß hier die beiden Lebensgefährtinnen wiedergegeben sind, die nacheinander das Leben Heinrichs v. Rumohr geteilt hatten, er war selber nicht verheiratet.
Er mußte sich beizeiten nach einem Besitznachfolger umsehen. Seine Schwester Christine Friederike war mit Cay Friedrich v. Bülow auf Westensee verheiratet. Dieser Bülow stammte wohl aus Mecklenburg, war aber hierzulande kein Unbekannter, seine Mutter war eine Reventlow a. d. H. Altenhof und als sie früh verstorben war, kam Cay Friedrich v. Bülow zur Miterziehung nach Altenhof. Aus seiner Ehe mit Christine Friederike v. Rumohr gab es eine Reihe von Kindern, aber es scheint, als habe sich von Anfang an ein besonderes Vertrauensverhältnis zwischen dem zweiten Sohne Detlev Heinrich v. Bülow und dem alten Onkel Heinrich v. Rumohr auf Bothkamp ergeben. Als der junge Bülow erwachsen war, siedelte er ganz nach Bothkamp über, Heinrich v. Rumohr belegte in diesen Jahren das Gut mit fideikommissarischer Qualität für diesen Neffen und dessen Nachkommen. So ist Bothkamp nach so viel unruhigen Zeiten jetzt seit rund 200 Jahren in den beiden Familien Rumohr und Bülow vererbt worden.
Detlev Heinrich v. Bülow entwickelte sich zu einem sehr bedeutenden Manne. Unablässig wie auch seine Besitznachfolger um das Wohl des gesamten Gutes besorgt, hatte er gleichzeitig im öffentlichen Leben

Gartensaal

hohe Stellungen eingenommen. Er wurde Geheimer Conferenzrath, kgl. dänischer Kammerherr, Landrat und Amtmann von Gottorf und Hütten. Sein Vater war erst 1790 in die Schleswig-Holsteinische Ritterschaft aufgenommen worden. Es spricht daher sehr für das große Ansehen von Detlev Heinrich v. Bülow, daß er Verbitter des adeligen Klosters Itzehoe wurde und damit Präses der gesamten Schleswig-Holsteinischen Ritterschaft. Als einer der letzten in Holstein erhielt er vom König von Dänemark das Großkreuz des Dannebrog-Ordens.
Im Jahre 1824 brach über das nicht weit entfernte adelige Gut Bossee der Konkurs aus. Detlev Heinrich v. Bülow konnte für 137000 Thaler dieses Gut ankaufen und für seinen dritten Sohn Wilhelm, wiederum als Fideikommiß, einrichten.
Der zweite Sohn von Detlev Heinrich, Friedrich Gustav v. Bülow, †1893, übernahm nach dem Tode des Vaters Bothkamp. Er hatte bis dahin schwere Jahre erlebt. Er war mit voller Begeisterung 1848 in die Schleswig-Holsteinische Armee eingetreten. Nachdem er im Jahre vorher zum Klosterprobst des adeligen St. Johannis-Klosters vor Schleswig gewählt worden war, mußte er bei dem nächsten Thronwechsel

1852 um die Bestätigung seiner Wahl nachsuchen. Diese wurde ihm auf Grund seines Eintritts für die schleswig-holsteinische Sache vom König von Dänemark verweigert, und er wurde zum Verlassen des Landes gezwungen. Er ging für einige Jahre nach Mecklenburg zurück und kam erst 1855 wieder, als der Vater gestorben war.
Friedrich Gustav v. Bülow hat auf Bothkamp ein Werk geschaffen, das heute nicht mehr steht, das aber doch mit seinem Namen für alle Zeiten verbunden bleibt, das ist der Bau der Sternwarte in Bothkamp. Es gab zu seiner Zeit außer Bothkamp nur noch eine einzige private Sternwarte, sie lag in Jena. Friedrich Gustav v. Bülow entschloß sich nach 1869 zum Bau dieser Sternwarte in Bothkamp und zwar unweit des Hofes im Wasser. Auf einem künstlichen Hügel, der sich etwa um 2 Meter aus dem Wasser erhob, wurde der Bau mit einem Durchmesser von 18 Meter errichtet. Auf dem Fundament wurde das Gebäude mit einem kegelförmigen Dach erbaut. Im Südwesten führte eine Freitreppe aus behauenen Felsen durch eine kleine Vorhalle in einen hohen Raum, die Rotunde, in deren Mitte ein gewaltiger gemauerter Pfeiler mit einem Durchmesser von 4 Metern stand. Dieser Pfeiler reichte tief in den Grund hinein und wurde dauernd von fließendem Wasser umspült. Er hatte keine Verbindung mit dem ersten Stockwerk und trug oben den großen Refraktor. Von der Rotunde aus konnte man in jeden Raum hineinkommen, jeder etwa 15 qm groß, sie dienten den Astronomen als Arbeitsräume, als Labor und zur Aufstellung von Hilfsgeräten.
Der gesamte Bau der Sternwarte kostete etwa 750000 Mark. Die Summe wurde von dem Gutsherrn alleine aufgebracht. Alleine der Refraktor hatte 150000 Mark gekostet.
1870 war die Sternwarte fertig, alsbald holte Friedrich Gustav v. Bülow tüchtige Astronomen nach Bothkamp, Dr. H. Vogel kam aus Leipzig, ihm zur Seite stand Dr. Oswald Lohse. Sie entfalteten bald eine rege Tätigkeit. Als Dr. Vogel nach zehn Jahren nach Berlin berufen wurde, kam für ihn Dr. de Ball nach Bothkamp. Er hat hier den Planetoiden Athamanthis entdeckt.
Friedrich Gustav v. Bülow hat selber viele Nachtstunden in der Sternwarte verbracht, seine Neigungen waren anscheinend nicht nur astronomischer Natur, sondern auch von Astrologie beeinflußt. Die Forschungsergebnisse wurden weit bekannt und sind auch im Ausland in vielen Ländern erhalten geblieben.
Nach dem Tode von Friedrich Gustav v. Bülow 1893 wurde es allmählich stiller auf der Sternwarte, 1914 wurde die Arbeit dort völlig eingestellt.

1931 wurden die Instrumente ausgebaut und mit einem Teil der Bücherei der Kieler Sternwarte überlassen, 1937 folgte der Rest des wertvollen Schrifttums.

Die meisten Instrumente, insbesondere der Refraktor, wurden 1942 in Kiel durch Bomben vernichtet. Das Gebäude selber steht heute nicht mehr.

Friedrich Gustav hinterließ mehrere Söhne, von denen die beiden ältesten Cai und Detlev, in den preußischen Staatsdienst gingen. Beide wurden Landräte, Cai in Eckernförde, Detlev in Wandsbek. Nachdem der Vater gestorben war, zog Cai es vor, aus dem Staatsdienst auszuscheiden und ganz nach Bothkamp zu gehen, er hielt die Verwaltung des großen Besitzes für wichtiger. Detlev erbte Bossee und stieg bis zu dem hohen Rang eines Oberpräsidenten der Provinz Schleswig-Holstein auf.

Cai setzte die Reihe der Herren v. Bülow auf Bothkamp würdig und mit großem Einsatz fort. Er starb mit verhältnismäßig jungen Jahren schon 1910.

Die Jahre, die dann folgten, sind von tiefem Kummer erfüllt. Zunächst erbte der älteste Sohn Friedrich Bothkamp, aber als der Erste Weltkrieg ausbrach, ging er mit seinen beiden nächsten Brüdern schnellstens in den Kriegsdienst. Friedrich fiel als einer der ersten im August 1914, nachdem er zuvor eine sehr aussichtsreiche Laufbahn im Auswärtigen Dienst begonnen hatte. Die drei überlebenden Brüder entdeckten allesamt in sich eine unstillbare Neigung zum Fliegen. Der nächste Bruder, Walter v. Bülow, meldete sich schon bald bei den Fliegern und wurde Führer der Jagdstaffel Boelcke. Hierbei zeichnete Walter v. Bülow sich so sehr aus, daß er am 20. 11. 1917 den höchsten Orden, den Pour le mérite, erhielt und ihm ein eigenes Jagdgeschwader übertragen wurde. Er fiel am 6. 1. 1918 nach vielen Luftsiegen hinter der gegnerischen Front in Flandern.

Bothkamp ging nun auf den dritten Bruder über, Conrad v. Bülow. Er wurde im Sommer 1915 auf seinen Wunsch zur Fliegertruppe versetzt, und wurde nach mehreren Luftsiegen schwer verwundet. Auf Befehl des Kaisers wurde er nicht mehr an der Front eingesetzt, sondern sollte in einem ruhigen Stützpunkt weiteren Dienst tun. Er fuhr daher im April 1918 nach Finnland, um dort das Flugwesen zu organisieren und die Leitung einer Fliegerschule zu übernehmen. Hier stürzte er am 1. 8. 1918 unmittelbar nach dem Start mit einem Wasserflugzeug ab, wahrscheinlich infolge eines Maschinenschadens.

So erbte jetzt der vierte Bruder, Harry v. Bülow, Bothkamp, der genau

wie seine Brüder sich vollständig dem Flugwesen verschrieben hatte. Nach dem ersten Weltkrieg besaß er ein eigenes Flugzeug, ließ sich dazu zwischen dem Herrenhaus und dem Hofe Siek einen eigenen Flugplatz mit einem Hangar herrichten und hat oft und gern dieses neue Verkehrsmittel benutzt und durch sein Vorbild dafür gesorgt, daß die Neigung zur Fliegerei nicht erlahmte.
Im Zweiten Weltkrieg war er ein erfolgreicher Flieger ebenfalls in der Jagdstaffel Boelcke und war Kommodore des Geschwaders Richthofen und kam als Oberst der Luftwaffe mit dem Hohenzollernschen Hausorden und dem Ritterkreuz geschmückt nach Hause.
Inzwischen hatten sich durch die Notstände der Nachkriegszeit die Verhältnisse in Bothkamp wenig erfreulich entwickelt. Das Haus war anfangs von der britischen Besatzungsmacht, dann mit Flüchtlingen aus den Ostgebieten überbelegt, in der Spitze waren hier 350 Menschen untergebracht, es wurde sogar eine eigene Schule für die vielen Kinder eingerichtet. Als die Flüchtlinge Bothkamp wieder verlassen hatten, war das Haus so stark verwüstet, daß Harry v. Bülow es nicht wieder bewohnen wollte, sondern sich in der Nähe des Hofes Alt-Bokhorst am Waldrand ein kleineres, modernes, strohgedecktes Haus erbaute. Hier hat er bis zu seinem Tode 1976 gewohnt.
1957 ergab sich eine sehr günstige Möglichkeit für das Herrenhaus in Bothkamp, der Johanniterorden wollte damals das Johanniter-Krankenhaus in Plön auflösen und dafür ein Altersheim begründen. Er mietete langfristig das Herrenhaus mit Nebengebäuden von dem Besitzer des Gutes und richtete hier ein Altersheim ein für etwa 50 Insassen. Zum 1. April 1981 wurde der Pachtvertrag durch den Johanniter-Orden aufgehoben. Seit dem Oktober 1982 ist der Gesamtkomplex an einen Privatmann langfristig verpachtet.
Nach dem Tode von Harry v. Bülow 1976 gingen die Besitzungen auf die beiden Söhne Conrad und Cai-Harry v. Bülow über, Conrad v. Bülow erhielt den Herrenhof, die beiden Meierhöfe Siek und Schönhagen und den Wald. Dem zweiten Bruder Cai-Harry v. Bülow wurde der Meierhof Alt-Bokhorst als Erbteil zugesprochen. Der einstmal sehr große Besitz, der seit den Tagen Johann Rantzaus nicht ein einziges Mal verkauft worden ist, ist im Zuge der Siedlungsgesetzgebung nach dem Ersten Weltkrieg und durch die Bodenreform nach dem Zweiten Weltkrieg erheblich verkleinert worden, ist aber immer noch ein stattlicher und schöner Besitz.

Bothkamp, Sternwarte

Adeliges Gut Bothkamp
Besitzer des Herrenhauses; sowie der Meierhöfe Siek und Schönhagen und des Waldes: Conrad v. Bülow

Besitzer des Hofes Alt-Bokhorst: Cai-Harry v. Bülow.

Besitzer

von 1531–1538	Bildung des Gutes durch Johann Rantzau
1538–1670	(v.) Rantzau
1670–1705	(v.) Brockdorff Gräfin Reventlow Baron Løvendahl
1705–1763	v. Ahlefeldt
1763–1812	v. Rumohr
seit 1812	v. Bülow

Gut und Bauten

1531–1538	Errichtung des Gutes durch Johann Rantzau
1538–1547	Bau des ersten Herrenhauses
1711–1714	Kieler u. Hamburger Torhaus errichtet
nach 1785	Umbau u. Ausgestaltung des Herrenhauses
1869–1870	Bau der Sternwarte
1950	Modernes Wohnhaus erbaut
1957–1981	Altenheim des Johanniterordens im Herrenhaus
ab 1982	Herrenhaus verpachtet

Altes Verwalterhaus

4 Quarnbek

Kirchspiel Flemhude   Kreis Rendsburg-Eckernförde

Quarnbek wird schon im Mittelalter genannt. Im ältest erhaltenen Kieler Stadtbuch, das von 1264 bis 1289 reicht, wird der Ort zweimal erwähnt. Die Eintragungen lauten in deutscher Übersetzung:

723. Herr Hinrich, der Schmied, verpfändete seine Stampfmühle auf der Dänischen Straße an Volquard von Quarnbek für 8 Mark Pfennige am Sonntag nach Ostern. Was ihm (dem Volquard) an diesem Haus an Schaden entsteht, wird er ihm ersetzen.

739. Herr Hinrich, der Schmied, verkaufte seine Stampfmühle belegen auf der Dänischen Straße an Egelbert den Schmied von Quarnbek und überließ sie ihm zu freiem Besitz.

Es ergibt sich daraus zweifelsfrei, daß zu dieser Zeit in Quarnbek eine Schmiede und Mühle vorhanden waren, sicherlich eine Wassermühle. Es wird vermutet, daß die heutige Melsdorfer Au, die etwa 4 km östlich von Quarnbek entspringt, unmittelbar am Gut vorbeifließt und dann in die Eider mündet, der frühere Mühlenbach war.
Ob zu jener Zeit bereits ein Edelhof, also eine Wasserburg bestand, ist nicht erwiesen. Man möchte sogar annehmen, daß sich Mühle und Wasserburg gegenseitig ausschließen, das Wasser des rauschenden Baches benötigte ein jeder der beiden, so lange die Mühle bestand, gab es keine Möglichkeit für eine Wasserburg und umgekehrt, als letztere entstand, mußte die Mühle weichen. In der Tat finden wir in späterer Zeit keine Andeutung, die auf ein Vorhandensein einer Mühle hinweist.
Der Name ist eindeutig: Quern oder auch Quarn ist das altdeutsche Wort für Mühle, Quarnbek ist mithin der Mühlenbach. Ein vor Jahren aufgefundener altertümlicher Mühlenstein dürfte von dieser Mühle herstammen. Es scheint auch, als ob der älteste Edelhof nicht in Quarnbek selber, sondern in oder bei dem Dorfe Stampe gelegen hat. Seit dem Mittelalter ist ein Adelsgeschlecht Stampe bezeugt, das seinen Namen von dorther nimmt.
Die ältesten uns bekannten Besitzer der Wasserburg gehören zu dem Geschlechte Rantzau, das in ganz Ostholstein einen umfangreichen Besitz an Gütern hatte. Seit 1439 sind sie auf Quarnbek bezeugt, als erster der Ritter Schack Rantzau, der im gleichen Jahre aus der Hand König Sigismunds den Lindwurmorden erhielt. Ihm folgt sein Sohn Claus, von dem es heißt, daß König Christian I. ihm im Jahre 1460 Schloß und Amt Plön nebst Lütjenburg für ein Darlehen von 7500 Mark verpfändet habe. Seit 1441 wird er bereits genannt, hat anscheinend auch das adelige Gut Salzau besessen, gehörte 1466 zu den sechs Rantzau, die die Übereinkunft von Kolding schlossen, hat 1469 den Adelsbrief gegen den König mit unterschrieben und erhielt 1473 einen Pfandbrief auf das Burglehen in Hadersleben.
Sein zweiter Sohn Benedict oder Bendix Rantzau wird zwischen 1470 und 1485 verschiedentlich genannt, ohne doch im öffentlichen Leben besonders hervorzutreten. Sein gleichnamiger Sohn Benedict, †1542, gilt als der Begründer der Linie Quarnbek. Er besaß außer Quarnbek die adeligen Güter Groß Nordsee und Schönhorst und ist vielleicht der Erbauer der uns aus Abbildungen her bekannten Wasserburg gewesen.
Erst mit seinem dritten Sohne Christoph Rantzau treten die Umrisse deutlicher hervor. Dieser wurde im Jahre 1503 geboren und starb erst

mit 93 Jahren im Jahre 1596, hat also praktisch das ganze 16. Jahrhundert erlebt. 1553 wurde er zum Amtmann von Tondern ernannt; damals wurde er auf ein Vermögen von 50000 Gulden geschätzt. 1569 wurde er Verbitter des Klosters Bordesholm. Schon in jungen Jahren wußte er sich zu behaupten: im Jahre 1533 nahm er den Bischof Jens Andersen Beldenak von Odense auf Kjaerstrup gefangen, und ließ ihn erst frei nach Zahlung eines stattlichen Lösegeldes. Und noch als alter Mann von 90 Jahren hatte er einen Streit mit der Stadt Kiel um Russee und Duvenhorst. Sein gleichnamiger Sohn Christoph erbte Quarnbek vom Vater, behielt es aber nur bis 1605 und erwarb an dessen Stelle eine Reihe von anderen Besitzungen.

Die alte Wasserburg ist sicherlich während dieser Rantzauischen Zeit erbaut worden. Wir wissen sehr wenig über sie, weder wann sie erbaut noch wann sie abgebrochen ist. Wir kennen sie nur aus den Abbildungen auf der Rantzauischen Tafel von 1587 und aus dem Werk von Henninges. Sie bestand deutlich aus zwei nebeneinander stehenden Häusern mit getrenntem Dach, eine Bauform, wie sie für Holstein jahrhundertelang bis hin zur Gegenwart bewahrt ist. Davor steht der Treppenturm, das Bauwerk ist dreigeschossig, also verhältnismäßig aufwendig, das untere Geschoß aus Sicherheitsgründen noch fensterlos. Bei dem vielfachen Besitzwechsel, der auf die Rantzauische Zeit folgte und bei dem manche Besitzer gar nicht auf Quarnbek gewohnt haben, wird die Burg allmählich in Verfall geraten sein, spätestens im 18. Jahrhundert ist sie völlig abgebrochen worden, man kann jedoch noch heute deutlich den Platz am Ende des Wirtschaftshofes erkennen, wo die Burg gestanden hat, und aus der Gestaltung des Geländes lassen sich auch heute noch recht genau Burgplatz und umlaufende Gräben rekonstruieren.

Es folgt die Ahlefeldtsche Zeit, 1605 kaufte Gosche v. Ahlefeldt gleichzeitig Quarnbek und Marutendorf. Er besaß schon seit 1588 das unfern davon liegende Emkendorf, hatte auch Besitz in Dänemark und stand in hohem Ansehen bei Hofe, wie seine vielen Ehrenämter ausweisen. Bei seinem Tode ging Quarnbek über auf den ältesten Sohn Jürgen v. Ahlefeldt, † 1641. Dieser zeichnete sich ebenso wie der Vater im öffentlichen Leben aus, war kgl. Landrat, Kriegscommissar und Oberst, Gouverneur und Kommandant von Krempe und Amtmann von Hadersleben. Während des Dreißigjährigen Krieges wurde Krempe durch Wallenstein belagert, Jürgen v. Ahlefeldt mußte kapitulieren, da er ohne Lebensmittel in der Festung saß.

Jürgen v. Ahlefeldt hatte dreizehn Kinder, sieben Söhne und sechs

Wasserburg Quarnbek – Rantzauische Tafel um 1587

Tochter. Vielleicht war diese große Kinderschar der Grund, weshalb die Witwe Margarethe, geb. Blome, Quarnbek verkaufte. 1649 ging das Gut über an Herzog Friedrich von Gottorp, doch blieben der Verkäuferin die Einkünfte noch bis 1653 belassen. Erst 1661 wurde die Schlußrechnung gelegt, aber noch 1666 beklagt sie sich, daß der Herzog ihre Möbel beschlagnahmt habe.
Der Herzog hatte offenbar die Absicht, aus dem ihm bereits gehörigen Kronshagen zusammen mit Quarnbek einen größeren Besitz zu bilden. Aber es scheinen doch allerhand Schwierigkeiten dagewesen zu sein,

denn schon 1653 verkaufte der Herzog Quarnbek nebst Kronshagen wieder und zwar an den Amtmann von Apenrade, Johann Friedrich v. Winterfeld, für 90000 Rthlr. Winterfeld war kein Fremder, er war mit einer Tochter von Jürgen v. Ahlefeldt, Augusta Elisabeth v. Ahlefeldt, verheiratet.

1667 verkauften sie Quarnbek an den Freiherrn Hans Hinrich v. Kielmansegg, den ältesten Sohn des Kanzlers Johann Adolf Kielmann v. Kielmannseck.

Dieser letztere ist eine der bedeutendsten Persönlichkeiten unseres Landes. Er stammte aus gutbürgerlichen Verhältnissen in Itzehoe, und stieg auf Grund seiner großen Begabung und seiner starken Persönlichkeit rasch empor. Schon mit 24 Jahren wurde er Landsyndicus der Schleswig-Holsteinischen Ritterschaft, ein Jahr später herzoglicher Hofrat, bald darauf auch Gesandter des Herzogs auf dem Reichstage zu Regensburg. 1641, erst 29 Jahre alt, erhielt er durch den deutschen Kaiser den erblichen Adel, anscheinend zunächst noch ohne Prädikat, außerdem die Würde eines Hofpfalzgrafen. In einer zweiten Urkunde von 1652 verlieh ihm der Kaiser den Namen Kielmann v. Kielmannseck, 27 Jahre später, im Jahre 1679, wurden seine drei Söhne in den Freiherrnstand erhoben, jetzt unter dem bis zur Gegenwart hin gebräuchlichen Namen „v. Kielmansegg", 1723 erhielten seine Enkel die Grafenwürde.

Hans Hinrich Frhr. v. Kielmansegg war ebenso wie der Vater herzoglich gottorpischer Hofrat und Geheimer Rat. Der Kaiser ernannte ihn zum Reichshofrat. Nach seinem Eintritt in den dänischen Staatsdienst wurde er Ober-Kriegs-Commissar und Statthalter in den Herzogtümern Schleswig und Holstein und erhielt das Großkreuz des Dannebrogordens. In den wenigen Jahren von 1666 bis 1668 gehörte ihm auch Kronshagen, das damals ein großes Gut war und aus den Ortsteilen Hassee, Russee, Suchsdorf, Ottendorf und der Wik bestand und damit ein Areal hatte, das zusammen mit Quarnbek von der Kieler Förde bis an den Flemhuder See reichte.

Während der kurzen Zeit seines Besitzes entstand 1671 das formschöne Torhaus, eines der wenigen heute noch erhaltenen Torhäuser des 17. Jahrhunderts. Das Gebäude dürfte auf älteren Fundamenten ruhen und bezeugt bis zur Gegenwart hin mit den anschließenden Nebengebäuden aus dem 18. Jahrhundert den Willen des Bauherrn, eine zur Außenwelt sicher und zuverlässig abgeschlossene Anlage zu schaffen. Eine Sandsteintafel mit Inschrift datiert den Mittelbau.

Diese Inschrift lautet:

In te Domine speravi
et tu auxilisti
H. Hans Heinrich Kiellmani
von Kiellmansecke auff
Quarrenbeck Marutendorf
und Cronshagen Erbherr
fürstlich holsteinischer
Landtrath und Ambtman zum Kiell
und Bordesholm Probst zu St. Jo-
hannis für Schleswich

F(rau): Metta Kielmans
von Kielmansecke
gebohren von der Wischen

Anno 1671

Torhaus von 1671

Die Anbauten stammen wahrscheinlich aus dem 18. Jahrhundert und wurden teilweise nach 1904 verändert. Das langgestreckte Torhaus besteht aus einem zweigeschossigen Mittelbau mit tonnengewölbter Durchfahrt und je einem im Norden und Süden angebauten langen Stall für Kühe. Am Südgiebel des Südanbaues ist in dem schönen Ziegelmauerwerk noch eine große ovale Blende des 18. Jahrhunderts sowie die ältere Dachneigung und die Baunaht des aufgestockten Mansardendaches zu beobachten.
Im Torhaus war auch das Gerichtsgefängnis des Gutes untergebracht. Es ist im Jahre 1829 im Torhause neu erbaut worden, eine Besichtigung von 1830 ergab, daß es aus einem von allen Seiten geschlossenen hölzernen Kasten bestand, der auf eine große Sicherheit gewährende Weise aus sehr starken hölzernen Bohlen zusammengefügt war. Er war vollkommen trocken und hinreichend erhellt, heizbar war er nicht.
Hans Hinrich Frhr. v. Kielmansegg war zweimal verheiratet gewesen, in erster Ehe mit Mette v. d. Wisch, in zweiter mit Dorothea Reventlow, einer Tochter des Großkanzlers Conrad Reventlow. Namen und Wappen von ihm selber und Frau Mette schmücken den Bogen über der Torfahrt. Seinen beiden Ehefrauen setzte er ein bleibendes Gedenken durch die Errichtung von zwei Meierhöfen, Mettenhof und Dorotheenthal. Beide Höfe sind längst vom Gut getrennt, Mettenhof ist heute vollständig in den Stadtbezirk von Kiel hineingewachsen, der Meierhof Dorotheenthal ist ein eigenes Gut geworden.
Kielmansegg ist auch der Stifter des schönen barocken Altars in der Kirche von Flemhude, den Theodor Allers geschnitzt hat. Der Altar gilt als eines der Hauptwerke des Akanthusbarocks in unserem Lande. Kielmansegg stiftete ihn im Jahre 1685, also erst kurz vor seinem Tode. Wir wissen aus einem Briefe seines Bruders Friedrich Christian, daß Hans Hinrich im Jahre 1686 auf Quarnbek gestorben ist. Zu jener Zeit war er aber längst nicht mehr im Besitze des Gutes, seit 1673 war das Gut übergegangen auf seinen Nachbarn Jürgen v. Rumohr auf Groß Nordsee.
In den nächsten Jahrzehnten wechselt Quarnbek häufig seinen Besitzer, nach Jürgen v. Rumohr folgte Geheimrat Hans Rantzau, der 1696 im Duell erstochen wurde, von diesem auf Detlev Reventlow, von diesem auf Benedict v. Ahlefeldt auf Bothkamp, von diesem auf den Vetter Johann v. Ahlefeldt, 1723 an den Reichsgrafen Heinrich Reventlow.
Der Reichsgraf Heinrich Reventlow stand zu Hans Hinrich Frhr. v. Kielmansegg in enger verwandtschaftlicher Beziehung, das mag bei ihm als Begründung für den Erwerb von Quarnbek dienen. Dorothea

J. H. v. Desmercières v. Peder Als, Frederiksborg

Reventlow, die gleiche, nach der der Meierhof den Namen Dorotheenthal erhielt, war seine Schwester und war in ihrer ersten Ehe mit Kielmansegg verheiratet gewesen.
1733 kaufte der Geheime Rat Jean Henri Desmercières das Gut, es verbleibt bei ihm und seinen Erben, den Fürsten Reuss, mit einer kurzen Unterbrechung bis 1865.
Jean Henri Desmercières gehört zu den interessantesten Persönlichkeiten, die unser Land im 18. Jahrhundert gehabt hat. Die abenteuerliche Geschichte beginnt mit Jean Henri Huguetan, †1749, der anfänglich Buchdrucker und Buchhändler in Paris war, frühzeitig seine Begabung für finanzielle Transaktionen erkannte und erst in Frankreich, dann in Holland und England große Geschäfte im Spanischen Erbfolgekrieg machte. In England ging er konkurs, kam dann nach Deutschland, wo er nach dem Tode seiner ersten Frau eine zweite Ehe mit einer Dame aus fürstlichem Hause, der Gräfin von Nassau-Odyck, einging und darauf vom Kaiser in den Reichsfreiherrenstand erhoben wurde. 1711 kam er nach Dänemark, erlangte das Vertrauen König Friedrichs IV. und wurde 1714 in den dänischen Grafenstand mit dem Namen eines Lehnsgrafen Gyldensteen erhoben. Als er drei Jahre später drei weitere Güter im nördlichen Fünen hinzuerwerben konnte, legte er diese Güter mit Gyldensteen zusammen und bildete daraus die Grafschaft Gyldensteen.

Nur seine Familienverhältnisse blieben verworren. Außer seiner ehelichen Tochter aus seiner ersten Ehe namens Marguérite besaß er aus einer Liaison mit einer Modekünstlerin in der rue des merciers in Paris einen illegitimen Sohn Jean Henri, †1778, der nach dieser Straße den Namen Desmercières erhielt. Dieser, nicht weniger bedeutend als der Vater, folgte diesem im Jahre 1725 nach Dänemark und scheint bald darauf die adeligen Güter Warleberg und Rathmannsdorf im Dänischen Wohld gekauft zu haben. Als sich 1733 die Möglichkeit bot, Quarnbek zu erwerben, griff Desmercières zu und konnte so in großzügiger Weise seinen Besitz nach Süden hin erweitern und arrondieren.

Von 1743 bis 1764 besaß er auch noch das unweit gelegene große Gut Emkendorf.

Damals gab es noch keinen Kanal von der Ostsee nach Rendsburg, der Eiderkanal wurde erst bedeutend später gebaut. So hatte Desmercières in der Tat ein großes zusammenhängendes Grundstück in seinen Händen. Es nimmt daher auch nicht wunder, daß er sich gegen die Errichtung des Kanals eifrig wandte. Als dieser alte schleswig-holsteinische Kanal, der sogenannte Eiderkanal, in den Jahren von 1777 bis 1785 gebaut wurde, war die unmittelbare Verbindung zwischen seinen Gütern zerschnitten, bis dahin konnte man auf Landwegen von Gut zu Gut kommen. Desmercières hat daher, wie er selber sagte, den Bau des Kanals verabscheut, seine Fertigstellung hat er nicht mehr erlebt.

Das Hauptverdienst von Desmercières liegt in der Eindeichung mehrerer Köge an der nordfriesischen Küste, der Sophie-Magdalenen-Koog, der Desmercières-Koog, die Wiederbedeichung des Christian-Kooges unter dem Namen seiner Frau: Elisabeth-Sophien-Koog. Später kamen unter den Fürsten Reuß noch die beiden Reußen-Köge in der nordfriesischen Marsch hinzu.

Desmercières war kinderlos verheiratet, aber es gab Nachkommen seiner Stiefschwester Marguérite. Sie war als junges Mädchen mit dem Sohne des spanischen Gesandten in Kopenhagen, Don Antonio Casado Marquis de Monteleone durchgebrannt, hatte ihn in Schweden geheiratet, war dann mit ihm nach Holland gegangen, nur um sich bald wieder scheiden zu lassen. Seitdem führte sie ein so wildes Leben, daß der Vater, Jean Henri Graf Gyldensteen, sie enterbte. Aber es gab zwei Töchter aus ihrer kurzen Ehe, die ältere heiratete einen Grafen Knuth in Dänemark, der nun Gyldensteen erbte, die jüngere den Grafen Heinrich VI. von Reuß, dem die Ritterakademie in Sorø unterstand. Dessen Sohn war der Graf, seit 1806 Fürst Heinrich XLIII. Reuß-Schleiz zu Köstritz, Herr auf

Plauen. Dieser trat nun nach dem Tode von Jean Henri Desmercières das Fideikommiß an, vermochte es aber nicht zu halten. Gewisse Schulden lagen schon auf den Gütern, der Fürst konnte nicht mit Geld umgehen, in wenigen Jahren war die Schuldenlast so drückend geworden, daß der König von Dänemark im Jahre 1808 seine Zustimmung zur Aufhebung der Fideikommisse gab. Die Güter wurden zunächst angekauft von dem Kammerherrn Jens Peter v. Neergaard auf Eckhof. Quarnbek wurde nach wenigen Jahren seitens des Fürsten Reuß wieder zurückgekauft.
Diesem folgte der Sohn, Fürst Heinrich LXIV., † 1856. Dieser war im österreichischen Militärdienst zu hohen Ehren gekommen, wurde Feldmarschalleutnant und kommandierender General und trat als General der Kavallerie in den Ruhestand. Er verbrachte sein Leben auf seiner Herrschaft Ernstbrunn in Österreich, Quarnbek dürfte er kaum je besucht haben. Nach seinem Tode ging Quarnbek über auf seinen Vetter, den Fürsten Heinrich LXIX. Reuss-Köstritz. Aber das Erbe, das dieser Fürst antrat, war alles andere als leicht. Beide Fürsten Reuß hatten eine

Neues Herrenhaus von 1903

große Schuldenlast angehäuft, so daß es praktisch nicht möglich war, Quarnbek zu halten. Mit Zustimmung des Königs von Dänemark wurde daher das Fideikommiß endgültig aufgehoben und die Erlaubnis zur Veräußerung von Quarnbek erteilt. Der Appellations-Gerichts-Rat Hall, der in allen Vermögensangelegenheiten der Zeit eine große Rolle spielte, besaß die Generalvollmacht des Fürsten Reuß und veräußerte im Jahre 1865 das Gut Quarnbek an den Konsul Gustav Wilhelm v. Schiller aus Hamburg.

Dieser, †1870, stammte aus einer bereits 1633 in Wien geadelten Familie und gehört zu den zahlreichen Hamburger Kaufleuten, die aufs Land nach Schleswig-Holstein drängten. Gustav Wilhelm v. Schiller hatte bereits 1863 das adelige Gut Buckhagen im heutigen Kreise Schleswig-Flensburg angekauft. Als er jetzt auch Quarnbek erwarb, wurde eine Teilung des Nachlasses vorgenommen. Buckhagen blieb bei seinem Sohne Paul v. Schiller und dessen Erben. Quarnbek wurde den „Schillerschen Erben" überlassen. Sie bestanden aus der Witwe und vier unmündigen Töchtern. Die Erbengemeinschaft versuchte schon bald darauf, Quarnbek zu veräußern, was nach einigen Schwierigkeiten im Jahre 1902 gelang. Jetzt war Käufer Oscar Alexander Milberg, der gleichfalls einer alten Hamburger Kaufmannsfamilie entstammt.

Mit Oscar Alexander Milberg übernahm eine Persönlichkeit mit hervorragenden Eigenschaften den Besitz. Sein Ziel war, wie er selber sagte, in seinen landwirtschaftlichen Betrieben das Möglichste zu leisten. Er ließ Wiesen und Felder dränieren, neue Wohnungen für die Gutsarbeiter bauen und verbesserte die Wasserverhältnisse auf dem Hof. Im Jahre 1906 verstarb er, Erbe wurde der damals minderjährige Sohn Theodor, der seinerseits im Jahre 1972 verstorben ist. Theodor Milberg war langjähriger Präsident des Schleswig-Holsteinischen Raiffeisenverbandes und einer der profiliertesten Männer der Landwirtschaft Schleswig-Holsteins in den letzten Jahrzehnten. Er hat das ländliche Genossenschaftswesen geprägt, war langjähriger Vorsitzender des Landbundes in Schleswig-Holstein und Mitglied des Preußischen Landtages.

Nach 1945 war er ein Mann der Ersten Stunde. Aus den 174 Genossenschaften in unserem Lande um die Jahrhundertwende waren es inzwischen 1435 Genossenschaften aller Sparten geworden, als er sein Amt mit 70 Jahren abgab. Für seine Verdienste wurde er schon 1957 mit dem Großen Verdienstkreuz ausgezeichnet.

Nach seinem Tode hat sein Sohn Ulrich Milberg den Besitz geerbt, er

hatte bereits im Jahre 1953 die Bewirtschaftung übernommen. Das Gut hat heute eine Größe von 580 ha, Acker und Grünland 500 ha, Wald 45 ha, Park, Wege und Wasser 35 ha. Das Gut wurde 1981 an Frau Iris-Alexandra Milberg-Schoeller, eine der Töchter, überlassen.
Das Verwalterhaus geht im Kern wohl auf das 18. Jahrhundert zurück, ist aber in neuerer Zeit als Wohnung der Besitzer ausgebaut worden.
Das neue Herrenhaus wurde 1903 auf Veranlassung von Oscar Alexander Milberg erbaut. Architekt war August Petersen, der gleiche, der Bossee 1897 umbaute. Der größte Teil der Wirtschaftsgebäude brannte 1904 ab und wurde erneut aufgebaut.
Ein Turm am neuen Herrenhaus wurde nach einem Brand 1946 abgebrochen und das Dach des Hauses vereinfacht wiederhergestellt. Die Arbeiten der Erneuerung des Hauses dauerten von 1946 bis 1949.

Neues Herrenhaus, Halle

Adeliges Gut Quarnbek

Besitzer: Frau Iris-Alexandra Milberg-Schoeller

Besitzer

im Mittelalter Mühle Quarnbek

seit 1439–1605	(v.) Rantzau
1605–1649	v. Ahlefeldt
1649–1667	verschiedene Besitzer
1667–1673	Frhr. v. Kielmansegg
1673–1733	verschiedene Besitzer
1733–1865	Jean Henri Desmercières dann dessen Erben, die Fürsten Reuß
1865–1902	v. Schiller
seit 1902	Milberg

Gut und Bauten

im Mittelalter Stampf- und Wassermühle Quarnbek
im 15. oder 16. Jahrhundert Bau der Rantzauischen Wasserburg

1671	Bau des Torhauses
nach 1733	Bau des Herrenhauses
1903	Bau des neuen Herrenhauses
nach 1904	Umbauten am Torhaus

5 Klein Nordsee

Kirchspiel Flemhude Krs. Rendsburg-Eckernförde

Klein Nordsee, Groß Nordsee, Neu Nordsee, – drei große adelige Güter mitten im Land, weit von der Nordsee entfernt –, jeder Außenstehende ist über diese Namen erstaunt und sucht nach einer plausiblen Erklärung für solche Bezeichnungen. Wolfgang Laur, der sich sehr gründlich mit der Erforschung unserer Ortsnamen beschäftigt hat, ist der Auffassung, daß mit diesem Namen der nördliche Teil des Westensees gemeint sein könnte, der hier in den Flemhuder See übergeht. Diese Erklärung ist wahrscheinlich, sie entspricht der Volksetymologie und ist auch wegen der mittelalterlichen Deklination des Wortes anzunehmen. Die frühen Besitzer werden genannt zum Lütken Nortsehe, niemals zur Nordsee.

Louis Bobé, der bedeutende dänische Genealoge, bringt eine Deutung vor, die wohl kaum den Vorzug verdient.

Louis Bobé hat die Ansicht vertreten, daß das Wort Nordsee als das slawische Wort norce zu deuten sei, das er wiederum als na rjeka – am See erklärt. Aber ob wirklich Slawen bis in diese Gegend vorgedrungen sind, ist höchst unsicher, für seine Annahme könnte höchstens das Argument sprechen, daß in der Tat im 13. Jahrhundert der Ortsname mehrfach als norce erscheint.

1266 verpfändet Friedrich von Norce 3 Hufen in Hassee, 1270 Benedict von Norce 1 Hufe in Blumenthal im Kirchspiel Nortorf. 1289 wird dieser Benedict als Ritter genannt mit dem Namen Benedictus af Norce oder auch Noreste. Da der Name Benedict in den miteinander eng verwandten beiden Geschlechtern Ahlefeldt und Rumohr häufig vorkommt, ist es wahrscheinlich, daß Benedict zu einer dieser beiden Familien gehörte, um so mehr, als das Dorf Rumohr zu jener Zeit im gleichen Kirchspiel Nortorf gelegen hat.

Im späteren Mittelalter gibt es wohl ein Dorf Groß Nordsee, das bei der Bildung der großen Gutswirtschaften niedergelegt worden ist. Klein Nordsee hieß lange Zeit Achterwehr nach dem zu dem Gute gehörenden Dorf, erst seit dem Anfang des 17. Jahrhunderts bürgert sich zur Unterscheidung von Groß Nordsee der Name Klein Nordsee ein, obwohl dieses Gut stets das größere gewesen ist. Erst durch die starken Verkleinerungen nach 1800 sank die Größe erheblich. Neu Nordsee wurde um 1800 abgetrennt und 1806 zu einem eigenen adeligen Gut erhoben, Hohenschulen ging den gleichen Weg. Auch das Dorf Achterwehr wurde zusammen mit Hohenschulen selbständig. Um 1900 betrug die Fläche des Gutes zusammen mit dem Dorfe Brandsbek noch 419 ha.

1802 wurde der Hof Moorrägen an das Gut Bossee verkauft, ebenso wurde das Dorf Felde in dieser Zeit vom Gute abgetrennt.

Im Mittelalter wird die im 16. Jahrhundert ausgestorbene Familie Schwabe (Svaf oder ähnlich) als Besitzer genannt, urkundlich ist sie bezeugt in dem unfern gelegenen Gadeland bei Neumünster. Etwa von 1500 bis 1800, also durch dreihundert Jahre, bleibt Klein Nordsee in den Händen zweier Geschlechter, der Herren v. Ahlefeldt und der Herren v. Brockdorff. Es sind verschiedene Linien aus beiden Familien, auch mit einer kurzzeitigen Unterbrechung durch die Familie v. Qualen, die Klein Nordsee von 1618 bis 1643 innehaben. Aber die beiden obengenannten Familien haben Klein Nordsee entscheidend geprägt. Von 1536 an gibt es eine eigene Linie Ahlefeldt, die in vier Generationen bis 1618 auf Klein Nordsee sitzen. Dann folgen für 25 Jahre zwei Generationen Qualen, dann wieder andere Ahlefeldt, unter ihnen der berühmte Feldmarschall Claus v. Ahlefeldt, † 1674. Seit 1700 gehört es den Brockdorff, vor allem dem Erbauer des jetzigen Herrenhauses, Wulf Jasper v. Brockdorff, 1673–1743. Seit 1740 ist Klein Nordsee wieder Ahlefeldtscher Besitz, mit einer kleinen Unterbrechung durch einen Brockdorff, als letzter der Reihe Cai Wilhelm v. Ahlefeldt, † 1838.

Dieser letztgenannte, ein überaus reicher Mann, hatte keine Kinder, denen er sein großes Vermögen hätte hinterlassen können. So entschloß er sich, eine wahrhaft unglaubliche Zahl von Stiftungen und Vermächtnissen zu hinterlassen mit der Gesamtsumme von 426000 Rthlr., für damalige Zeiten eine unvorstellbar große Summe. Es erhielten dabei

1. zunächst einmal die Familie v. Ahlefeldt die Hauptsumme als ein Familien-Fideikommiß;
2. die Familie v. Qualen auf Damp erhielt als Geschenk das ihm gehörende Gut Flarup in Angeln und ein Kapital von 24000 Rthlr., das später dem Fideikommiß wieder zufallen sollte;
3. die Familie v. Wedderkop (seine Ehefrau war Elisabeth Anna Louise v. Wedderkop) erhielt eine ebenso große Summe zusammen mit den Zinsen eines Kapitals von 12000 Rthlr.;
4. weiter stiftete er verschiedene andere Familien-Vermächtnisse in Portionen von 5–15000 Rthlr. mit zusammen 135000 Rthlr.
5. An Gevattergeschenken alleine verschenkte er 50920 Rthlr.
6. Für gemeinnützige Zwecke setzte er in einem Testament 183400 Rthlr., worunter zwei Präbenden für die Familien der Schleswig-Holsteinischen Ritterschaft genannt werden müssen, die eine für Studierende und die andere für solche Mitglieder, die sich selber nicht ernähren konnten, mit zusammen 36000 Rthlr.
7. An das Kloster Preetz 30000 Rthlr.
8. An die Prälaten in Preetz 12000 Rthlr.
9. Ein Stipendium für Lehrer in Höhe von 3600 Rthlr.
10. An die Kasse des Dannebrog-Ordens 6000 Rthlr.
11. Zwei Präbenden an junge Damen aus der Ritterschaft in Höhe von 24000 Rthlr.
12. Für das St. Johanniskloster vor Schleswig 6000 Rthlr.
13. Für andere wohltätige Anstalten insgesamt 63800 Rthlr.
14. Endlich für die Verwaltung des Fideikommisses 25000 Rthlr.

Die Präbende, die er ausgesetzt hatte für Mitglieder der Ritterschaft, die

Torhaus

sich nicht selber ernähren konnten, ging unter dem schleswig-holsteinischen Adel des letzten Jahrhunderts um unter dem Namen der Elendenpräbende und erregte überall leichten Spott und Hohn. Derjenige nämlich, der auf Einkünfte aus dieser Präbende Anspruch erhob, mußte einen Revers unterschreiben, daß er auf Grund seiner körperlichen und geistigen Schwäche nicht in der Lage sei, sich selber zu ernähren. Diesen Revers zu unterschreiben fiel naturgemäß nicht jedem ganz leicht.

Ahlefeldt hatte die weitere Bestimmung dabei getroffen, daß in erster Linie Mitglieder der Familie v. Ahlefeldt Anspruch auf diese Präbende hätten; wenn sich kein Ahlefeldt fände, sollte ein Rumohr Ansprüche erheben dürfen, wenn es auch keinen Rumohr gäbe, Angehörige der Familien v. Qualen und v. Wedderkop. Im letzten Jahrhundert bezog lange Jahre hindurch Conrad v. Rumohr in Hadersleben diese Präbende, ein an sich wohl hochanständiger Mann, der es aber im Leben zu nichts gebracht hatte und mittellos und mit einer wesentlich älteren Frau, Tochter eines Schneidermeisters in Hadersleben, verheiratet war und in kümmerlichen Umständen in Hadersleben seine Tage verbrachte. Wie groß war aber sein Schrecken, als eines Tages ein Ahlefeldt auftauchte und Anspruch auf die Präbende erhob mit der Begründung, daß die Präbende in erster Linie für Mitglieder der Familie v. Ahlefeldt bestimmt worden sei. In der Tat mußten die Kuratoren der Stiftung dementsprechend verfahren und Conrad v. Rumohr die Präbende wieder entziehen. Als das der Kammerherr v. Bülow auf Bothkamp hörte, dessen Großmutter eine Rumohr gewesen war, packte ihn sein wohltätiges Herz und er erklärte, daß er die Präbende an den unglücklichen Conrad v. Rumohr aus eigenen Mitteln bezahlen wolle.

Das Herrenhaus von Klein Nordsee liegt nicht in einer Achse mit dem Gutshof, sondern in schräger Lage dazu an der Eider. Der Gutshof wird von einem regelmäßigen Viereck gebildet, früher mit Graben und Zugbrücke versehen. Die älteren Gebäude sind abgebrochen und im 19. und 20. Jahrhundert erneuert. Das Torhaus hat eine Turmspitze mit einer Glocke, die vom Feldmarschall Claus v. Ahlefeldt 1669 gestiftet worden ist.

Das Herrenhaus selber ist einer unserer charaktervollsten Bauten auf den Gütern des Landes. Als erster Bauherr ist Gosche v. Ahlefeldt (1517–1560) anzunehmen. Von diesem ersten Bau sind noch Teile des Kellers vorhanden. Es war ein Bau mit Haupthaus und angesetztem hinterem linken kleinen Flügel. Als 1644 Claus v. Ahlefeldt Eigentümer von Klein Nordsee wurde, erfolgte ein völliger Umbau. Nur die Keller blieben erhalten, der Hauptbau wurde um ein Drittel seiner Länge vergrößert, der Flügelbau fast um die Hälfte. Dieser Bau war einstöckig.

Ein weiterer Umbau, der dem Hause die heute vorhandene Gestalt gegeben hat, erfolgte 1701 unter Wulf Jasper v. Brockdorff. Jetzt erhielt das Haus eine zweite Etage und einen rechten Flügel, um die Symmetrie des Hauses auch nach der Rückseite fortzusetzen. Die Fassade war schlicht, nur betont durch das Sandsteinportal mit zwei vorgestellten korinthischen Freisäulen und darüber einem Dreiecksgiebel mit dem Doppelwappen Brockdorff und Ahlefeldt. Die Inschrift: Anno 1701 weist auf diesen Umbau hin.

Die kurzen Flügelanbauten der schlichten Rückfront sind je ein Zimmer tief. Durch das Portal betritt man die ursprünglich 5 Fensterachsen breite Diele, sie wurde 1884 durch Versetzung der Schmalwände auf 3 Achsen verkleinert. An den Wänden standen manieristische Kamine, darüber große stuckierte Wappenschilde der Brockdorff und der Ahlefeldt, die erhalten geblieben sind. Auf der einen Seite steht die Schrift: Omnia cum Deo, auf der anderen Seite halten zwei Löwen Schilde mit den Monogrammen WJvB und CCB (Wulf Jaspar v. Brockdorff und Catharine Christine geb. v. Ahlefeldt). In der Kartusche darunter steht: Et nihil sine eo – 1701. Zwei Räume im Hause sind mit besonders schönen stuckierten Decken geschmückt. Das letzte im westlichen Flügel gelegene Zimmer wird als Kapelle bezeichnet. Im runden Mittelfeld der

Herrenhaus, Rückfront

Halle, stuckierte Wappenschilde mit Brockdorff und Ahlefeldt

Stuckdecke ist hier die Dreifaltigkeit angebracht, umgeben von Akanthusblättern und Fruchtgehängen. In den Ecken sitzen schwingenschlagende Adler.

Eine weitere Stuckdecke trägt im Mittelfeld einen auf einem Löwen reitenden Putto. In den Ecken ovale Medaillons mit Putten als Elementallegorien. Inhaltlich gehören beide Decken zusammen, dargestellt ist der achte Psalm. Die Arbeiten werden dem Italiener Carlo Enrico Brenno zugeschrieben und sind denen in Osterrade im Stil ähnlich. Über den Stuckdecken hat man Reste einer bemalten Balkendecke gefunden, die man in das 17. Jahrhundert hinein datieren muß, vielleicht in die Zeit des Umbaues von 1644. Die tragenden Balken waren mit Ornamenten und Ranken bemalt.

Der Untergrund der Stukkaturen ist in einem lebhaften Blau gehalten, auf dem sich das Weiß des Stuckes äußerst malerisch abhebt.

1884 erfolgten weitere Änderungen in der Diele und der Einbau eines neuen Treppenhauses. Über dem Portal wurde in der Dachzone ein Renaissancegiebel aufgesetzt mit beiderseitigen Gauben. Nachdem die Kieler Stadtmission das Haus erworben hatte, wurden von 1971 an erhebliche Instandsetzungsarbeiten durchgeführt. Der Renaissancezierat wurde wieder entfernt, so daß das Haus jetzt wieder einen ähnlichen schlichten Eindruck macht wie zur Zeit des großen Umbaues von 1701.

Herrenhaus und Gut sind heute völlig voneinander getrennt. Seit 1949

Kapelle, Mittelfeld mit Heiliger Dreifaltigkeit

hatte die Kieler Stadtmission das Herrenhaus gemietet und zunächst dort ein Kinderheim untergebracht. Zum 1. Januar 1961 konnte die Kieler Stadtmission das Haus käuflich erwerben und hat es seitdem für die Aufgabe eines Übergangsheims in der Hilfe für nichtseßhafte Männer hergerichtet. Hierfür waren umfangreiche Restaurierungsarbeiten im Innern erforderlich, die mit viel Kunstsinn und Verständnis durchgeführt worden sind. Das Heim verfügt über 36 Plätze in Doppelzimmern und die notwendigen Gemeinschaftsräume. Auch eine Werkstatt ist errichtet worden. Für die Mitarbeiter kam ein Wohnhaus hinzu.

Die Geschichte des Gutes in den Jahren von 1800 bis heute ist schnell erzählt. Nachdem Cai Wilhelm v. Ahlefeldt als letzter der Brockdorff und der Ahlefeldt 1799 das Gut verkauft hatte, war zunächst ein Graf Schimmelmann der Besitzer, aber nur für ein Jahr. Ihm folgte der Kammerherr Jens Peter v. Neergaard. 1802 erscheint O. J. D. Wulff, aus dessen Konkurs kauft 1817 M. W. Binge das Gut an, 1874 wird er von seiner Tochter Louise Schlüter geb. Binge beerbt. 1885 ist wieder ein neuer Herr da, der Kaufmann Hans Arnold Fritze aus Bremen. Von diesem erwirbt im Jahre 1939 Herr Leinau Klein Nordsee. Seit 1966 ist das Gut wesentlich verkleinert worden und besteht heute nurmehr aus dem Wirtschaftshof, dem neuerbauten Wohnhaus der Familie Leinau, dem Wald in Größe von 70 ha und Wiesen mit 28 ha und wird als Reiterhof genutzt.

Herrenhaus Klein Nordsee

Besitzer: Die Kieler Stadtmission

Adeliges Gut Klein Nordsee (Restgut)

Besitzer: Frau Erika Leinau

Besitzer

im Mittelalter Ritter von Norce
dann wahrscheinlich das Geschlecht Schwabe

von 1536–1779	die Familien v. Ahlefeldt und v. Brockdorff
dazwischen von 1618–1643	die Familie v. Qualen
seit 1799	wechselnde Besitzer
1939	Leinau

Bauten

im 16. Jh.	Bau eines ersten Herrenhauses, von dem noch Reste der Keller erhalten sind
1644	und folgende Jahre größerer erster Umbau
1701	Erbauung des heutigen Herrenhauses unter Einbeziehung der älteren Bauteile und Ausgestaltung der Zimmer mit wertvollem Stuck
1884	weitere Umbauten mit Aufsetzung eines Renaissancegiebels
nach 1972	Rückführung der Fassade auf den Ursprungsbau von 1701

6 Marutendorf

Kirchspiel Flemhude   Kreis Rendsburg – Eckernförde

Das adelige Gut Marutendorf liegt in der anmutigen, durch Wasser Wald und Höhenzüge bewegten Landschaft des Westensees. Das Gut wird im Süden durch das Binnenholz begrenzt und reicht unmittelbar an den Zufluß der Eider in den Westensee. Hier liegt in einer in den See hineinragenden Landzunge die Binnenholzkate, ursprünglich eine einfache Fischerkate, heute durch stilvolle und geschmacklich hervorragende Erweiterungen zu einem bevorzugten Wohnplatz umgestaltet. Im Norden wird das Gut begrenzt durch das Ottenholz, das seinen Namen wohl trägt nach einem der vielen Vorbesitzer, der den Vornamen Otto hatte.

Zwischen diesen beiden Hölzungen liegt das eigentliche Gutsareal,

wiederum in dessen Mitte der stattliche Gutshof, den man durch eine herrliche Allee von alten Eichen erreicht. Die uralte Lage des Hofes wird dem Betrachter sofort deutlich durch die Form des Gutshofes. Das Herrenhaus steht heute isoliert für sich, die Hofgebäude um 90° dagegen versetzt. Die alten strohgedeckten Scheunen, die achsial zum Herrenhaus standen, sind erst im 20. Jahrhundert abgebrochen worden. Aber noch heute erkennt man an der vertieften Umgebung des Herrenhauses, daß hier in alter Zeit der Hausgraben um die mittelalterliche Wasserburg gelegen haben muß und daß die Erbauung des jetzigen Gutshofes einer viel späteren Zeit zugeordnet werden kann. In einiger Entfernung vom Herrenhaus sind noch Reste eines äußeren Hausgrabens erkennbar, der wahrscheinlich im Mittelalter Burg und Vorburg umschlossen haben wird. Spätere Generationen haben vom Herrenhaus bis zu diesem äußeren Hausgraben eine sechszeilige Lindenallee angelegt, jetzt sind die beiden inneren Reihen entfernt worden und geben damit den Blick frei in die Landschaft.
Der Name ist sehr alt, schon im ältesten Kieler Stadtbuch von 1264 bis 1289 kommt ein Marquard de Maruthenthorpe vor, etwa um 1270. Es scheint auch anfänglich hier ein Dorf bestanden zu haben, hie und da werden acht Hufner genannt, entsprechend den acht Pflügen, zu denen das Gut in der Ernewerten Landesmatricul von 1652 veranlagt worden ist, übrigens zusammen mit den 20 Pflügen von Quarnbek. Der Name ist in seinem ersten Bestandteil sicherlich wendischen Ursprungs, eine Tatsache, die außerordentlich auffallend ist, beweist sie doch, daß der Einfluß der Wenden noch so weit westlich von Kiel reichte. Selbst ein so kundiger Slawist wie Reinhold Trautmann weiß keine andere Erklärung anzubieten, als daß Marute ein Familienname ist. Vielleicht lassen sich nach seiner Meinung Zusammenhänge aufzeigen mit Worten ostslawischer Stämme etwa im Sinne von sich sorgen, sich kümmern, fleißig sein.
Bald nach 1300 treten Ritter von Marute in Erscheinung, 1309 wird Johann de Marute genannt, 1326 Gottschalk, 1336 Timmo, 1339 Marquard, alle Ritter bzw. Knappen nach ihrem Namen zu urteilen germanischer Zugehörigkeit. Auch das Wappen dieses früh erloschenen Geschlechts ist bekannt, es zeigt einen gestuften in rot und silber geteilten Schild, der Helm trägt anscheinend zwei Federbüschel. Die Ritterfamilie Glüsing besitzt ein ähnliches Wappen, auch die Vornamen sind die gleichen: Johannes, Volrad, Marquard. Beide Geschlechter sind längst erloschen.

Siegel des Ritters Timmo de Marute, 1364

Es vergehen zwei Jahrhunderte, in denen wir nichts über das Schicksal Marutendorf wissen. Erst in der Mitte des 16. Jahrhunderts werden die Konturen deutlicher, es erscheinen die ersten Besitzer des wohl jetzt erst geschaffenen landwirtschaftlichen Großbetriebes, die Hufner sind verschwunden, die ersten Besitzer stammen aus dem Geschlecht Rantzau, die beiden Brüder Moritz und Christoph Rantzau.
Dieser letztere hat seinen Hauptwohnsitz in Quarnbek und stirbt hier, 93 Jahre alt, im Jahre 1596. Überhaupt blieb die Verbindung zu Quarnbek durch Jahrhunderte hindurch eine sehr enge, häufig sind die Besitzer gleichzeitig im Besitz beider Güter, häufig ist auch der Hauptwohnsitz Quarnbek.
Gleichzeitig beginnt die unablässig folgende Wiederkehr neuer Besitzer. Man hat nachgerechnet, daß in vierhundert Jahren das Gut rund dreißigmal seinen Besitzer gewechselt habe, erst seit dem Ankauf von Marutendorf durch Gabriel Schreiber v. Cronstern im Jahre 1822 sind ruhige Verhältnisse eingetreten, sicherlich gestützt durch eigenes Vermögen. Dieser überaus häufige Besitzwechsel fand seine Erklärung vermutlich in der früher ungewöhnlich schwierigen Bewirtschaftung des Gutes auf Böden ungleichmäßiger Qualität in besonders stark kupiertem Terrain; moderne Landtechnik, auch eine bessere Straßenanbindung haben diese Probleme heute jedoch weitgehend entschärft. Es lohnt kaum, die vielen Besitzer im einzelnen aufzuführen, auf die Rantzau folgen mehrfach Herren v. Ahlefeldt aus verschiedenen Linien, auch ein Rumohr kommt vor, Jürgen Rumohr um 1690, dann zwei Generationen Wedderkop, der Herzog von Holstein-Gottorp, der auch

Quarnbek besitzt und der das Gut Marutendorf als fürstlichen Meierhof bezeichnet. Später kommen wiederum Herren v. Ahlefeldt, Barone v. Brockdorff, ein Graf Schimmelmann und viele andere mehr.
Unter den vielen Besitzern ragt einer hervor, Johann Adolph v. Ahlefeldt, 1747–1801. Er erbt Marutendorf als junger Mensch von 16 Jahren von seinem Vater, behält es aber nur drei Jahre und kauft dann das kleine Gut Tolkschuby bei Schleswig, später einen Hof Friedrichsgabe westlich von Schleswig im Börmerkoog, endlich beschließt er seine Tage im adeligen Kloster Itzehoe, wo mehrere seiner Töchter Konventualinnen sind. Er muß ein eigentümlicher Mann gewesen sein, schrieb Gedichte, darunter sehr schöne auf den Tod des Vaters, seine eigene Hochzeit, die Geburt des ersten Kindes. In den Jahren von 1764 bis 1775 hielt er sich in Weimar auf, aus dieser Zeit gibt es Gedichte auf die Herzogin Amalie von Weimar. Ja, er veröffentlichte sogar einen Band vermischter Betrachtungen und Gedichte unter dem seltsamen Titel:

„Mischmasch und Grillen,
für die Herzogtümer Schleswig Holstein,
die Herrschaft Pinneberg
und Grafschaft Rantzau
aber NB nicht ohne selbst lauter
von einem dasigen Pflanzer ohnweit der Threene"

Letzteres bezieht sich auf seinen damaligen Wohnsitz Friedrichsgabe im Börmerkoog. Im Vorwort sagt er von sich selber, daß er in seiner Zelle im Laurentiuskloster in Itzehoe säße und in alten Chroniken blättere. Er wagt alle möglichen Formen der Dichtung, klassische und moderne, gereimte und ungereimte, nicht ohne Härten, schreibt in Prosa „über Weiberseelen und was dem anhängig", „über die Pflichten der Fürsten und Familienhäupter", über Demokratie und Adel. Geistig stand er den Gedanken der französischen Revolution nahe, kämpfte in seinen Schriften für die Aufhebung der Majorate und Fideikommisse, gegen unwürdige Stammesfreunde, für die Emanzipation der Frau.
1788 kaufte der Landstallmeister Peter Anton v. Wiebel Marutendorf an und erbaute im gleichen Jahre das heute noch stehende Herrenhaus. Damals gehörte zu Marutendorf noch das Gut Blockshagen, das Wiebel im Jahre 1790 veräußerte, wohl um den Bau des Herrenhauses zu finanzieren. Blockshagen hatte anscheinend bereits seit etwa 1650 mit Marutendorf zusammen die gleichen Schicksale gehabt.

Das Haus ist ein einstöckiger Ziegelrohbau von elf Achsen über flach eingedecktem Kellergeschoß. Im 19. Jahrhundert wurden Frontespice eingebaut, zur Hofseite von drei Achsen, zur Parkseite von vier Achsen. Auch das spätklassizistische Eingangsportal aus Sandstein dürfte erst in dieser Zeit hinzugekommen sein. Eine alte Türe, vielleicht die Eingangstür eines Vorgängerbaues, dient jetzt als Eingang zum Keller, sie trägt – auf dem Kopfe stehend – Eisenanker mit der Jahreszahl 1678. Wie bei den meisten unserer alten Gutshäuser üblich besaß das Haus ursprünglich keinen Ausgang nach hinten. Erst in neuerer Zeit ist hier eine kleine Terrasse mit Ausgang zum Park angebaut worden. Die Eingangstreppe war ursprünglich zweiläufig, ist aber in neuerer Zeit zu einer einläufigen Freitreppe umgebaut worden.

Im Inneren hat man bei Restaurierungsarbeiten vor etwa 10 Jahren Reste der alten Ausmalung des Hauptsalons zur Rechten des Eingangs wieder aufgefunden. Sie sind über hellgrauem Paneel als zierliche Rankenmotive im Stile des Spätrokoko auf türkisfarbigem Grund angelegt, sind aber nicht wieder hergestellt. Ein besonderer Schmuck des Hauses sind vier eiserne Öfen, sicherlich aus der Zeit der Erbauung, vielleicht aus einer Eisenofenfabrik in Norwegen, mit geradezu abenteu-

Hofglocke von 1792

Speisezimmer mit altem Ofen

erlichen Formen, der eine als schmaler Turm mehrere Meter hoch, ein anderer als Torbogen über offener Feuerstelle.
Im Jahre 1760 wurden zwei Brüder, der Etatsrath und Landcanzler Gabriel Schreiber und der Etatsrath und Director am Schleswigschen Waisenhaus Carl Friedrich Schreiber unter dem Namen Schreiber v. Cronstern in den Adelsstand erhoben. Nur von dem Erstgenannten gab es Nachkommen, er starb schon 1764, aber sein Sohn, gleichfalls Gabriel Friedrich mit Vornamen, † 1807, konnte wenige Jahre später zunächst Nehmten erwerben. 1822 kamen die adeligen Güter Marutendorf und Hohenschulen am Westensee hinzu. Jetzt wurde aus den drei Gütern ein Fideikommiss gebildet, das bis in das 20. Jahrhundert hinein Bestand gehabt hat. Dessen Sohn wieder, gleichfalls Gabriel Friedrich mit Namen, † 1869, wurde im Jahre 1837 in die Schleswig-Holsteinische Ritterschaft recipiert. Er blieb der letzte männliche Sproß der Familie und hinterließ nur eine Tochter Henriette, † 1874, die mit Carl Plessen, † 1892, vermählt war und die ihm die drei Güter zubrachte. Carl Plessen führte zunächst den Namen eines Barons v. Plessen, dann seit 1852 mit kgl. dänischer Bewilligung den Namen des Barons Scheel-Plessen, Kaiser Friedrich III. verlieh ihm im Jahre 1880 den Namen eines Grafen v. Scheel-Plessen, sein Sohn Ludwig, † 1929, erhielt den Namen eines Grafen v. Plessen-Cronstern.

So wurde der Name der Familie innerhalb eines Jahrhunderts nicht weniger als viermal geändert.
Carl Plessen gehört zu den bedeutendsten Staatsmännern, die Schleswig-Holstein im 19. Jahrhundert hervorgebracht hat. Seine Persönlichkeit ist in dem Artikel „Nehmten" in dem Werk Ostholsteinische Herrenhäuser eingehend gewürdigt worden. Daher soll hier nur in Kürze vermerkt werden, daß er anfangs im dänischen Staatsdienst zu hohen Ämtern aufstieg, später aber den Anschluß an Preußen mit großer Energie betrieb, erster Oberpräsident der Provinz Schleswig-Holstein wurde und das Großkreuz des pr. Roten Adlerordens erhielt.
Aus der Plessenschen Zeit stammt das vorzügliche Portrait des ersten Grafen von Plessen-Cronstern, † 1929, von Ph. A. László, ferner drei Supraporten des 18. Jahrhunderts mit Pferdedarstellungen über den Türen der Halle, das Geschenk eines Freundes aus Rom an Johann Baron v. Plessen, † 1961.
Die beiden Weltkriege brachten schwere Erschütterungen für den Besitz mit sich. Nach dem Ersten Weltkriege wurde das Dorf Schönwohld aus dem Gutsverband entlassen und selbständig, nachdem es 700 Jahre lang mit Marutendorf verbunden gewesen war. Schon im Kieler Stadtbuch kommt um 1270 Sconewaide vor. Nach dem Zweiten Weltkrieg zog Dänemark 1947 das dem Baron Johann v. Plessen gehörende Harrested auf Seeland als Feindvermögen ein. In der deutschen Bodenreform legte die Kieler Universität kurzerhand Beschlag auf das adelige Gut Hohenschulen, das seit langem die gleichen Besitzer gehabt hatte wie Nehmten und Marutendorf. Um das letztere für die Familie zu retten, trat Graf Ludwig Carl v. Plessen-Cronstern auf Nehmten das Gut Marutendorf im Jahre 1948 an seinen Bruder, den obengenannten Baron Johann v. Plessen ab und erhielt dafür den stattlichen Hof Vierradlehen bei Berchtesgaden, der seit Generationen der Familie Plessen gehörte. Man kann diesen freiwillig gefaßten Entschluß des alten Grafen nur mit größtem Respekt anerkennen, gelang es doch dadurch, die beiden Hauptgüter der Familie, Nehmten und Marutendorf zu erhalten.
Bis zur Gegenwart hin hatte Marutendorf den jeweiligen Besitzern nur als kurzer Sommeraufenthalt gedient. Erst jetzt, seit 1948, erhielt das Gut einen wirklichen Besitzer. Baron Johann v. Plessen war im diplomatischen Dienst großgeworden, war zunächst in Tokio, dann in London und Rom, zuletzt als Botschaftsrat gewesen und schied aus dem Dienst mit dem Titel eines Gesandten aus. Er verstand es nach der

Übernahme des Gutes, daraus ein Haus von Geist und Kultur zu gestalten, welches noch heute von seiner Witwe bewohnt wird. Das Gut war zwischenzeitlich an den ältesten Sohn, den Baron Helmold v. Plessen übergegangen, ist aber 1987 komplett mit allen Bestandteilen an Herrn Klaus Reeckmann, Kaufmann in Hamburg, veräußert worden. Die Größe umfaßt rd. 260 ha Acker, 170 ha Wald und fast 300 ha Wasserfläche, davon allein über 200 ha als Anteil am Westensee.
Aus der ursprünglich so einfachen Fischerkate am Westensee, der Binnenholzkate ist im Laufe der Jahre ein stattliches und elegantes Haus geworden. Um 1900 wurde das Haus dem Grafen Adolf v. Reventlow-Criminil als Wohnhaus überlassen. Er baute das Haus nach seinem Geschmack um und hat hier bis 1908 gewohnt, bis der Vater, der Graf Carl v. Reventlow-Criminil starb und er dessen Nachfolge als Herr auf Emkendorf antreten konnte.
1972 wurde das Haus erneut umgebaut und erweitert, jetzt durch den Kreisbaudirektor a. D. Peter Eberwein aus Bad Segeberg. Das Haus ist umgeben von einer anmutigen Landschaft, das Grundstück hat eine Größe von 721 qm; es dient jetzt als Wohnsitz einer bekannten Industriellen-Familie.

Binnenholzkate

Adeliges Gut Marutendorf

Besitzer: Klaus Reeckmann

Besitzer		*Gut und Bauten*	
seit 1309	Ritter de Marute	um 1270	Maruthenthorpe und Sconewaide
von etwa 1560	(v.) Rantzau, v. Ahlefeldt v. Rumohr Frhr. v. Kielmansegg v. Wedderkop Herzog von Holstein-Gottorp v. Brockdorff Graf v. Schimmelmann und andere	1678	Tür mit Jahreszahl, wohl von einem älteren Bauwerk
		1788	Bau des jetzigen Herrenhauses
		im 19. Jh.	Erweiterungen durch Einbau von 2 Frontespicen zum Hof und zur Parkseite, klassizistisches Portal, Umbau der Treppe
1788	Peter Anton v. Wiebel	1962–65	Abbruch der alten Hofgebäude
1822	Gabriel Schreiber v. Cronstern, dann dessen Erben: erst Grafen v. Scheel-Plessen und Grafen v. Plessen-Cronstern,	1972	Umbau der Binnenholzkate
		1985/86	Renovierung der Gutsgebäude sowie Sanierung des Herrenhauses
1948	Barone v. Plessen		
1987	Klaus Reeckmann		

7 Schierensee

Kirchspiel Westensee   Kreis Rendsburg-Eckernförde

Als der 1985 verstorbene Verleger Axel Springer im Jahre 1968 das adelige Gut Schierensee erwarb, stand das schöne Herrenhaus fast genau 200 Jahre. Naturgemäß nimmt die Errichtung eines Herrenhauses mit Nebengebäuden und Wirtschaftshof einen längeren Zeitraum in Anspruch, aber in etwa stimmt die Zahl: von 1765 ab entstanden die Neubauten auf dem Hof. Die Erbauung des Herrenhauses begann 1776 und ist weitgehend 1782 abgeschlossen.
Was Axel Springer bei seinem Ankauf erstrebt hatte, ist in großartiger Weise Wirklichkeit geworden. Es ist erstaunlich, wieviel hier an Restau-

rierung, Renovierung, zeitgemäßen Umbauten, einzigartiger Ergänzung der Ausstattung an Möbeln, Portraits, Beleuchtungskörpern und Appliquen zusammengebracht worden ist.
Besonders hervorzuheben ist die Fayencensammlung, die Axel Springer in unermüdlicher Leidenschaft zusammengetragen hat. Es handelt sich hierbei um Fayencen ausschließlich nordeuropäischer Provenienz, von Altona im Süden bis hin nach Schweden und Norwegen. Der Fachmann staunt über diese einzigartige Dokumentation, der Besucher ist fasziniert von der Ausstrahlung dieses Ensembles.
Unter der Leitung des Oberbaurates Carl-Heinrich Seebach waren nicht weniger als 28 Künstler aller Richtungen teilweise durch Jahre hindurch mit der Instandsetzung von Haus und Inventar beschäftigt. Es läßt sich denken, daß derartig umfangreiche Arbeiten nur auf der Grundlage bedeutender Geldmittel verwirklicht werden konnten. Aber man darf nicht übersehen, wie groß das Einfühlungsvermögen des Besitzers gewesen ist, ein alt-ehrwürdiges Herrenhaus zu neuem Leben zu erwecken, seinerseits belebt durch eine wahrhaft künstlerische Intuition. Es ist daher kein Zufall, daß Königin Elizabeth II. von England, als sie im Jahre 1978 nach Deutschland kam, Schierensee einen Besuch abstattete und mit geschultem Kennerblick hervorragend schöne Vorführungen von Hengsten, von Stuten mit ihren Fohlen, von Vierer-Zügen und geradezu artistischen Voltigier-Leistungen einer Kindergruppe mit großem Interesse verfolgte.
Übrigens ist dieser Besuch nicht der einzige fürstliche Besuch in der langen Geschichte des Gutes. König Christian VII. von Dänemark war im Jahre 1768 hier zu Gaste und blieb mit großem Gefolge von 55 Personen drei Tage lang. Er logierte in einem Lusthause auf dem Heeschenberg inmitten der neuen Parkanlagen und war favorisierter Mittelpunkt auch des hiesigen gesellschaftlichen Lebens.
Nach dem Tode Caspar v. Salderns wurde es still ums Haus: Der Ehemann seiner Enkelin und späteren Erbin von Schierensee, der Baron v. Brockdorff, war kränklich und war auch durch seine Tätigkeit im Staatsdienst nicht in der Lage, Schierensee zu bewohnen. So war die Möglichkeit gegeben, sich durch die Verpachtung des Hauses eine zusätzliche Einnahme zu verschaffen. In unseren Topographien werden die Dinge unrichtig dargestellt, hier ist die Rede immer davon, daß die spätere Königin von Frankreich seit 1793 unter dem Namen einer Gräfin v. Provence in Schierensee gewohnt habe. Die Wahrheit sieht anders aus. Der polnische Graf Potocki hatte das Haus im Jahre 1795 für einige Zeit gepachtet, kam

mit vielen Pferden und großen Begleitung an, insgesamt waren fast 70 Personen zu seiner Zeit in Schierensee. Aber schon in wenigen Monaten hatte der Graf sich eines anderen besonnen und verließ Schierensee wieder. Dafür kam ein anderer Gast einige Jahre später, die Königin Marie Louise Josephine, Gemahlin Ludwigs XVIII. von Frankreich. Letzterer, der anfangs den Titel eines Grafen v. Provence führte, war 1791 aus Frankreich geflohen und nannte sich dann Graf v. Lille. Er erklärte sich 1795 als Ludwig XVIII. zum König von Frankreich und reiste in den folgenden Jahren unstet durch ganz Europa, mal nach Verona, mal nach Mitau und noch nach anderen Orten. Vom Dezember 1800 bis zum Mai 1801 wohnte die Königin in der Tat in Schierensee. Zunächst kam ein Beauftragter von ihr aus Hamburg, um für die Königin ein Winterquartier zu suchen und fand Schierensee geeignet. Er übernahm am 13. Dezember 1800 von der Baronin v. Brockdorff, geb. Gräfin v. Saldern, das Wohnhaus mit Ausnahme einiger weniger Räume. Es wurde ein sorgfältiges Inventar aufgestellt und auch über die Lieferungen in Naturalien an die Königin sorgfältig Buch geführt. Die Königin zog im Jahre darauf bereits nach Altona weiter.

Bei den nachfolgenden historischen Ausführungen wird mit Zustimmung des Verfassers Carl-Heinrich Seebach weitgehend sein Werk: „Schierensee", Neumünster 1974, zugrundegelegt. In diesem Werk findet sich eine umfassende Dokumentation der Geschichte von Gut und Bauherren, das Werk ist hervorragend bebildert und ist eine der schönsten Gutsgeschichten, die wir überhaupt besitzen.

Die erste urkundlich belegte Erwähnung von Schierensee findet sich in dem Verkaufe von Groß-Schierensee, Rumohr und Blumenthal im Jahre 1469 durch Gosche v. Ahlefeldt an das Kloster von Bordesholm. Aus der Formulierung der Urkunde wird klar, daß mit Schierensee das Dorf Groß Schierensee gemeint war, während Lütken, also Klein Schierensee, im Besitz der Herren v. Ahlefeldt blieb. Dieser Hof war nur ein kleiner Teil des riesigen Besitzes rund um den Westensee, der im Mittelalter den Herren von Westensee gehört hatte, und der, ungewiß ob im Erbgang oder durch Einheirat, in den Besitz der Herren v. Ahlefeldt gekommen war.

Gosche v. Ahlefeldt starb 1475 und wurde von seinem Sohne Marquard beerbt, der im Februar 1500 in der Schlacht von Hemmingstedt gefallen ist. Er hatte noch nach dem Tode des Vaters dessen Besitzungen am Westensee mit seinem Bruder Henneke geteilt, Marquard erhielt den südlichen Teil mit den späteren Gütern Deutsch-Nienhof und Pohlsee

sowie Schierensee mit Hohenhude. Kurz vor seinem Tode, im Jahre 1499 verkaufte er seinen Besitz an Hinrich Blome, der gleichfalls im Jahre 1500 bei Hemmingstedt gefallen ist. Die Witwe Drude Blome geb. Rantzau heiratete in zweiter Ehe den entfernt verwandten Vetter Tönnies Rantzau, Amtmann von Steinburg.
Hinrich Blome hatte einen einzigen Sohn Dietrich hinterlassen, der also der zunächst einzige berufene Erbe der Güter war. Nachdem dieser jung verstorben war, kaufte Tönnies Rantzau dessen Anteil an Deutsch-Nienhof hinzu, so daß jetzt wieder beide Güter in einer Hand waren.
Auf ihn folgte sein Sohn Gosche Rantzau, † 1564, auf ihn dessen ältester Sohn Daniel Rantzau, gefallen im Krieg gegen die Schweden 1569. Beide sind in der Kirche von Westensee beigesetzt, wo noch heute ihre Grabdenkmäler stehen. Über Daniel Rantzau, den berühmten Feldherrn, wird in dem Artikel Deutsch-Nienhof ausführlich berichtet.
Seine Brüder teilten den Besitz, Tönnies erhielt Deutsch-Nienhof, Peter Rantzau Schierensee. Damit erscheint zum ersten Male ein wirklicher Besitzer von Schierensee, bis dahin war es immer nur mehr oder minder ein Nebengut gewesen.
Aus der Zeit von Peter Rantzau haben wir ein erstes Bild von Schierensee. Es ist auf der Rantzauischen Tafel von 1587 dargestellt. Das Haus war offenkundig ein Fachwerkhaus mit steilem Giebel und von einem Burggraben umgeben. Es ist kaum anzunehmen, daß Peter Rantzau dieses Haus erbaut hat, wenn man in Betracht zieht, daß er so wahrhaft bedeutende Schlösser wie Ahrensburg unweit Hamburg und Troiburg nahe bei Tondern erbaut und bewohnt hat. Es erscheint daher wenig wahrscheinlich, daß Peter Rantzau das wesentlich bescheidenere Schierensee auch erbaut haben soll. Wir wissen auch, daß eine Schwester von ihm, Dorothea verheiratete Sehestedt, † 1570, der Pfarre in Westensee ein Kapital von 1000 Mark Lübsch zu 6% gewidmet hat. Sie wird damals als zu Klein Schierensee wohnhaft bezeichnet. Danach zu urteilen, dürfte das Haus älteren Datums sein.
Peter Rantzau war auch Eigentümer des Gutes Mühlendorf (nicht Mollendorf), das ausdrücklich als prädium bezeichnet wird, nicht als arx, also offenkundig als landwirtschaftlich genutzter Gutshof, nicht als Burg, wie sonst bei Heinrich Rantzau üblich. Das Bild von Mühlendorf, auch auf der Rantzauischen Tafel abgebildet, zeigt freilich ein Doppelhaus, ganz dem Typ der mittelalterlichen Wasserburgen entsprechend, mit Hausgraben umgeben. Mühlendorf ist später niedergelegt worden, das Areal mit Emkendorf vereinigt.

In der Folgezeit hat Schierensee sehr häufig seinen Besitzer gewechselt, Peter Rantzau hinterließ keine Kinder, er hat wahrscheinlich noch selber kurz vor seinem Tode den Besitz an Thomas Blome verkauft, † 1606. Dann ging Schierensee auf die Familie v. Buchwaldt über, zunächst auf Heinrich v. Buchwaldt, † nach 1626, der mit der Tochter Hedwig von Tönnies Rantzau, also einer Nichte von Peter Rantzau, verheiratet war. Sie starb unter tragischen Umständen, 1631 stürzte ihr Wagen auf einer Reise nach Kiel um, und sie brach sich den Hals.
Heinrich v. Buchwaldt erfreute sich keines guten Rufes. Ihm wurde sogar vom Landesherrn wegen Ungehorsams das Gut Schierensee genommen und seinem Sohne Caspar übertragen. Heinrich v. Buchwaldt hatte 1622 einen bösen Zwischenfall ausgelöst, als er Hans Blome auf dem Wege von Schierensee nach Kiel traf und durch seinen Reitknecht Claus Schnoor erschießen ließ. Blome fiel tot vom Pferd, die übrigen konnten fliehen, Schnoor mußte später ausgeliefert werden und wurde hingerichtet.
Nach 1630 kam der jüngste Sohn von Heinrich v. Buchwaldt, Daniel v. Buchwaldt, in den Besitz von Schierensee. Seine Söhne waren früh gestorben, sein letzter Sohn Claus 1652 in Frankreich gefallen. Daher erbte jetzt seine Tochter Anna Hedwig das Gut. Sie heiratete den Feldmarschall Claus v. Ahlefeldt auf Klein-Nordsee, über den im Artikel Klein-Nordsee Näheres nachzulesen ist. Während dieser Besitzzeit

Wirtschaftshof

wurde ein Teil des Hoflandes des Gutes Schierensee nebst anderen Ländereien zu einem neuen Gut erhoben, das jetzt nach der Ehefrau den Namen Annenhof erhielt und auch die Gerechtsame eines eigenen adeligen Gutes erhalten hat. Mit dieser Erweiterung des Besitzes von Schierensee war es gelungen, das Gut auf wirtschaftlich sichere Basis zu stellen. Bis zur Gegenwart war es so, daß Schierensee selber in der Hauptsache aus einem sehr schönen Waldgebiet bestand, viel Wasser, etwas Wiesen und Weiden, aber wenig Ackerland. Erst durch die Hinzuerwerbung von Annenhof war das Gut zu einem ertragsfähigen Gut geworden. In neuerer Zeit ist diese Verbindung wieder aufgelöst worden mit der Folge, daß Schierensee als wirtschaftlicher Faktor nicht mehr zu halten war.

In der Folge wechselt das Gut mehrfach hin und her zwischen Angehörigen der Familie v. Ahlefeldt, deren Verwandten v. Behr aus Mecklenburg und Christian v. Leuenburg von Hemmelmark. Im Jahre 1704 verkaufte Leuenburg Schierensee und Annenhof für 40000 Rthlr. an Peter Marquard v. Gude. Gude selber hat Schierensee wohl

Caspar v. Saldern auf Schierensee (1710–1786)

kaum besessen, sondern den Ankauf der beiden Güter Schierensee und Annenhof für seinen damals noch unmündigen Sohn gleichen Namens vorgenommen. Das, was dem Vater vorgeschwebt hatte, wurde jedoch nicht Wirklichkeit, der Sohn hatte vom Vater eine bedeutende Bibliothek geerbt und sollte nach dem Wunsche des Vaters die Rechte studieren. Gude jun. hatte aber als junger Mensch keine Neigung zum Studieren, er zog das Landleben vor und begnügte sich mit dem Erwerb von Schierensee. Nach Erlangung der Großjährigkeit war es sein Wunsch, die Bibliothek zu verkaufen. Zunächst wurden 1706 in Hamburg die gedruckten Bücher versteigert. Als für die Handschriften zu niedrige Preise angeboten wurden, zog Gude sie von der Versteigerung zurück. Wie wertvoll die Bibliothek war, geht daraus hervor, daß König Christian V. von Dänemark 1696 ein Angebot von 6000 Thalern abgab und später im Jahre 1705 König Friedrich IV. 10000 Thaler bot. Gude nahm nicht an, da sein Vater 24000 Thaler aufgewandt hätte. Auf die hochgespannten Forderungen ging niemand ein, und Gude mußte sich mäßigen. Vom Herzog v. Sachsen-Weimar forderte er 5000 Thaler und den Hofrathstitel, von Kopenhagen 6000 Thaler und den Etatsratstitel. Beides zerschlug sich. Erst 1709 trat ein ernster Bewerber auf. Der Kieler Professor Sebastian Kortholt nahm mit Gottfried Wilhelm Leibniz Verbindung auf. In verschiedenen Briefen äußerte Leibniz den Wunsch, daß die Handschriftensammlung in eine Bibliothek als geschlossene Sammlung käme. Die Verhandlungen zogen sich über ein Jahr lang hin, jetzt im Jahre 1710 konnte Leibniz Kortholt berichten, daß der Herzog von Braunschweig den Ankauf für die Bibliothek von Wolfenbüttel betreibe. Am 11. Juli dieses Jahres kam Leibniz nach Schierensee zur Besichtigung der Sammlung und reiste von dort nach Kiel und Schloß Gottorf weiter. In zwei großen Kästen wurden die Handschriften nach Hamburg gebracht, von dort auf dem Wasserwege zunächst nach Lüneburg und weiter nach Braunschweig. Aus dem Nachlaß des Vaters v. Gude kaufte Leibniz noch 13 Portraits und Vignetten und 17 römische Mauerinschriften an.

Die Gudeschen Handschriften bilden heute einen wichtigen Bestandteil der Bibliothek von Wolfenbüttel. Es ist zu bedauern, daß es 1709 nicht möglich war, diese Sammlung für das Land zu erhalten.

Peter Marquard v. Gude starb 1729, seine Witwe 1735. Im Jahre 1736 stand das Gut wieder zum Verkauf. Aus diesem Anlaß wurde ein sorgfältig ausgearbeiteter Anschlag ausgearbeitet über das in dem Herzogtum Holstein belegene adelige Gut Schierensee nebst Annenhof.

Neuer Besitzer der beiden Güter wurde der großfürstliche Landrat Jacob Hinrich Frh. v. Sparwenfeldt. Er war 1703 in Schweden geboren, kam später nach Mecklenburg und nach Holstein und wurde hier großfürstlicher Landrat. Aus den einzelnen Verhandlungen über die Güter geht hervor, daß Sparwenfeldt Schierensee verpachtet hatte, er wird deswegen nach dem Tode des Pächters von Annenhof auf Annenhof selber gelebt haben. Im Jahre 1751 entschloß sich das Ehepaar v. Sparwenfeldt zum Verkauf von Schierensee. Sie traten mit dem Pastor in Westensee in Verbindung und verkauften zunächst diesem Pastor als Scheinkäufer am 11. November 1751 beide Güter. In Wahrheit war der Pastor, namens Stinde, nur Vermittler für den wirklichen Käufer, den Etatsrat Caspar v. Saldern. Der endgültige Vertrag wurde am 29. November 1751 in Neumünster unterschrieben. Darin wurde vereinbart, daß Saldern am Maitag 1752 als wahrer Eigentümer die Güter übernehmen solle.
Mit diesem Kaufvertrag ist der berühmte Caspar v. Saldern als Eigentümer von Schierensee und Annenhof aktenkundig, und es war jetzt seine Aufgabe, aus dem Gut etwas Neues und Bleibendes zu schaffen. Das, was er geschaffen hat, ist mustergültig. Er berief einen erstklassigen Architekten seiner Zeit, den Landbaumeister Johann Adam Richter, der das Herrenhaus, wie es heute noch dasteht, in den folgenden Jahren erbaute und der gleichzeitig die Nebengebäude sämtlich neu errichten ließ.
Es ist hier nicht der Ort, auf die politische Bedeutung Salderns hinzuweisen. Es mag genügen festzustellen, daß mit ihm Schleswig-Holstein einen seiner hervorragendsten Staatsmänner erhalten hat, der es in großartiger Weise verstand, einen Ausgleich zwischen Rußland und Dänemark herzustellen. Außer dem oben genannten Werk von Carl-Heinrich Seebach mag hier verwiesen werden auf das Werk von Otto Brandt 1932 mit dem Titel: „Caspar v. Saldern und die nordeuropäische Politik im Zeitalter Catharinas II.“ Die enge Verbindung, die Saldern zu beiden Mächten unterhielt, befähigten ihn dazu, das aus heutiger Sicht geradezu einmalige Meisterwerk zustande zu bringen, nämlich den Einfluß Rußlands auf Holstein zu eliminieren. Bis dahin gab es mitten in Holstein den sogenannten großfürstlichen Anteil, eine Erbschaft aus der Zeit Peters III. v. Rußland. Saldern ist gelungen, durch seinen Einfluß auf die Kaiserin Catharina diese zu bewegen, auf den großfürstlichen Anteil zugunsten von Dänemark zu verzichten, das seinerseits wieder die Grafschaft Oldenburg und Delmenhorst zur Bildung des neuen Großherzogtums Oldenburg bereitstellte. Nicht zu

Katharinensaal

Unrecht hängt daher in Schierensee in dem heute Katharinensaal genannten großen Festsaal das lebensgroße Bildnis der Kaiserin Catharina, anscheinend aus mehreren Teilen zusammengesetzt, aber durch die imponierende Größe des Bildes außerordentlich bedeutend.
Über Saldern gibt es verschiedene Sprüche und Aussprüche, die am besten sein Werk kennzeichnen. Er stammte aus gutbürgerlichen Verhältnissen in Neumünster und hat seine Herkunft nie verleugnet. Sie drückte sich auch aus in seinem Wesen, das unter Umständen aufbrausend und herrisch sein konnte. Die Bauern sagten freundlich von ihm:

Herr Caspar vun Sallern
kunn' böllern un ballern
un wer doch een goden Mann.

Das Saldernsche Wappen ist oben im Giebel im Mittelrisalit in Stein gehauen. Über dem Portal findet sich darüber hinaus noch der Anfangsbuchstabe seines Namens „S". Darunter aber ließ er eine Inschrift anbringen, die vielleicht am besten sein inneres Wesen kennzeichnet: NON MIHI SED POSTERIS (Nicht für mich, sondern für meine Nachfolger).
Und noch ein weiteres Moment muß erwähnt werden. Die Lage unmittelbar hinter dem Herrenhaus eignete sich nicht für die Bildung eines Gutsparks. Dahinter aber erhob sich die bewaldete Höhe des Heeschenberges, in die Caspar v. Saldern eine Reihe von kleinen Häuschen einbauen ließ zur Aufnahme von Gästen, die für längere Zeit nach Schierensee kamen. Über diesen Park auf dem Heeschenberg hat der Professor C. L. Hirschfeld in seinem fünfbändigen Werke über die Theorie der Gartenkunst von 1780 eine ausführliche Beschreibung geliefert. Eines der schönsten Häuschen innerhalb dieser Parkanlage trug die Inschrift „tranquillitati", d. h. auf Deutsch „Für die Ruhe".
Caspar v. Saldern starb 1786 in Schierensee und hinterließ aus seiner kurzen Ehe mit Catharina Lucia Thiede drei Kinder, von denen zwei ohne Nachkommen gestorben sind, er hinterließ nur einen Sohn Carl Hinrich, * 1739, gestorben nur zwei Jahre nach dem Vater 1788 in Schierensee. Carl Hinrich v. Saldern ist der einzige männliche Nachkomme Caspar v. Salderns, der den Namen eines Grafen v. Saldern geführt hat. Durch seine Verwandtschaft mit der Familie v. Günderoth aus Apenrade hatte er Ländereien in der nordfriesischen Marsch geerbt unter der Bedingung, daß er den Namen Günderoth seinem eigenen

Namen zufügen solle. Er ist daher der einzige gewesen, der den Namen eines Grafen v. Saldern-Günderoth geführt hat. Er war seinerseits verheiratet mit Friederica Amalia v. der Kettenburg und hinterließ aus dieser Ehe eine Tochter Maria Sophia Charlotte, die den Namen einer Gräfin v. Saldern führte und die mit Christian Friedrich Baron v. Brockdorff verheiratet war. Brockdorff schenkte den Hof Blockshagen zu Schierensee hinzu, Blockshagen wurde bald darauf zu einem eigenen adeligen Gut erhoben, so daß jetzt die Nachkommen sich stolz Herren auf Schierensee, Annenhof und Blockshagen nennen konnten. Aus dieser Ehe stammte wiederum eine Tochter Friederike Marie Sophie Baronesse v. Brockdorff, die einen französischen Offizier heiratete, Jean Marie Aimé v. Mesmer. Die Baronesse Brockdorff hatte Mesmer kennengelernt, als er als junger Offizier krank und verwundet im Lazarett in Lübeck lag. Aus der Pflege wurde eine Liebesheirat, Jean Mesmer nahm daraufhin den Namen v. Mesmer-Saldern an, ein Name, der bis in unser Jahrhundert hinein lebendig blieb.
Aus der Ehe mit Jean Mesmer gab es einen Sohn Lorenz, der mit Susanne v. Warnstedt verheiratet war, aus dieser Ehe wieder einen Sohn

Kaiserin Katharina die Große

Fayencensaal

Caspar, der mit einer Buchwaldt vermählt war, aus deren Ehe wieder eine Tochter, die wieder einen Buchwaldt geheiratet hat, so daß zum Schluß Schierensee bei der Familie v. Buchwaldt blieb, letzte Nachkommin aus der Linie war Elsabe v. Buchwaldt, * 1940.

Die Dinge entwickelten sich aber nicht so, wie sich die alten Generationen das vorgestellt hatten. Aus der Ehe mit Jean Mesmer gab es nicht nur den Sohn Lorenz, sondern auch die Schwester Théonie, die ihrerseits einen Grafen Baudissin heiratete. Aus der Ehe mit Graf Baudissin gab es eine sehr große Nachkommenschaft, darunter den bekannten Admiral Friedrich Graf v. Baudissin, 1852–1921, Generaladjutant des Kaisers und Königs und Ritter des Schwarzen Adler-Ordens. Der letzte Mesmer-Saldern, Joseph † 1930 war nicht verheiratet, das Fideikommiss war nach dem Ersten Weltkriege aufgelöst worden, so konnten sich die Nachkommen Baudissin darauf berufen, daß für den Fall des Erlöschens der männlichen Linie die weibliche zur Erbfolge berufen wäre. Blockshagen war schon im Wege der Bodenreform nach dem Ersten Weltkriege verkauft worden, jetzt ging es um Schierensee und Annenhof selber. Im Wege des Vergleichs erhielten die Baudissin Annenhof, Joseph v. Mesmer-Saldern behielt Schierensee.

Zu seinem Kummer mußte er sogar seinen Grabstein ändern, in den er schon bei Lebzeiten hatte einmeißeln lassen: „Hier ruht Joseph von

Schierensee, Lithographie von Adolf Hornemann

Mesmer-Saldern, letzter Fideikommissherr auf Schierensee, Annenhof und Blockshagen." Jetzt stimmte alles nicht mehr, der Stein mußte umgearbeitet werden.

Annenhof wurde bald darauf zu Siedlungszwecken an die Schl. Holst. Höfebank in Kiel verkauft.

Die ganze Angelegenheit fand ein glückliches Ende dadurch, daß die letzte Nachkommin aus der männlichen Linie Salderns, Elsabe v. Buchwaldt, den Nachkommen aus der weiblichen Linie, den Grafen Friedrich v. Baudissin geb. 1926 heiratete.

Schierensee selber war allerdings unter diesen Umständen nicht auf Dauer zu halten. Durch den Verkauf an Axel Springer kam dieses junge Paar Baudissin-Buchwaldt in die Möglichkeit, sich ein neues und wirtschaftlich rentables anderes Gut zu kaufen. Sie erwarben das adelige Gut Augustenhof in der Nähe von Gettorf und konnten auch einen Teil von Mobiliar aus Schierensee dorthin überführen. So ist die alte Tradition ungebrochen erhalten geblieben.

Das Schöne ist, daß Axel Springer (†22. 9. 1985) sich der Verpflichtung immer voll bewußt gewesen ist, die alte Tradition auch von seiner Seite her fortzusetzen. Deshalb gründete er noch zu seinen Lebzeiten die Axel Springer Stiftung Schierensee und gab ihr als Fundament die notwendigen Mittel, daß auch seine Erben den Besitz erhalten können.

So übernahm Axel Springer 1973, als dem jungen Ehepaar Baudissin/Buchwaldt eine Tochter Carolin geboren wurde, bereitwillig die Patenschaft. Zur Taufe wenige Monate später hat er der kleinen Carolin-Elisabeth Dorothea Baudissin einen besonders schönen und warmherzigen Brief geschrieben, der auch im Druck veröffentlicht worden ist.

Unter den vielen Kunstwerken, die Schierensee heute schmücken, muß ein Bild erwähnt werden, das seine besondere Geschichte hat. Caspar v. Saldern hatte nach dem frühen Tode seiner Ehefrau nacheinander zwei Schwestern als Lebensgefährtinnen in das Haus genommen. Aus der ersten Liaison stammte eine Tochter, die den Namen Agatha v. Schnell führte, offensichtlich als Zusammenziehung des Namens der Mutter Schnepel, die aber immer unter dem Namen einer Fräulein v. Schnell in den Papieren erscheint. Später hatte sich Caspar v. Saldern mit der Schwester der ersten Lebensgefährtin verbunden, Amalie Friederike Schnepel. In Schierensee hängt ein Bild, das diese Gruppe zusammen zeigt, links auf dem Sofa sitzt Caspar v. Saldern, vor ihm steht die Tochter Agatha v. Schnell, rechts im Sofa die Lebensgefährtin Amalie Schnepel. Die Enkelin, Marie Sophie Charlotte v. Saldern, verh. v. Brockdorff, nahm an diesem Bilde so starken Anstoß, daß sie es zer-

Das Bild zeigt Caspar von Saldern mit Tochter und Lebensgefährtin

schneiden ließ, so daß nur noch Caspar v. Saldern mit der Tochter zu sehen war. Fräulein Schnepel, ihre Tante, erhielt dagegen einen gesonderten Rahmen und wurde anderswo plaziert. Erst in neuerer Zeit ist es möglich geworden, die beiden Bildhälften wieder zusammenzufügen, auch die alten Rahmen waren noch erhalten, so daß jetzt dieses Bild als ein Kunstwerk besonderer Art das Haus schmückt.
Das Bild selber ist gemalt worden von dem Maler Heinrich Buchholtz aus Rußland, der im Jahre 1781 verstorben ist.
Die Größe des Gutes Schierensee beträgt heute 536 ha, davon sind 285 ha Wald, 160 ha Wiesen und Weiden, 75 ha Wasser, der Rest entfällt auf Hofflächen und Wege.

Adeliges Gut Schierensee

Besitzer: Axel Springer Erben

Besitzer

im Mittelalter bis 1499
v. Ahlefeldt

1499–1704	Angehörige der Familien: Blome, (v.) Rantzau, v. Buchwaldt, v. Ahlefeldt, v. Behr, v. Leuenburg
1704–1735	v. Gude
1736–1751	Frhr. v. Sparwenfeldt
seit 1751	v. Saldern

dann dessen Nachkommen:

	Graf v. Saldern-Günderoth, Baron v. Brockdorff, v. Mesmer-Saldern, v. Buchwaldt
1968–85	Axel Springer
seit 1985	Axel Springer Erben

Gut und Bauten

im Mittelalter erstes Haus aus Fachwerk im Wasser errichtet

seit 1765	Beginn der Bauten durch Caspar v. Saldern
1776–1782	Bau des Herrenhauses
nach 1781	Neubau des abgebrannten Wirtschaftshofes
nach 1968	Restaurierung aller Gebäude, Herrenhaus und Wirtschaftsgebäude

8 Deutsch-Nienhof

Kirchspiel Westensee Kreis Rendsburg-Eckernförde

Es ist fast 30 Jahre her, als Harry Schmidt ein vielbeachtetes kleines, heute neu aufgelegtes Werk herausbrachte mit dem Titel: „Drei Schlösser am Westensee". Er stieß mit diesem Buch die Türen auf zu einer neuen Betrachtungsweise unserer großen heimatlichen Schlösser und Herrenhäuser. Der Titel wurde anfangs mit ungläubigem Staunen vernommen, wer hatte bis dahin schon von Schlössern am Westensee gehört und jetzt gleich von dreien. Gewiß, von Emkendorf wußte man, von dem Weimar des Nordens, von dem berühmten Ehepaar Fritz und Julia Reventlow. Man erinnerte sich auch des großen Staatsmannes Caspar v. Saldern und konnte wenigstens von Ferne das großartige Herrenhaus auf Schierensee bewundern, das er gebaut hatte. Von Deutsch-Nienhof wußte man am wenigsten, obwohl Haus und Hof unmittelbar an der Landstraße liegen.
Aber wer hatte schon etwa in den Jahren vor dem Zweiten Weltkriege

diese Häuser von innen gesehen, wer Gelegenheit gehabt, sich mit der Geschichte dieser Güter und ihrer Besitzer zu beschäftigen. Harry Schmidt ist es zu verdanken, daß er in kurzgefaßten Beiträgen einer breiten Öffentlichkeit zur Kenntnis brachte, welch umfangreiche Leistungen gerade diese drei Herrensitze für unser Land erbracht haben. Dem Leser wird alsbald klar, daß Deutsch-Nienhof für ihn an der Spitze steht. Harry Schmidt hatte in Kiel gelebt, hatte die Stadt dann verlassen müssen, als seine Wohnung im Bombenkrieg zerstört wurde und war 1944 ganz nach Deutsch-Nienhof übergesiedelt und hat hier eine Reihe von Jahren gelebt. Gerade die Atmosphäre von Deutsch-Nienhof kam seinen eigenen Interessen entgegen. Es war erst wenige Jahre her, daß Paul v. Hedemann-Heespen gestorben war (1937), aber immer noch lag auf allem der Stempel seiner Persönlichkeit, der sich mit Intensität seinem Wollen verschrieben hatte, nicht nur einen schönen und wertvollen Besitz zu pflegen und zu erhalten, sondern gleichzeitig das Herrenhaus, das den Rahmen für sein Schaffen abgeben konnte, zu vollenden und mit neuem Leben zu erfüllen.

Von Deutsch-Nienhof hören wir erstmals im Jahre 1472, als Hinrich v. Ahlefeldt hier genannt wird. Er hat anscheinend den Besitz noch zu Lebzeiten seines Vaters Gosche v. Ahlefeldt übernommen. Bei diesem Vater zeigt sich noch deutlich, wie nach und nach die Aufsplitterung des riesigen Besitzes der Herren v. Ahlefeldt rund um den Westensee erfolgt. Dieser verkaufte im Jahre 1469 das Dorf Klein Vollstedt und die Mühle in Mühlendorf, später zu Emkendorf gehörig, dann Blumenthal, Groß-Schierensee mit der Rottenburg; es folgten Sprenge und Rumohr. Aus den verbleibenden Landstücken erhielt sein Sohn Hinrich den Rest und bildete hieraus ein neues Gut, einen neuen Hof, eben Nienhof. Die Vorsilbe Deutsch wurde dem neuen Gut zur Unterscheidung von dem im Dänischen Wohld belegenen adeligen Gut Nienhof verliehen. Von jetzt ab gibt es ein Dänisch-Nienhof im Dänischen Wohld, ein Deutsch-Nienhof in Holstein.

Hinrich v. Ahlefeldt soll auch ein erstes Haus gebaut haben, aber angeblich an anderer Stelle. Das jetzige ist in der folgenden Rantzauischen Zeit errichtet worden, wahrscheinlich 1501 von Tönnies Rantzau, hat aber im Laufe der Jahrhunderte vielfache Änderungen erfahren. Der Kernbau dürfte unter dem heutigen Mittelteil des Hauses liegen, aber nicht in seiner vollen Breite, die Keller sind tonnengewölbt, jedoch nur in den Ausmaßen von 10 zu 12 m. Da das Haus auf der Rantzauischen Tafel von 1587 bereits als Dreiflügel-Bau erscheint, müssen schon in

diesem Jahrhundert Erweiterungsbauten vorgenommen worden sein. An der Westseite des Westflügels besteht das Mauerwerk aus altertümlichen Steinen im Klosterformat und im wendischen Verband, sowohl im Keller als auch im Hauptstockwerk. Die Giebel dieses ersten Hauses sind dreifach gestaffelt, der Hauptflügel hatte im Untergeschoß keine Fenster, wie bei alten Wasserburgen üblich, auch der gesamte Typ des Hauses entspricht deutlich dem Schema einer holsteinischen Wasserburg, von breiten Gräben umgeben. Wenn auch diese Gräben längst zugeschüttet worden sind, kann man auch heute noch vor allem an der Nordseite Vertiefungen im Gelände erkennen. Die Seitenflügel sind vielleicht anfänglich nur einstöckig gewesen. Die großen Umbauten sind durch zwei Bauherren ausgeführt worden, 1688 durch Hans-Hinrich v. Ahlefeldt, 1749–1753 durch Christian Friedrich v. Heespen. Zu einem dritten Umbau, der 1770 geplant war, kam es nicht, George Greggenhofer schlug einen Umbau des Herrenhauses und des Torhauses vor, für die noch die Bauzeichnungen vorhanden sind. Das alte Torhaus wurde später, anscheinend erst um 1860, abgebrochen. Greggenhofers Pläne für Deutsch-Nienhof wurden erst 1977 verwirklicht, als im Freilichtmuseum in Rammsee bei Kiel dieses Torhaus erbaut wurde.
In den Jahren von 1792 bis 1801 war Carl Gottlob Horn als Baumeister tätig, der in den gleichen Jahren Emkendorf von Grund auf erneuerte und umbaute. Wieviel von Horns Entwürfen Wirklichkeit geworden ist, bleibt zweifelhaft, seine Zeichnungen für die Veränderungen der Gartenfront sind durch die Umbauten des 20. Jahrhunderts mit dem großen Segmentbogen ohnehin überholt. Zwei erhaltene Ölbilder der Gartenfront, in Hemmelmark und Deutsch-Nienhof, zeigen ein gegenüber dem heutigen Zustand sehr abweichendes Aussehen.
Mit Sicherheit geht auf Horn zurück die geradezu monumentale Portalpartie mit bossierten Säulen nach Toskanischer Ordnung unter dem Frontispice an der Hofseite.
Die Besitzerreihe ist lang und vielfältig, im Mittelalter die Herren v. Ahlefeldt, von 1501 bis 1630 Rantzau, dann bis 1694 erst Otto, dann Bendix Blome. Otto Blome kam 1645 im Duell mit dem Stadtkommandanten von Lübeck, dem Oberst Hartwig Asche Schack auf Basthorst ums Leben. Beide Duellanten blieben tot auf dem Platze, die Leiche Otto Blomes wurde eiligst nach Deutsch-Nienhof gebracht und dann in der Kirche von Westensee beigesetzt. Über dieses Duell ist in dem Artikel Perdoel ausführlich berichtet, Hartwig Asche Schack war mit der Erbin von Perdoel, Dorothea Hedwig Sehestedt verheiratet.

Portal

Auf Blomes folgen wieder Ahlefeldts, dann ein eben geadelter hoher Beamter, Thomas Balthasar v. Jessen, Geheimer Rath und Präsident der Holsteinisch-Gottorper Regierung, dann für einige Jahre der Klosterprobst von Preetz, Friedrich v. Buchwaldt.
1743 ging Deutsch-Nienhof über an Christian Friedrich v. Heespen. Seitdem ist das Gut beständig bei der Nachkommenschaft geblieben, die auf der Adoption Christian Friedrich v. Hedemanns beruht, der Fideikommisserbe seines Onkels wurde, jetzt mit dem Doppelnamen v. Hedemann-Heespen.
Diese Adoption kam nicht von ungefähr. Christian Friedrich v. Heespen hatte wie schon sein Vater das adelige Gut Hemmelmark in Schwansen besessen. Aber als Heespen auf die Möglichkeit aufmerksam gemacht wurde, das schönere und größere Deutsch-Nienhof zu erwerben, bezeigte er großes Interesse. Gute Freunde stellten die Vermittlung zu Georg v. Hedemann her, der sich anzukaufen wünschte. 1743 konnte

Heespen Deutsch-Nienhof kaufen, bald darauf ging Hemmelmark auf Hedemann über. Die beiden Männer freundeten sich bald an, das Verhältnis wurde noch enger, als sie beide sich mit den Schwestern v. Drieberg verheirateten und damit jetzt Schwäger wurden. Die Ehe Heespens blieb kinderlos, seine Ehefrau starb schon mit jungen Jahren. Aber Georg v. Hedemann hatte vierzehn Kinder, darunter einen Patensohn von Christian Friedrich v. Heespen, Christian Friedrich v. Hedemann. Ihn adoptierte er mit sieben Jahren, stiftete für ihn und seine Nachkommen das Fideikommiss Deutsch-Nienhof mit der Auflage, den Doppelnamen v. Hedemann-Heespen anzunehmen.
Die beiden Männer spielten ihre besondere Rolle in dem sogenannten Rezeptionsstreit. Die adeligen Gutsbesitzer auf den adeligen Gütern vertraten die Auffassung, daß sie an den Vorrechten der Schleswig-Holsteinischen Ritterschaft teilnehmen könnten und es keiner besonderen Rezeption mehr bedürfe. Die Ritterschaft widersprach und behielt Recht. Aber es ehrt sie, daß sie Christian Friedrich v. Hedemann-Heespen 1817 ohne Debatte in die Ritterschaft aufnahm, freilich geknüpft an den Besitz von Deutsch-Nienhof.
Aus der Rantzauischen Zeit ragt eine hochbedeutende Persönlichkeit hervor, der Feldherr Daniel Rantzau, 1529–1569, gefallen in der Schlacht bei Varberg im Kampf gegen die Schweden. In der Beschreibung der Kirche von Westensee, die 1979 unter der Nummer 1201 im Verlag Schnell & Steiner in München und Zürich erschienen ist, heißt es (etwas geändert) folgendermaßen:

> Daniel Rantzau war der Sohn von Gosche und Margaretha Rantzau auf Deutsch-Nienhof. Er hatte in Wittenberg studiert und soll dort im Hause Melanchthons und Luthers verkehrt haben. Nach diplomatischer Tätigkeit am Hofe Karls V. ging er im Dienste des Herzogs v. Holstein-Gottorp in den Kriegsdienst und machte den nordischen Krieg als Oberst und dann als General des Königs Friedrich II. v. Dänemark mit, wobei er glänzende Siege über die Schweden zum Teil gegen vielfache Übermacht errang. Vor der schwedischen Festung Varberg fand er 1569 durch eine Kanonenkugel den Tod. Nachdem ihm Friedrich II. ein Staatsbegräbnis verweigert hatte, ließen ihn seine Brüder Peter Rantzau auf Schierensee und Tönnies auf Deutsch-Nienhof in der Westenseer Rantzauischen Gruft beisetzen und darüber das Monument errichten. Dieses war ursprünglich ein Sarkophag aus Obernkirchener Wesersandstein mit der Figur des

Epitaph
Daniel Rantzaus
in der Kirche
von Westensee

Gefallenen und einer von Hermenpilastern gerahmten Rückwand, auf der in lateinischen und deutschen Versen die Taten Daniels ausführlich geschildert werden. Diese Inschrift dürfte auf seinen Vetter, den Statthalter Heinrich Rantzau, zurückgehen, der das gesamte Grabmonument als geradezu fürstlich bezeichnet hat.

Über dem Sarkophag befand sich ein hölzerner Baldachin. Die Figur trug eine Fahne, die bis hinauf zum Baldachinhimmel reichte. 1645 verstümmelten die Schweden in verspäteter Rache die Figur ihres ehemaligen Besiegers. 1771 wurden Baldachin und Sarkophag mit königlicher Genehmigung abgebrochen, weil sie zu viel Platz wegnahmen. Die Figur des Feldherrn wurde in die Gruft gelegt, das Material des Sarkophages kam nach Emkendorf und Deutsch-Nienhof, wo Türschwellen daraus verfertigt wurden. 1918 fand Paul v. Hedemann-Heespen auf Deutsch-Nienhof bei einer Nachsuche in der Gruft das Monument wieder und gab ihm seine heutige Gestalt. Unverändert erhalten ist die Rückwand mit den Inschriften, den Wappenaufsätzen und drei weiblichen Figuren, die Figur des Feldherrn ist stark verstümmelt.

Aus der Ahlefeldt'schen Zeit ist vor allem die Persönlichkeit von Hans Hinrich v. Ahlefeldt, Ritter des Elefanten-Ordens und Oberstkämmerer, bemerkenswert, † 1720. Der Vater, Bendix v. Ahlefeldt, hatte dem Sohn noch zu Lebzeiten 1681 Deutsch-Nienhof übergeben, um 1688 erbaute er das heute noch stehende Haus. Jetzt wurde das weite, doppelflügelige Herrenhaus, das auf einen wirksamen äußeren Eindruck berechnet war, im Palaisstil gebaut, geeignet für eine umfassende Gastlichkeit und auf große Dienerschaft zugeschnitten. Er ist es auch gewesen, der aus der nächsten wald- und wiesenreichen Umgebung des Hauses den neuen Baumgarten schuf, als Grundlage des bald nachher begründeten Tiergartens und des Vorläufers des heutigen Parks.
Hans Hinrich v. Ahlefeldt ist der gleiche, der Seestermühe in der Elbmarsch besaß und hier ein großes Schloß erbaute, das aber alsbald durch Brandstiftung wieder in Trümmer sank. Nur die großartige Parkanlage mit der 800 m langen, vierfachen Lindenallee ist dort erhalten geblieben.
Mit Christian Friedrich v. Heespen treten ruhige Verhältnisse ein. Heespen hatte einen alten Onkel beerbt, den Geheimen Rath Christoph Gensch v. Breitenau, der 1681 unter diesem Namen geadelt wurde und der mit 93 Jahren 1732 starb. Ihm verdankt Deutsch-Nienhof seinen Wohlstand, der noch vermehrt wurde durch einen umfangreichen Nachlaß an Schriften und Büchern. Um so mehr bleibt zu bedauern, daß die wertvolle Bibliothek mit über 14000 Bänden schon im 18. Jahrhundert teilweise versteigert, wenn nicht gar verschleudert wurde. Der Lübecker Rektor, der Licentiat Johann Heinrich v. Seelen, hat in jahrelanger Arbeit einen dreibändigen Katalog zusammengestellt, aus dem man nur mit Kummer ersehen kann, welche einmaligen Schätze an wertvoller Literatur gesammelt waren.
Während die älteren Generationen nicht ängstlich im Geldausgeben und Schuldenmachen waren, hatte der dritte Fideikommissherr, Fritz v. Hedemann-Heespen, gestorben 1905, es mit eiserner Sparsamkeit verstanden, alle Schulden abzutragen.

Von seinen Söhnen ist Paul v. Hedemann-Heespen (1869–1937) als Landeshistoriker hervorgetreten, und hat eine Fülle von Werken zur Geschichte seiner Güter, seiner Familie und der Herzogtümer insgesamt geschrieben. Dabei machte er aus seiner Abneigung gegen Preußen kein Hehl und war sicherlich auch sonst kein bequemer Mann. Aber mit seinem stupenden Wissen überragte er manche seiner Zeitgenossen wesentlich.
Harry Schmidt widmet Paul Hedemann folgende Worte (gekürzt):

> Er war eine Persönlichkeit von erstaunlich vielseitiger Begabung, die lange Jahre im geistigen Leben seiner Heimat eine einflußreiche Rolle gespielt hat. Am Ende seines Lebens, mit 65 Jahren, 1934 zeichnete er autobiographisches Material auf, das manchen Einblick in sein inneres und äußeres Leben gestattet.

Wenn Paul v. Hedemann zu geschichtlichen Problemen vorwiegend in gewichtigen Büchern und Aufsätzen gelehrter Zeitschriften Stellung nahm, so behandelte er in der Tagespresse gern die äußere, innere und Kommunalpolitik, ferner Fragen der Kirche und Schule sowie der Volkswirtschaft und Finanzen.
Ebenso beschäftigte ihn die Kunst- und Geschmackspflege, wie denn der Schleswig-Holsteinische Verein für Heimatschutz von ihm gegründet und zehn Jahre lang geleitet wurde. Gleich dem Heimatschutz widmete er auch der Jugendbewegung, insonderheit dem „Wandervogel" rege Anteilnahme. Dem Wandervogel ermöglichte er an einem der schönsten Punkte seines Gutes, am Börner, hoch über dem Westensee, ein langersehntes Heim, indem er den Grund und Boden und das erforderliche Holz zur Verfügung stellte. Die Jugend hat ihm zum Dank eine Statuette geschenkt, die einen dahinschreitenden Wandervogel mit der Klampfe darstellt. Und wer, der das Glück gehabt hat, dabei zu sein, erinnert sich nicht mit Freuden der geistvollen, in rasendem Tempo, wie Maschinengewehrfeuer, gehaltenen Vorträge, die Hedemann in den 1920er Jahren, sei es in der großen Halle zu Deutsch-Nienhof, sei es im volkswirtschaftlichen oder historischen Seminar vor den Studenten hielt oder sonst im Lande.
Auch zur schönen Literatur nahm Hedemann oft Stellung, wie er auch selbst unter dem seine Einsamkeit kennzeichnenden Pseudonym Omnino sepultus – völlig begraben – eine Sammlung teils übermütiger, teils auf einen tragischen Grundton gestimmter Gedichte veröffentlicht hat.

Gartenfront

Hedemann gab 1906 die dreibändige Geschichte seiner Güter Deutsch-Nienhof und Pohlsee heraus, die einzige große Gutsgeschichte unserer Heimat (bis dahin). Ihr folgte von 1907 bis 1919 die ebenfalls dreibändige Geschichte der Familie v. Hedemann. Seine bedeutendste wissenschaftliche Leistung ist das 1926 erschienene epochemachende Werk „Die Herzogtümer Schleswig-Holstein und die Neuzeit". Der großartige und kühne Versuch, die geschichtliche Entwicklung unseres Landes seit vier Jahrhunderten auf 1000 Seiten zusammengedrängt zu überschauen hat in der engeren Heimat des Forschers neben lebhafter Anerkennung auch sehr heftigen Widerspruch hervorgerufen. Die dänische Geschichtsforschung dagegen hat Hedemanns Werken von Anfang an höchste Wertschätzung entgegengebracht.
1932 und 1933 folgten die Ehrungen der deutschen Wissenschaft. Die Würzburger Rechts- und Staatswissenschaftliche Fakultät ernannte ihn zum Ehrendoktor, 1933 folgte als zweite süddeutsche Universität Erlangen, deren philosophische Fakultät ihm die Würde des Ehrendoktors verlieh.

Paul Hedemann schickte sich alsbald nach seinem Besitzantritt an, das Haus nach seinen Vorstellungen umzubauen. Das Äußere blieb im wesentlichen unverändert, nur die Rückfront erhielt jetzt ihren beherrschenden schönen, geschwungenen Segmentbogen, – ein Motiv, das er nach dem Modell des Heespen-Hofes in Schleswig, dem heutigen Amtsgericht, aufbaute. Dafür wurden im Inneren des Hauses erhebliche Veränderungen vorgenommen, überalterte Wandeinteilungen entfernt und durch neuere Einbauten ersetzt. Jetzt entstand die große Halle, die durch zwei Stockwerke hindurchgeht und die mit ihrem eleganten Treppenhaus und den umlaufenden Galerien ein beachtliches Dokument der Baugesinnung aus dem Anfang unseres Jahrhunderts darstellt. Die meisten Umbauten wurden in den Jahren von 1907 bis 1909 durchgeführt, beratende Architekten waren Graf Wilhelm v. Hardenberg aus Dresden und der Bauinspektor Meyer.
In der neuen Halle fanden auch die fünf Riesen-Kupferstiche aus der Erbschaft des Geheimen Raths Christoph Gensch v. Breitenau, die bis etwa 1875 in der Breitenauischen Grabkapelle in der Aegidienkirche in Lübeck aufbewahrt gewesen waren, einen neuen Platz. Die Stiche sind

Halle mit Stichen von François Langot

Meisterwerke des französischen Kupferstechers François Langot (1641–ca. 1679) und haben die Ausmaße von 2,12 m zu 1,46 m, wie man sie in dieser Größe nur ganz selten findet. Sie stellen dar:

1. Die Verkündigung Mariä nach einem Gemälde des Franzosen Henri Vatelét.
2. Die Anbetung der Hirten, nach einem Gemälde von Pietro Berettini di Cortona, einem Maler der römischen Schule.
3. Das Abendmahl nach einem Gemälde von Peter Paul Rubens.
4. Die Verspottung Christi, nach einem Gemälde van Dycks.
5. Christus am Kreuz, nach einem Gemälde von Peter Paul Rubens. Der Stich ist an beiden Seiten beschnitten und weist im Gegensatz zu den übrigen keine Beschriftung auf.

Außer der Halle richtete Paul Hedemann einen weiteren großen Raum zur Aufnahme der Bibliothek ein. Der Raum ist gleichfalls zweigeschossig angelegt, mit umlaufender Galerie und nimmt die etwa 12 000 Bände umfassende Büchersammlung auf. Paul Hedemann konnte mit Stolz darauf verweisen, daß er alle seine Bücher mit dem Material geschrieben

Halle und Treppenhaus

habe, das ihm in seinen eigenen Räumen zur Verfügung stand. Insbesondere die Werke zur Schleswig-Holsteinischen Landeskunde und die Zeitschriftenreihen sind in ungewöhnlicher Vollständigkeit vorhanden.
Der Besitznachfolger und Bruder Hartwig Hedemann hatte sich einen Namen als Ornithologe gemacht, so sind in seiner Besitzzeit viele Werke aus diesem Fachgebiet und zu den Naturwissenschaften im allgemeinen hinzugekommen. Es ist daher nur natürlich, daß das Portrait von der Hand des Malers Karl Fey Hartwig Hedemann mit einem Vogelbalg in der Hand darstellt.
Der schöne Segmentbogen an der Rückfront des Hauses ist in den Jahren nach dem Zweiten Weltkrieg durch Umbauten verändert.
In den persönlichen Verhältnissen der Hedemänner, wie man sie liebevoll im Lande nannte, gab es tiefen Kummer. Der dritte Fideikommissherr auf Deutsch-Nienhof, der oben genannte Fritz v. Hedemann-Heespen, gestorben 1905, hatte aus seiner Ehe mit der Gräfin Anna v. Reventlow a. d. H. Kaltenhof neun Kinder, aber vier von ihnen starben als kleine Kinder und wurden auf dem wunderbar angelegten Familien-

Bibliothek

Adeliges Gut Deutsch-Nienhof

Besitzer: Sven v. Hedemann-Heespen

Besitzer

im Mittelalter	v. Ahlefeldt
1501–1630	(v.) Rantzau
1630–1694	erst Blome dann v. Ahlefeldt
1694–1743	erst v. Jessen dann v. Buchwaldt
1743–1776	v. Heespen
seit 1776	v. Hedemann-Heespen

Gut und Bauten

1501	Bau des ersten Herrenhauses
im 16. Jh.	Erweiterung zum Dreiflügelbau
1688	Umbau
1749	zweiter Umbau
1907–1909	dritter Umbau

9 Emkendorf

Kirchspiel Westensee   Kr. Rendsburg-Eckernförde

Emkendorf und der Emkendorfer Kreis, – zwei Worte, die für jeden Heimatkundigen geradezu nostalgisch wirken, Begriffe, die sich an die eine Zeit anlehnen, die man sicher zu Recht als die bedeutendste Epoche nicht nur in der langen Geschichte dieses Gutes ansieht, sondern die weit darüber hinaus für die Geschichte Schleswig-Holsteins von großem Wert ist. Dieser Zeitraum dauert nicht allzu lange, er beginnt 1783, als der junge Graf Friedrich (Fritz) Reventlow Emkendorf übernimmt und mit seiner schönen Gemahlin Julia geb. Gräfin Schimmelmann Einzug hält. Diese Epoche dauert praktisch nur bis zum Tode von Julia im Jahre 1816, aber wenn auch diese Zeitspanne nur die Lebensdauer einer einzigen Generation umschließt, so ist sie doch von einer nicht hoch genug einzuschätzenden Bedeutung geworden. Hier entsteht eine großartige Synthese von Bildung und Geist, von politischem Streben und künstlerischem Schaffen, von echter Religiosität und menschlicher Schwärmerei. Und die Bedeutung dieses Emkendorfer Kreises geht weit über das Ehepaar selber hinaus, sie haben Freunde und Verwandte in allen den großen Familien ihrer Zeit. Christian Degn hat diese Ausstrahlung des Emkendorfer Kreises sehr anschaulich darzustellen gewußt in einem kreisförmig angeordneten Diagramm. In der Mitte steht das Ehepaar Fritz und Julia Reventlow selber, strahlenförmig sind in die einzelnen Segmentteilungen die befreundeten und verwandten Familien eingeordnet, die Bernstorff, die Schimmelmann, die Stolberg, die Baudissin und andere mehr. So ist in der Tat der Emkendorfer Kreis nicht nur ein Wort, sondern eine reale Tatsache.

Dieser Kreis ist auch keineswegs ein Adelsclub provinzieller Prägung, seine Geschichte ist durch die französische Revolution von 1789 gekennzeichnet, viele Emigranten aus Frankreich strömen ins Haus und werden mit offenen Armen aufgenommen, hinzu kommen Dichter und Gelehrte aus dem norddeutschen Raum. Unter ihnen ist vor allem zu nennen der Dichter Friedrich Gottlieb Klopstock, der Schriftsteller Johann Kaspar Lavater und der Dichter Matthias Claudius, der sogar längere Zeit ganz in Emkendorf gewohnt hat. Es gibt von Julia

Gräfin Julia Reventlow, geb. Gräfin Schimmelmann, 1763–1816. Gemalt von Angelika Kauffmann

Reventlow ein hervorragendes Portrait nebst mehreren Repliquen von der Hand Angelika Kauffmanns, wo Julia mit weit geöffneten Armen dasteht, um den willkommenen Besucher zu empfangen. Und willkommen waren sie alle, gleich welchen Namens und welcher Herkunft; nur eines mußten sie besitzen: Geist und Herz. Otto Brandt hat in einem grundlegenden Werk diese Epoche geschildert, das 1925 erschien unter dem Titel: „Geistesleben und Politik in Schleswig-Holstein um die Wende des 18. Jahrhunderts".

Emkendorf – gesprochen Emmkendorf, nicht Ehmkendorf, wie man häufig hört – erscheint sehr früh in den Urkunden. 1190 wird Emikenthorp genannt, Dorf des Herrn Emike. Dieser letztere Name ist ein häufig vorkommender Name bei dem Geschlecht der Herren von Westensee, die das gesamte Gebiet rund um den Westensee besitzen. Man darf daher mit Recht vermuten, daß das Dorf Emikenthorp zu dem Herrschaftsgebiet der Herren von Westensee gehört und von ihnen begründet worden ist.

Im 13. Jahrhundert erscheint der Name Emekenby, was auf eine Besiedelung des neu angelegten Dorfes durch von Norden hinzukommende südjütische Bauern schließen läßt. Bemerkenswert ist auch, daß von einer Burg nie die Rede gewesen ist. Wenn Emkendorf im Mittelalter genannt wird, dann stets mit dem vorgesetzten Buchstaben p., was als prädium = Meierhof, Vorwerk zu erklären ist. Selbst das benachbarte Mühlendorf, das später in dem Gutsgefüge von Emkendorf aufging und von dem wir eine Abbildung auf der Rantzauischen Tafel von 1587 besitzen, war mit dem p. gekennzeichnet, obwohl Mühlendorf als ein Doppelhaus im Wasser von kreisrundem Graben umflossen dargestellt ist, ganz nach dem im Mittelalter üblichen Schema der holsteinischen Wasserburg. Offensichtlich ist die eigentliche beherrschende Burg im Raume des östlich vorgelagerten Bossee zu suchen. Das nördliche Ufer des an den Gutspark von Emkendorf angrenzenden Hasensees hat noch 1784 die Besitzgrenze zwischen den Ländereien der beiden Güter gebildet, bis 1348 hat unterhalb des Gutes Bossee die Laeckeburg gelegen, vereinfacht Lohburg, auf einer kleinen Insel im Westensee. Sie wurde dann als Raubnest der letzten Ritter von Westensee von den Schauenburger Grafen vereint mit den Lübeckern zerstört.

Das Dorf Emkendorf, das ursprünglich aus zehn Hufen bestand, ist allmählich verschwunden, einige Hufen werden wüst, 1588 sind nur noch 5 mit Bauern besetzt. Die Pestjahre von 1586 und 1600–1602 tun das ihre. 1615 war die letzte Hufe verlassen. 1588 heißt es in einer Urkunde: „Der Hof ist aus 5 wüsten Hufen des Dorfes gebildet worden".

Im 14. Jahrhundert werden noch mehrere Ritter von Emkendorf genannt, 1376 Thydekin v. Emkendorf, 1379 Doderteus v. Emkendorf. Seit der Mitte des 15. Jahrhunderts erscheinen die Herren v. Ahlefeldt als Besitznachfolger der Herren von Westensee. 1443 besitzt Gosche (=Gottschalk) v. Ahlefeldt Bossee mit Emkendorf und Klein Vollstedt, 1480 sein Sohn Henneke v. Ahlefeldt, gefallen 1500 bei Hemmingstedt. Dieser erhielt bei der Erbteilung nach dem kurz vorher im hohen Alter verstorbenen Vater Bossee, Emkendorf und das halbe Kirchspiel Westensee. In der folgenden Generation fällt an den zweiten Bruder Claus v. Ahlefeldt zunächst Bossee, hier wird er seit 1507 genannt. Er hat es bald darauf mit seinem Bruder gegen Emkendorf getauscht, seit 1515 erscheint er als Herr auf Emkendorf. Von jetzt ab gehen die beiden Güter getrennte Wege. Vor 1543 ist Claus gestorben.

Es folgt Clemens v. Ahlefeldt, der spätestens 1548 auf Emkendorf sitzt, da er in diesem Jahre die sog. Türkensteuer von seinem Besitz entrichtet, auf diesen der älteste Sohn, wieder Claus mit Vornamen, offenbar der letzte aus dieser Linie. 1580 und 1581 wird er noch auf Emkendorf genannt, 1588 hat er Emkendorf an Gosche v. Ahlefeldt auf Lønborggaard in Dänemark für 44500 Rthlr. verkauft.

Gosche v. Ahlefeldt verkaufte Emkendorf schon einige Jahre später, 1595 an Tönnies (=Anton) Rantzau auf Deutsch-Nienhof. Gosche v. Ahlefeldt wußte seinen Vorteil zu wahren, er erhielt jetzt 53000 Kurfürstenthaler, dazu einen Portugalöser (=eine altmodische Goldmünze) für die Ehefrau.

Clemens v. Ahlefeldt war zusammen mit seinem Vetter Jürgen auf Westensee in die Streitigkeiten um das Patronat über die Kirche in Westensee verwickelt. Der Streit wurde nach dem Tode von Jürgen v. Ahlefeldt von der Witwe Lucia fortgesetzt und mit großer Hartnäckigkeit weitergeführt gegen Tönnies Rantzau auf Deutsch-Nienhof, der gleichfalls das Patronat – oder mindestens das Mitpatronatsrecht – beanspruchte. Da eine Einigung nicht möglich war, setzte Frau Lucia den Pastor Matthias Selmer in Westensee ein, während Tönnies Rantzau einen eigenen Geistlichen berief, der seine Wohnung in Eckhöft erhielt. Beide Pastoren predigten von da ab abwechselnd, erst als der von Rantzau eingesetzte Pastor starb, spätestens 1594, wurde diese zweite Pfarrstelle aufgelöst. Da Tönnies Rantzau ohnehin bald darauf sowohl

Gartenfront des Herrenhauses

Emkendorf als auch Westensee ankaufte, war damit jedem weiteren Streit die Grundlage entzogen.
Claus v. Ahlefeldt war vermählt mit Adelheid (Alheit) v. Ahlefeldt, einer entfernten Verwandten. Als im Jahre 1580 auf dem Lehnstag in Odense der wilde Friedrich Brockdorff den jungen und hoffnungsvollen Gert Rantzau a. d. H. Bothkamp leichtfertig im Duell ums Leben gebracht hatte, schäumten die Rantzau vor Wut und verlangten feierliche Abbitte von 36 Angehörigen des Geschlechtes Brockdorff, 12 Jungfrauen, 12 Frauen und 12 Männern. So viele Angehörige hatte das Geschlecht überhaupt nicht, so mußten auch Seitenverwandte den bitteren Gang zum Hochaltar der St. Nicolai-Kirche in Kiel antreten und vor den erbitterten Rantzau niederknien, darunter auch Frau Alheit v. Ahlefeldt. Der feierliche Akt fand 1588 statt.
Die Rantzauische Zeit auf Emkendorf dauerte von 1595 bis 1720, aber sie hat kaum tiefere Spuren in der Geschichte des Gutes hinterlassen. Tönnies Rantzau, † 1594, behielt seinen Wohnsitz auf Deutsch-Nienhof bei. Als sein Bruder Peter, der Erbauer des großartigen Schlosses von Ahrensburg, 1602 ohne Nachkommen zu hinterlassen verstarb, sein einziger Sohn Daniel war schon als junger Student vor dem Vater verstorben, fiel Ahrensburg an den Neffen Tönnies d. J. Rantzau, der sicherlich seinen Hauptwohnsitz dorthin verlegt hat. Ihm folgte sein Sohn Cai Rantzau, † 1645, aber von ihm weiß man nicht nur Gutes zu berichten. Er galt als roher Herr, und als er 1642 einen Schreiber auf Ahrensburg erschlagen hatte, wurde er zu lebenslanger Haft verurteilt, eine Strafe, die er bis zu seinem Tode im Gefängnis von Kiel verbüßte. Er schrieb 1644 einen Brief an den Herzog mit der Bitte, ihn freizulassen und bemerkte hierzu, daß die Güter ruiniert und die Gebäude abgebrannt seien. Diese Äußerung kann sich nur auf Emkendorf beziehen, das wahrscheinlich bei dem Durchzuge der Wallensteinschen Truppen während des Dreißigjährigen Krieges schwer gelitten hatte.
Emkendorf ging über auf den dritten Sohn, wiederum einen Tönnies Rantzau. Nach dem frühen Tode der beiden älteren Brüder fiel ihm auch noch Ahrensburg zu. Er stieg auf zu dem hochangesehenen Amte eines Reichshofrates. Es scheint, daß das Schwergewicht dieser Linie Rantzau sich mehr oder minder auf Ahrensburg konzentriert hatte. Der Sohn von Tönnies, nach dem Großvater Cai geheißen, hat wohl Emkendorf bis zu seinem Tode, der im Jahre 1700 eintrat, besessen, aber die wirtschaftlichen Schwierigkeiten wurden immer größer, was an Gebäuden vor-

handen gewesen war, war verwüstet, ob überhaupt ein Wiederaufbau in diesen Jahrzehnten entstanden ist, ist ungewiß. Cai hatte noch einen Bruder Christian Rantzau, der der letzte Herr aus der Rantzauischen Linie auf Emkendorf werden sollte. Cais Tochter Catharine Hedwig erbte Emkendorf, Christians Tochter Friederike Amalie Ahrensburg. Cais Witwe Magdalene Hedwig konnte nach dem Tode von Mann und Schwager Emkendorf nicht mehr halten, 1720 mußte es verkauft werden.

Der Ehemann der Tochter Catharine Hedwig Rantzau war der General Balthasar v. Ahlefeldt auf Lindau. Als jetzt Emkendorf verkauft werden mußte und an keinen Geringeren überging als an König Georg I. von England, blieb Balthasar v. Ahlefeldt für fast ein Jahrzehnt mit der Verwaltung des Besitzes betraut.

Der König von England kaufte Emkendorf nicht für sich selber, sondern zur Versorgung seiner Maitresse, Ehrengard Melusine v. d. Schulenburg. Sie lebte völlig in England und hat weder für Emkendorf etwas bedeutet noch sonst sich um den Besitz gekümmert. Der König von England erhob sie 1716 zur Herzogin v. Kendal, der deutsche Kaiser 1719 zur Fürstin v. Eberstein. Die Engländer liebten sie nicht sonderlich, sie war weder schön noch charmant, sie hieß mit Spitznamen nur die Vogelscheuche, weil sie groß und mager war.

Ehrengard Melusine v. d. Schulenburg war eine Schwester des berühmten venetianischen Feldmarschalls Johann Matthias Graf v. d. Schulenburg, dem sogenannten Löwen von Korfu.

1729 wurde Emkendorf an den hannoverschen Feldmarschall Cuno Josua Freiherr v. Bülow verkauft.

Cuno Josua Frhr. v. Bülow war ein äußerst baufreudiger Herr, wie das zur gleichen Zeit erbaute Löhrstorff in Ostholstein, sein eigentlicher Wohnsitz, zeigt und begann alsbald mit den Neubauten. 1730 ließ er durch den hannoverschen Major und Baumeister C. G. Treu das Kuhhaus mit datiertem Südgiebel aufführen und das Herrenhaus im Keller und Oberbau erweitern und ausbauen.

Bülow starb schon wenige Jahre später, 1733, zunächst erhielt die Witwe, Anna Oelgard geb. v. Ahlefeldt, Emkendorf, dann folgte der Sohn Ernst August v. Bülow, seit 1736 Reichsgraf. Er geriet kaum in Vermögensverfall, wie hier und da angenommen wird, war aber offensichtlich so sehr mit seinen Gütern im Oldenburgischen, insbesondere mit Siggen beschäftigt, daß er die Bauten auf Emkendorf nicht mehr gefördert hat, sondern 1739 das Gut an den Grafen Wulf Hinrich v.

Baudissin für 120000 Rthlr. verkaufte. Baudissin erhielt 1741 als erster der Familie die Würde eines Reichsgrafen, war sächsischer Generalfeldmarschall und dänischer General, Träger höchster Orden wie des Elefanten-Ordens, Großkreuz vom Dannebrog, des Polnischen Weißen Adler-Ordens und anderer mehr. Er besaß einen umfangreichen Landbesitz sowohl in der Lausitz, woher seine Familie stammte, wie vor allem im heutigen Kreise Plön und dürfte Emkendorf mehr als günstige Kapitalanlage betrachtet haben. 1743 ging Emkendorf an den Geheimen Conferenzrath Jean Henri v. Desmercières über, der schon Quarnbek besaß und auch dort wohnen blieb. Aber während seiner Besitzzeit wurde in Emkendorf weiter gebaut. 1745 entstand die Kornscheune mit datiertem Nordgiebel, 1748 konnte er König Friedrich V. von Dänemark auf Emkendorf empfangen. Im Obergeschoß des Herrenhauses fand zu Ehren des Königs eine Theatervorstellung statt, im Blauen Salon führte eine Schauspieltruppe der Comédie Française aus Paris das Lustspiel „Le Tartuffe" von Molière auf. Damals muß das Herrenhaus also schon im großen und ganzen fertig gewesen sein.

1765 kaufte der Oberkammerherr Detlev Reventlow, seit 1767 Graf, Besitzer von Altenhof bei Eckernförde, Emkendorf an, wieder für 120000 Rthlr., zweifellos für seinen zweiten Sohn Friedrich (Fritz), auf den das Gut 1783 nach dem Tode des Vaters überging. Über die einmalig schöne Ausstattung, die das Haus durch ihn zusammen mit seiner Gemahlin Julia, geb. Gräfin Schimmelmann, erfuhr, berichtet Carl-Heinrich Seebach in einem besonderen Beitrag zu diesem Artikel.

Als das junge Paar kurz vor 1800 durch den Baumeister C. G. Horn den großen Festsaal im Obergeschoß im klassizistischen Stil umgestalten wollte, störte besonders die Raumhöhe des Saales. Horn verkleinerte sie durch das Einziehen einer Zwischendecke, die etwa 2 Meter unter der bisherigen Decke lag. Die oberhalb der neuen Zwischendecke liegende frühere Festsaaldecke ist erhalten geblieben und mit reicher Stuckgliederung geschmückt.

Nach dem Tode von Julia Reventlow wurde es in Emkendorf stiller. Die französischen Emigranten, die so viel Leben nach Holstein gebracht hatten, kehrten nach Frankreich zurück. Die Schrecken der französischen Revolution und die Napoleonische Herrschaft waren vorbei, Graf Reventlow ging in den diplomatischen Dienst zurück und wurde kgl. dänischer Gesandter in Berlin, hier ging er auch eine zweite Ehe mit Charlotte Gräfin Schlippenbach ein. Beide Ehen blieben kinderlos.

Noch zu Lebzeiten von Julia Reventlow hatte sich das Ehepaar zur

Adoption von zwei Großneffen entschlossen. Der Vater war der französische Oberst François Valentin Marquis Le Merchier de Criminil auf Criminil, Méricourt und Maringham, diensttuender Stallmeister bei der Königin Marie Antoinette v. Frankreich, war infolge der Revolution geflüchtet und gelangte nach Ahrensburg, wo er sich 1796 mit der Gräfin Caroline Friederike v. Schimmelmann verheiratete. Aus dieser Ehe gingen zwei Söhne hervor, Joseph Karl und Heinrich Anna. Diese beiden wurden seit 1808 in Emkendorf erzogen, 1815 adoptiert und gleichzeitig in den dänischen Grafenstand erhoben unter dem Namen Grafen v. Reventlow-Criminil. 1837 wurde die Familie in die Schleswig-Holsteinische Ritterschaft recipiert, aber mit der Beschränkung, daß nur der jeweilige Besitzer von Emkendorf befugt sei, die ritterschaftlichen Rechte wahrzunehmen.

Beide Adoptivsöhne haben sich im Staatsdienst hervorragend bewährt, Joseph wurde schon im Jahre 1826 dänischer Hofjägermeister, 1829 Amtmann des Amtes Rendsburg, 1834 Kammerherr. 1842 erhielt er das Großkreuz des Dannebrogordens, wurde Kanzleipräsident, später Kommissar des Königs bei der Provincial-Ständeversammlung, dann Geheimer Conferenzrath und Oberpräsident von Altona, † 1850. Der Bruder Heinrich Anna wurde dänischer Außenminister und Mitglied des Staatsrates und erhielt den höchsten dänischen Orden, den Elefanten-Orden.

Politisch standen beide Brüder fest zur deutschen Sache, wünschten auf der anderen Seite die Aufrechterhaltung des Gesamtstaates.

Der ältere der beiden Brüder, Joseph, erbte nach dem Tode seines Großonkels Fritz Reventlow Emkendorf. Er war vermählt mit der Gräfin Charlotte v. Platen Hallermund a. d. H. Weissenhaus, eine Eheschließung, die großes Aufsehen in Holstein erregte. Charlotte Platen war in ihrer ersten Ehe verheiratet gewesen mit Friedrich Blome auf Salzau. Als er jung starb, unternahm sie mit ihren beiden Kindern, Adeline und Otto Blome, eine Reise nach Italien, um ihren Kummer zu vergessen und nahm den damals dreiundzwanzigjährigen Joseph Criminil als Reisebegleiter mit. Die allgemeine Hoffnung des Landes war die, daß Joseph Criminil und Adeline Blome als Brautpaar von der Reise zurückkehren würden. Aber wie groß war die Überraschung, als der junge Graf Criminil die 19 Jahre ältere allerdings noch sehr jugendlich wirkende, überaus charmante und geistreiche Mutter der Tochter vorzog. Die Reisegruppe war bis Florenz gelangt, hier verschwanden die beiden geradezu über Nacht, heirateten 1820 in Nizza, der einzige Sohn aus dieser Ehe, Carl, ist in Marseille geboren, Holstein war um ein neues Blatt in seiner chronique scandaleuse reicher. Adeline Blome hat die für sie schmerzliche Episode nie vergessen, sie blieb unvermählt und starb im hohen Alter als Konventualin in Preetz.

Carl Criminil wurde 87 Jahre alt, er starb erst 1908. Er war verheiratet mit einer Dame aus hohem englischen Adel, a. d. H. der Earls of Wemyss. Dadurch erhielt Emkendorf einen stark von englischer Lebensweise geprägten Stil, der sich bei dem Sohne Adolf, † 1927, noch erheblich steigerte. Jetzt war der ganze Haushalt rein englisch geführt, es gab einen englischen Butler, englisches Personal und natürlich englische Pferde. Adolf Criminil hatte unter mehreren Geschwistern eine Schwester, die landauf – landab bekannt war, Diana Gräfin v. Reventlow-Criminil, * 1863, mit 90 Jahren 1953 gestorben. Sie war lungenschwach, hat auch nie geheiratet, obwohl sie hinreißend schön gewesen sein muß. Die Ärzte rieten ihr zu einem Aufenthalt in einem milden Nordseeklima, so wurde für sie die Hallig Südfall unweit der Insel Nordstrand gekauft, wo sie viele Jahre ihres langen Lebens verbracht hat, ganz allein mit Kutscher, Mamsell und Jungfer. Zur Hallig konnte man nur mit Pferd und Wagen und nur bei Ebbe durch das Wattenmeer gelangen. Selbst im hohen Alter besaß sie einen sprühenden Geist und blieb eine hervorragende Erscheinung. Als sie gestorben war, fand auf der einsamen Hallig die Trauerfeier statt.

Von allen den vielen Halligen waren ihre Nachbarn herbeigeströmt, selbst Journalisten aus Hamburg waren gekommen, um diese von unendlichem Zauber erfüllte Welt noch einmal zu sehen. Die Hallig wurde später an das Land Schleswig-Holstein verkauft.

Der Bruder Adolf Criminil auf Emkendorf war erst mit einer Amerikanerin aus St. Louis verheiratet gewesen. Nach deren frühen Tode kamen drei Schwestern Gräfinnen Hoyos ins Land. Die zweite, Marguérite, heiratete den Fürsten Herbert Bismarck in Friedrichsruh, den Sohn des Reichskanzlers, die älteste Leopoldine den späteren Grafen Ludwig v. Plessen-Cronstern auf Nehmten, Marutendorf und Hohenschulen, kaiserlichen Gesandten in Athen, Lilian, die dritte, den Grafen Adolf v. Reventlow-Criminil auf Emkendorf. So ergaben sich zahlreiche verwandtschaftliche Beziehungen zwischen diesen drei Schwestern und ihren Ehemännern sowie den Häusern Bismarck und Plessen.

Das Gut Emkendorf hatte noch bis zum Ende des 19. Jahrhunderts seine stattliche Größe von 9500 to = 4750 ha behalten. 1880 trat der erste größere Landverlust ein, der Meierhof Bokelholm mit fast 800 ha ging an die Provincialverwaltung der Provinz Schleswig-Holstein über, die dort eine Anstalt für Korrigenden, wie es damals hieß, einrichtete. Heute würde man sagen: schwer erziehbare Jugendliche. Sie wurden in der Hauptsache mit der Kultivierung der umfangreichen Moor- und Heideflächen des Hofes beschäftigt.

Diana Criminil mußte nach dem Tode von Bruder und Schwägerin sich nicht nur der drei Kinder aus deren Ehe annehmen, sondern auch vor allem um Emkendorf selber kümmern. Es ergab sich, daß das Gut nicht zu halten war, sondern verkauft werden mußte. Sie fand in Dr. Curt Heinrich einen Käufer, der kongenial die Nachfolge in diesen mit so viel an Tradition belasteten Besitz antrat. Nach seinem Tode 1959 setzte der Sohn Helmuth das Werk des Vaters mit wahrer Leidenschaft und mit feinem Gespür für die ihm zugefallene Aufgabe fort. Er ist verhältnismäßig jung bereits 1979 verstorben, das Gut wurde nach den Bestimmungen des Vaters Erbteil des Bruders Christian Heinrich, der aber nicht in Emkendorf lebt. Hausherrin blieb die Witwe Ella, geb. Freiin v. Lüttwitz, ihr Ehemann Helmuth führte bereits auf Grund einer Adoption durch den Schwiegervater den Doppelnamen Freiherr v. Lüttwitz-Heinrich.

Was dieses Ehepaar und jetzt nach dem Tode des Ehemannes die überlebende Ehefrau für Emkendorf getan haben, ist sehr bedeutsam. In dem langen Jahrhundert nach der belle époque von Fritz und Julia Reventlow war vieles nicht gebührend gepflegt, teils auch durch sinnentstellende Übermalungen oder Umbauten zum Nachteil verändert worden. Das Ehepaar v. Lüttwitz-Heinrich setzte, auch mit starker Unterstützung amtlicher Stellen, ein ganzes Team von Künstlern ans Werk, Bildhauer, Tischler, Maler, Stukkateure. Und um das Haus selber mit Leben zu erfüllen, wurden und werden auch heute noch ständig Führungen, Vorträge, Konzerte und Empfänge in den großartigen Räumen des Hauses veranstaltet. So bleibt der Zauber von Emkendorf aus der Zeit um 1800 bis in unsere nüchterne Zeit erhalten.

Landverkäufe und die Bodenreform haben die Größe von Emkendorf erheblich verringert. Heute liegt die Gesamtgröße bei etwa 1230 ha, hiervon entfallen auf Acker 340 ha, auf Wald 580 ha, auf Wasser 260 ha, auf Wiesen, Land und dergleichen 50 ha.

Adeliges Gut Emkendorf

Besitzer: Christian Heinrich

Besitzer

seit dem 12. Jahrhundert Herren v. Westensee

1443–1595	v. Ahlefeldt
1595–1720	(v.) Rantzau
1720–1729	v. d. Schulenburg
1729	Graf v. Bülow
1739	Graf v. Baudissin
1743	v. Desmercières
1765–1829	Graf Reventlow
1829–1929	Grafen v. Reventlow-Criminil
1929	Heinrich

Gut und Bauten

über die Bauten des Mittelalters ist nichts bekannt

1644	heißt es, daß alle Gebäude abgebrannt seien
1730	Bau des Kuhhauses, Beginn des Umbaus des Herrenhauses
1745	Bau der Kornscheune
1748	Herrenhaus im wesentlichen fertig
ab 1791	Umbau und Ausgestaltung des Herrenhauses
1855	Einbau der Reitbahn
1977–1980	Restaurierung von Wirtschaftsgebäuden und des großen Festsaales im Herrenhaus
seit 1980	weitere, fortlaufende Restaurierungsarbeiten

Absender

Name und Vorname

Straße und Hausnummer

Postleitzahl Wohnort

Ich bestelle hiermit fest / zur Ansicht

Bitte liefern Sie durch die Buchhandlung

Werbeantwort

Bitte frankieren

Verlag
WOLFGANG WEIDLICH
Beethovenstraße 5
8700 Würzburg

Exkurs: Zur Baugeschichte und zur künstlerischen Ausgestaltung von Emkendorf

von Carl-Heinrich Seebach

Man kann mit großer Wahrscheinlichkeit annehmen, daß in den Umfassungswänden und der mittleren Trennwand des Herrenhauses noch der Kern des um 1585 errichteten Baues zu sehen ist. Die Decken des Kellers hatten zunächst Holzbalken als tragende Elemente. Die Einwölbung erfolgte erst nachdem die Mittelwand und die Außenwände innen eine Vormauerung erhielten. Durch die alten von starken Feldsteinen gebildeten Mauern wurden jetzt neue Kellerfenster angelegt. Bei der Einwölbung fällt auf, daß das nördliche Viertel des Kellers von dem übrigen sehr gleichmäßig gewölbten Teil stark abweicht. Die Einwölbung und damit der völlige Neubau des Oberbaues erfolgte wahrscheinlich ab 1730 unter Cuno Josua v. Bülow, der 1730 das große Viehhaus bauen ließ; Baumeister war C. G. Treu. Eine jetzt im Erdgeschoß an zweiter Stelle wieder eingebaute Flügeltür, deren Malerei 1976 freigelegt wurde, sowie die beiden Türen im Dachgeschoß mit ihren starken barocken Profilen, sind in die Zeit von Bülow zu datieren. An einem Kamin in Lohrstorff ist in Stuck das gleiche Motiv zu finden, das auf die Tür gemalt wurde. Der Neubau wurde in seinen Grundzügen fertig. Die endgültige Dekoration verschiedener Räume erfolgte erst unter Desmercières. Aus dieser Zeit stammt die reiche Stuckdecke, die jetzt über der eingezogenen flachen Balkendecke des Obergeschoßsaales zu sehen ist. In die gleiche Zeit gehört der Deckenstuck im roten Salon und dem darüber befindlichen blauen Salon. Als Pendant zu dem Viehhaus von 1730 ließ der neue Besitzer 1745 die Scheune bauen.
Nach der Übergabe des Hauses 1786 beginnen die Überlegungen, wie

Haus und Hof zu modernisieren seien. Friedrich Reventlow ließ sich 1791 durch seinen Schwiegervater Graf Schimmelmann auf Ahrensburg den Architekten Carl Gottlob Horn, der aus Sachsen stammte, kommen. Horn fertigte zunächst mehrere Lagepläne des Hofes an, in die er schon teilweise Neuplanungen einfügte. Ebenso zeichnete er einen Grundriß des Erdgeschoßes des Herrenhauses. Jetzt ist es an der Zeit, das Inventar von 1786 und die ersten Horn'schen Pläne zu vergleichen. Im Inventar werden für das Erdgeschoß folgende Räume mit der Anzahl der Fenster und der Wandbespannung aufgeführt:
1 die Hausdiele 2 ein Zimmer (linker Hand) 2 Fenster und Wachstuchtapeten, dazu gehörig eine Garderobe mit einem Bett. 3 ein Schlafzimmer mit 2 Fenstern und blau-weißen Zitzen-Tapeten. 4 ein Kabinett mit grünbunten Papiertapeten. 4a ein weiteres Kabinett mit blaubunten Papiertapeten und 1 Bett. 5 ein Kabinett von Masern-Holz mit 1 Kamin. 6 ein Zimmer mit grünen Leinen gemalten Tapeten, Schreibtische und Landkarten an den Wänden. 7 ein Zimmer mit papiernen Tapeten, 2 Fenster und ein Ofen mit Fayence-Aufsatz. 8 der Gartensaal mit gemalten Wachstuchtapeten, einem eisernen Ofen mit Fayence-Aufsatz, 1 großes Bild über dem Kamin und drei Fenster. 9 ein großes Zimmer mit Parkettfußboden und roten Damasttapeten 3 Fenster mit roten Taftgardinen, 4 gemalte Türstücke ein eiserner Ofen mit einer Porzellanvase auf Marmorsockel. 10 ein Kabinett von Nußbaumholz mit Parkettfußboden, 2 gemalten Türstücken, ein eiserner Ofen mit Porzellanvase auf Marmorklotz, 3 Fenster. 11 Schlafzimmer mit roten Damasttapeten, 1 gemaltem Türstück, 2 Fenster. 11a eine Garderobe. 12 ein Speisegemach mit auf Leinen gemalten Tapeten, 3 Fenstern. 13 daneben die Schenke.
In der zweiten Etage werden aufgeführt: der Vorsaal mit Spieltischen. 16 ein Zimmer mit papiernen Tapeten, 2 Fenster. 17 Schlafzimmer daran mit gemalter Leinentapete, 2 Fenstern. 18 ein Kabinett mit 2 Fenstern. 18a ein Kabinett nebenan. Gartenseite: 20 ein Kabinett nebenbei dieselben geblümten Tapeten, 1 Fenster. 21 ein Zimmer mit gelbgeblümter Tapete und 2 Fenstern. 22 ein Zimmer mit hautelishen Tapeten (Gobelins) 2 Fenstern. Die übrigen Zimmer fehlen bis auf eins, das als der Comtessin voriges Zimmer genannt wird. Wahrscheinlich befanden sich in den weiteren Räumen keine Möbel.
Es folgt im Inventar der rechte Flügel. Er enthält unter anderen nicht genannten Räumen: die Stube der Haushälterin und deren Kammer, die Jungfernkammer und eine zugehörige zweite, und dritte, die Küche, die

Festsaal

Fassadengestaltung ließ Horn einige Kellerfenster zum Hof hin und den Zugang zum Keller unter der Freitreppe mit Granitplatten zusetzen. Der Keller war somit nur noch über die alte Treppe vom rechten Seitenflügel her zugänglich. Im Erdgeschoß behielt Horn die Raumeinteilung bis auf die Verkleinerung des ehemaligen dreifenstrigen Speiseraumes auf zwei Fenster bei. Die Räume links der Eingangsdiele wurden für den Grafen eingerichtet. Das zweite Zimmer blieb Schlafzimmer. Die Räume rechts der Treppe, für die Gräfin vorgesehen, behielten teilweise die alte Bestimmung, so das Schlafzimmer in der Mitte der Südfront.

1794 unternahm der Graf mit Horn eine Studienreise nach Berlin, Wörlitz und Dresden. Horn nahm wegen seiner angegriffenen Gesundheit eine Kur in Karlsbad. Im April 1794 kommt er erst wieder nach Emkendorf, so daß von dieser Zeit an mit größeren Bauarbeiten zu rechnen ist. 1795 bis 1797 machte das Grafenpaar eine Reise nach Italien. Bereits 1786 waren in Italien Bilder zur Ausschmückung des Hauses gekauft worden. Das erfolgte nun in verstärktem Maß. 1795 wurden bei dem Bildhauer Moser in Eutin Kapitelle für das Speisezimmer im Obergeschoß bestellt.

Horn lieferte das architektonische Gerüst für die Neugestaltung der Zimmer und Fassaden. Obwohl er eine große Zahl von Entwürfen für Wanddekorationen gezeichnet hat, kann man ihm direkt nur einige Räume in ihrer Gestaltung zuschreiben. Das sind der Gartensaal, die Diele, das Schlafzimmer des Grafen, das gegenüberliegende Schlafzimmer zum Garten und das Speisezimmer im Obergeschoß, das sogenannte Christianszimmer. Für die Stuckarbeiten wurde der Italiener Francesco Antonio Tadey gewonnen. Er arbeitete 1796 an der Saaldecke. Vom Jahr 1797 an arbeitete der Italiener Giuseppe Anselmo Pellicia als Maler. Erst 1775 geboren, bekam er schon den Auftrag, die Räume des Hauses auszumalen. Es ist von ihm bekannt, daß er ohne vorherige Pläne die Wände direkt bemalte. Es war die Zeit der Ausgrabungen in Pompeji mit dem Bekanntwerden römischer Malerei. Da Pellicia für Arbeiten an anderen Häusern häufig abgezogen wurde, kamen die Dinge in Emkendorf in Verzug. Am 21. 1. 1798 schrieb der Graf von dem beschränkten Raum im großen, aber immer noch nicht eingerichteten Haus. Noch einmal heißt es in einem Brief vom 26. 2. 1801: das noch so offene, im Bau begriffene Haus. In einem Brief vom 21. 8. 1806 wird von der eben vollendeten oberen Etage gesprochen. Trotzdem wurde das Speisezimmer oben erst im März 1808 zum ersten Mal seiner Bestimmung übergeben.

Adlerzimmer

Die letzten in Italien bestellten Bilder kamen erst 1811. Es waren die Gemälde von Simon Denis für den Gartensaal. Auch andere schon lange bestellte Bilder kamen erst 1801, nachdem sie während des Krieges vorübergehend in Frankreich beschlagnahmt waren, nach Emkendorf. In den Arbeiten von Pellicia kann man eine Pause zwischen 1797 und 1802 einrechnen. Bei den Restaurierungsarbeiten der letzten Jahre stellte sich die erstaunliche Tatsache heraus, daß Pellicia in verschiedenen Räumen die Türen mit zeitlichem Abstand zweimal bemalt hat, ebenso geschah es mit der Decke im Schlafzimmer des Grafen. Es ist möglich, daß der Maler zunächst eine Ausmalung seinem Geschmack nach vornahm und später, als dann die bestellten Bilder kamen und in den Räumen aufgehängt wurden, merkte, daß eine neue farbliche Abstimmung vorgenommen werden mußte.

Nach den Untersuchungen von Frauke Mißfeldt-Lühning stellte Pellicia die Ausmalung der Zimmer unter bestimmte Themen.
In der Vordiele wurden Abgüsse des Apollo von Belvedere sowie Amor und Psyche aufgestellt. Der kleine Salon links steht unter dem Thema Tod und Auferstehung. Im Schlafzimmer des Grafen sind an der Decke die Tierkreiszeichen mit Helios und an den Supraporten die Jahreszeiten zu sehen. Das Eckkabinett an der Nordseite zum Garten hat Malereien mit Herkules und der Kentaurenfamilie. Das daneben liegende Schlafzimmer war in der Mitte des 19. Jh. verändert worden. An Hand einer Skizze von Horn konnte jetzt der alte räumliche Zustand wiederhergestellt werden. Die Decke im Raum und der Nische zeigt in pompejanischer Art gespannte Velen. Der Gartensaal ist durch Horn architektonisch nach besonderen Wünschen des Grafen gegliedert. Hier hängen die Landschaften von Denis und eine Kopie der aldobrandinischen Hochzeit. Der folgende rote Salon behielt seine alte Wandbespannung aus der Desmercières-Zeit. Nur die Supraporten kamen aus Italien. Die folgenden Zimmer der Gräfin wurden 1910 bis 1911 durch den Architekten Ernst Prinz zu einem Raum zusammengefaßt, um die neue Bibliothek zu schaffen. Zur gleichen Zeit wurde aus dem Vorzimmer der Gräfin zum Hof hin das Jagdzimmer mit Vorraum gebildet.
Im Obergeschoß richtete Horn im Zimmer über der Diele das Entrée zum Festsaal ein. Es folgt das große Speisezimmer (Christianszimmer) mit den Säulen von August Fr. Moser. Die Malerei richtet sich nach Themen aus Herkulanum. Das Eckkabinett an der Gartenseite nach Norden erhielt auf blauem Grund pompejanische Motive. Das folgende Zimmer beinhaltet in seiner Wandmalerei die Telemachabenteuer. Im nächsten Zimmer, dem Etruskischen, waren früher 23 Bilder in Art einer Gemäldegalerie angebracht. Der Festsaal geht wieder in seiner Gliederung auf Horn zurück. Pellicia übermalte die Flächen mit Groteskenmalerei. An der Decke sind die menschlichen Tugenden dargestellt. Der folgende Blaue Salon war unter den Reventlow der Theatersaal. Teile der Bühnendekorationen befinden sich in Kiel in der Landeshalle im Schloß. Die Dekoration ist der älteren Zeit anzurechnen. Den alten Deckenstuck übermalte Pellicia. Von besonderem Reiz ist die malerische Gestaltung des mittleren Zimmers an der Südseite des Hauses. Hier hat Pellicia in die Ecken Säulen gemalt, die Wandvorhänge tragen.
Von Horn gibt es eine Reihe von Entwürfen für Öfen und man kann annehmen, daß auch die in den Räumen stehenden Öfen von ihm entworfen und zum Teil durch Pellicia bemalt wurden.

Nachdem die Hauptarbeiten im Herrenhaus fertig waren, griff Horn einen alten Plan wieder auf. Er hatte bereits in seinen ersten Lageplänen am Eingang zum Hof an Stelle des alten Baustalles und der Remise neue Gebäude geplant. Zunächst sah er zwei Pavillons am Eingang und abgesetzt zwei längliche Stallbauten vor. Auf dem gleichen Plan änderte er seine Ideen und zeichnete rechts und links ein Gebäude ein, das aus einem länglichen Bau mit angesetztem Flügel zum Eingang hin bestehen sollte. Dieser Plan kam 1802 zur Ausführung. Damit wurde der Stall im linken Flügel des Hauptgebäudes überflüssig und es wurden nun hier Räume für das Gesinde und eine Wohnung für Pellicia eingerichtet. Der Maler hatte zuvor im rechten Flügel im Obergeschoß gewohnt. Nach seiner Hochzeit 1802 brauchte er mehr Platz und zog daher in den gegenüberliegenden Flügel. Horn starb 1807 in Emkendorf. Pellicia hatte noch zu tun und ist wahrscheinlich 1820 mit dem Grafen nach Berlin gezogen, als dieser dort Gesandter wurde.
Bei der Erneuerung des Putzes der Fassade in den letzten Jahren zeigte sich, daß es sich um einen zementartigen Putz handelt, der in dieser Zusammensetzung in Schleswig-Holstein um 1830 bis 1840 verwandt wurde. Die Fassade erhielt also in dieser Zeit einen neuen Putz und gleichzeitig wurden Schmuckmotive an der Attika angebracht, die in der gleichen Form um dieselbe Zeit an der Apotheke in Meldorf verwandt wurden. Es ist anzunehmen, daß diese Arbeiten auf eine Anregung des damaligen Kieler Stadtbaumeisters R. N. Schernikau zurückgehen, der

Matthias Claudius Haus

aus Rendsburg stammt und als Baumeister in Meldorf gilt. In den folgenden Jahren wurden in verschiedenen Räumen Malereien von Pellicia übermalt, die jetzt im Rahmen der Restaurierung des Hauses wieder entfernt werden.
Die Anlage des englischen Gartens geht auch auf Ideen von Horn zurück. 1855 wurde an den Reitstall eine Reithalle durch J. F. Holm angebaut. Durch den Architekten Ernst Prinz erfolgte 1910 bis 1911 ein Umbau verschiedener Räume im Erdgeschoß des Herrenhauses. Zur gleichen Zeit änderte Prinz den rechten Flügel, setzte eine Arkadenreihe vor die Südfront und baute das Obergeschoß und das Treppenhaus völlig um.
Abseits vom Hof baute Horn um 1791 die Meierei, ein eingeschossiges Backsteintraufenhaus, ferner 1796 das Haus „Klein Emkendorf", auch ein eingeschossiger Backsteinbau, jetzt verputzt. Hier wohnte zeitweilig Matthias Claudius.
Im Jahr 1929 verkauften die Eigentümer, die Grafen Reventlow-Criminil, Emkendorf an Dr. jur. et rer. pol. Curt Heinrich aus Zwickau. Bei diesem Besitzwechsel wurden leider alle Inventarstücke, auch die nicht wandfesten Gemälde nicht an den neuen Besitzer mitverkauft. Teile kaufte das Landesmuseum in Schleswig, Porzellan ging in fremden Privatbesitz. Ein Teil der Bilder verbrannte in Rendsburg. Der Rest der Ausstattung blieb im Besitz der Familie Reventlow-Criminil. Nach 1960 wurde ein Fayenceofen der Desmercières-Zeit an den Schloßverein Ahrensburg verkauft und dort aufgestellt. Ein ähnlicher alter Ofen steht jetzt im Obergeschoß des rechten Flügels.
1965 wurde mit den Restaurierungsarbeiten in Emkendorf begonnen. Zunächst wurden die Dächer zum Teil neu gedeckt zum Teil ausgebessert. Dann folgte die Neuverputzung der Fassaden und ein Neuanstrich. Bei dieser Gelegenheit wurden die fehlenden Fenstergitter an der Hofseite im Obergeschoß wieder erneuert. Auch das abgängige Geländer des Gartenbalkons mußte nach altem Muster erneuert werden.
Die Bauoberleitung hatte Dr. ing. habil. Saeftel (Heide). Beratend stand das Landesamt für Denkmalpflege in Kiel zur Verfügung. Neben der noch laufenden Restaurierung der einzelnen Räume des Herrenhauses wurden auch umfangreiche bauliche Verbesserungen in den beiden Flügelbauten durchgeführt. So wurde u.a. im rechten Flügel im Erdgeschoß ein Vortragsraum und ein Raum für das Archiv des Gutes eingerichtet. Die baulichen Arbeiten im linken Flügel erstreckten sich auf eine Modernisierung der Küche und der übrigen Wohnungen.

10 Bossee

Kirchspiel Westensee Kreis Rendsburg-Eckernförde

Die Bildung dieses stattlichen Gutes kann man nur in Verbindung sehen mit der Entstehung der vielen großen Güter rund um den Westensee. Dieses ganze Gebiet gehört im frühen Mittelalter den Herren von Westensee, einem starken und bedeutenden Geschlecht, dessen Ursprünge wohl mit großer Wahrscheinlichkeit auf den altgermanischen Volksadel zurückgeführt werden können.

Als dieses Geschlecht in der Mitte des 14. Jahrhunderts mehr und minder in das Raubrittertum versinkt und fast gleichzeitig ausstirbt, treten die Herren v. Ahlefeldt ihre Nachfolge in den großen Besitz an. Wieso es zu dieser Nachfolge kommt, ist bis heute nicht befriedigend erklärt worden. Der Versuch unseres Landeshistorikers Paul v. Hedemann-Heespen, der auf Deutsch-Nienhof mitten innerhalb dieser Landschaft sein Gut hatte, aus einer angeblichen Ähnlichkeit der Wappen das Recht auf die Nachfolge zu konstruieren, muß als gescheitert angesehen werden. Er äußerte die Vermutung, daß aus dem

Eichhörnchenwappen der Herren von Westensee der Adlerflügel im Ahlefeldtschen Stammwappen entstanden sein könnte. Aber diese Vermutung ist sicherlich unrichtig, wie man bei näherer Betrachtung der Zusammenhänge erkennt.

Das Geschlecht Ahlefeldt ist nicht das einzige, das im Mittelalter in diesem Raume und mit dem gleichen Wappen auftaucht. Die Herren v. Ahlefeldt und die Herren v. Rumohr, wahrscheinlich Brüder, erscheinen urkundlich 1220 unter dem Namen Benedikt und Schack v. Perdöl, mit dem Stammvater Benedikt für die Ahlefeldt, Schack für die Rumohr. Von diesen letzteren spalten sich noch im Laufe des 13. Jahrhunderts die Rastorp ab, nach dem Gute Rastorf an der Schwentine, auch mit dem gleichen Wappen. Alle drei Geschlechter haben einen Hund, eine Bracke, als Helmzier. Diese Helmzier, die sehr selten vorkommt, wird gedeutet als ein Zeichen der Treue zu dem alten und mächtigen Dynastengeschlecht der Herren von Westensee.

Nun gibt es noch ein viertes Geschlecht, das diesem Clan hinzugerechnet werden muß, das sind die Bosendal. Eine einwandfreie Lokalisierung ist bisher im Gegensatz zu den anderen drei Geschlechtern nicht möglich gewesen. Aber schon der dänische Genealoge Louis Bobé hat die Meinung geäußert, daß hier ein Zusammenhang mit dem späteren Bossee bestehen könnte. Er erklärt das Wort als slawisch und sieht in dem ersten Teil des Namens die Assimilierung des wendischen Wortes: budiça was er mit Wachthütte übersetzt und der Nachsilbe -dol=Tal. Diese Deutung ist nicht befriedigend, es ist kaum anzunehmen, daß die Wenden bis westlich des Westensees vorgedrungen sind. Vielleicht ist die Erklärung des Namens viel einfacher, im 17. Jahrhundert wird Bossee als Boohesee bezeichnet, und noch im 19. Jahrhundert hat der Topograph Johannes v. Schröder bei dem Namen Bossee vermerkt: Gesprochen wie Bosee, also nicht mit scharfem -s-Laut, sondern mit einem weichen s. So betrachtet gehören die drei Wörter eng zusammen, Bosendal mit Bosee, vielleicht ähnlich zu deuten wie Bovenau=über der Au, so Bosee über dem See und Bosendal über dem Tal.

Eine weitere Einzelheit ist bemerkenswert, die Bosendal haben als Helmzier nicht den Hund wie die anderen drei Geschlechter, sondern wiederholen den Adlerflügel aus dem Wappenschild, vielleicht ein Indiz dafür, daß sich dieses Geschlecht viel früher als die anderen drei abgespalten hat. Übrigens hat man von jeher den Adlerflügel als das Stammwappen angesehen, die Balken beruhen vielleicht auf Einheirat und Erbschaft aus anderen Geschlechtern.

In alten Zeiten sucht sich der Handel die vorhandenen Wasserwege zunutze zu machen. Auf dem Wege von Holstein nach dem Westen bot sich der langgestreckte und buchtenreiche Westensee als geeigneter Handelsweg geradezu von selber an. Es ist daher auch kein Wunder, daß an den beiden schmalen Enden des Sees Burgen entstanden, im Westen die Lohburg, im Osten die Hohburg, beide werden noch auf die Herren von Westensee zurückgeführt. Beide Burgen wurden 1346 von den Grafen v. Holstein zerstört, die Loh- oder Lakeborg lag unmittelbar unter Bossee auf einer Insel im See.
Die Hünengräber und Urnenfriedhöfe auf Bossee weisen auf einen alten Siedlungsplatz hin. So konnte bei Ausgrabungen auf Bossee im Jahre 1835 aus einem Grabhügel ein Depotfund gemacht werden, unter dem sich ein reicher Bronzestab befand, bekannt als „Bosseer Schwertstab".
Auch bei der Christenbekehrung um 1300 spielte Bossee eine Rolle.
Der älteste uns mit Namen bekannte Besitzer gehört dem Geschlechte v. Ahlefeldt an. Gosche v. Ahlefeldt dürfte um 1400 geboren sein und besitzt noch den ganzen großen Güterkomplex am Westensee. Er verkauft 1460 die eine Hälfte des riesigen Besitzes und erwirbt dafür Lindau bei Gettorf im Dänischen Wohld, das ein halbes Jahrtausend lang in den Händen der Herren v. Ahlefeldt bleiben sollte. Erst in den Jahren von 1919 bis 1926 ist das Gut mit seinen vielen Nebengütern verkauft und aufgesiedelt worden.
Einer seiner Söhne, Henneke mit Vornamen, erbt die andere Hälfte des Besitzes am Westensee, Bossee mit Felde, Emkendorf und Westensee. Bossee vererbt sich noch einige Male bei den Ahlefeldt bis auf einen Enkel, der wiederum Henneke heißt, unverheiratet gestorben um 1575.
Während der Ahlefeldtschen Zeit ist das erste Herrenhaus erbaut worden, vielleicht von Jasper v. Ahlefeldt, der zwischen 1523 und 1561 genannt wird, vielleicht sind die mächtigen, wohlerhaltenen Kellergewölbe noch älteren Datums. Sie bestehen aus gewaltigen Kreuzgewölben auf dicken Säulen, die Gurte und Schildbögen sind rechteckig abgesetzt. Das Bauwerk war von Anfang an sehr groß, in den Ausmaßen von 36×14 m, die spitzbogigen Kreuzrippenwölbungen sind bemerkenswert tief angesetzt. Sie müssen daher sehr alt sein und können verglichen werden mit den Gewölben auf Gjorslev auf Seeland, die sogar auf etwa 1400 datiert werden. Interessant ist in diesem Zusammenhang, daß der Ritter Bonde Jensen Bosendal 1408 einen Kaufbrief auf Gjorslev ausstellt.
Solange Henneke v. Ahlefeldt lebte, scheint man ihn in Ruhe gelassen zu

haben. Aber als er tot war, begann der Streit der Vettern um das Erbe, Bossee war ja Lehengut, daher hatten die unmittelbaren Erben von Henneke v. Ahlefeldt keinen Anspruch, aber es war unklar, welcher der zahlreichen Vettern der richtige Lehensträger war. Christopher v. Ahlefeldt eignete sich Bossee kurzerhand an und focht tapfer alle Prozesse durch, bis ihm das Landgericht nach zehnjährigem Streit im Jahre 1587 den Besitz von Bossee zuerkannte.

Aber er scheint jetzt die Lust am Besitz verloren zu haben, zog sich auf sein zweites Gut Klein-Nordsee zurück und verkaufte Bossee an Friedrich Brockdorff, der früher Bürau in Ostholstein besessen hatte. Einen weniger geeigneten Mann hätte Christopher v. Ahlefeldt kaum finden können, Friedrich v. Brockdorff war roh und gewalttätig, hatte auf dem Lehenstag von Odense im Jahre 1580 den jungen und hochbegabten Gert Rantzau aus nichtiger Ursache im Duell erstochen und mußte auf Druck der zutiefst empörten Rantzau für sieben Jahre das Land verlassen. Er war also gerade erst wieder im Lande, als er Bossee erwerben konnte.

Aber auch jetzt verlief sein Leben alles andere als friedlich, es endigte damit, daß die eigene Ehefrau ihn 1612 vergiftete.

Bossee ging über auf seinen Sohn Sievert, der zur See fuhr und viele Jahre in Westindien verbrachte. Er war anscheinend nur Miteigentümer neben seinen vielen Geschwistern, jedenfalls wurde Bossee noch während seiner Abwesenheit im Jahre 1618 verkauft und zwar an den Landrat und Amtmann Otto v. Qualen, † 1620, vom König zu vielen diplomatischen Missionen berufen. Bossee ging nach seinem frühen Tode über auf den zweiten Sohn Heinrich v. Qualen, dem es nicht erspart blieb, 1639 mit dem Gute Bossee in Konkurs zu gehen. Heinrich v. Qualen galt als hochgelehrter Mann und hatte sich, was damals noch wenig üblich war, stark mit mathematischen Wissenschaften beschäftigt. Kurz vor seinem Tode vermachte er der eben erst gegründeten Universität in Kiel seltene mathematische Instrumente. Von seinen vielen Geschwistern ist am bekanntesten geworden Drude v. Qualen, die von 1603 bis nach 1672 gelebt hat und die erst Klosterfräulein in Preetz und dann in Itzehoe gewesen ist. Das adel. Kloster in Itzehoe besitzt noch heute ihre frommen Aufzeichnungen in sechs dicken Bänden, Aufzeichnungen, die sie mit ihrem 21. Lebensjahr begonnen hat und bis an ihr Lebensende, also über 50 Jahre lang zu Papier brachte. Ihre Schriften befassen sich mit erbaulichen Bemerkungen zu den Schriften der Kirchenväter, aber enthalten auch eigene Gedanken über Leben und Tod

des Menschen. Der 4. Band hat den Titel: Dreihundert innigliche Seelen-Seufzer.
Aus dem Qualenschen Konkurs geht Bossee für eine Reihe von Jahrzehnten an die Rantzau, zunächst in zwei Generationen aus dem benachbarten Deutsch-Nienhof, erst Daniel, † 1658, dann dessen Neffe Peter Rantzau, † nach 1664. Es folgt eine andere Linie Rantzau aus dem östlichen Holstein, deren Stammvater Hans Rantzau, † 1673, war. Er muß sehr wohlhabend gewesen sein, jeder seiner vielen Söhne erhielt ein großes Gut, Otto, der spätere Generalmajor, bekam Putlos, Christoph Panker, Hans Quarnbek und Marutendorf, Friedrich Knoop und Christian Albrecht, † 1697, Bossee. Aber die Zeiten waren rauh, wie groß war das allgemeine Entsetzen, als man Christian Albrecht eines Morgens erschossen in seinem Bette auffand. Naturgemäß suchte man nach dem Mörder, der älteste der Brüder, der General Otto Rantzau, beschuldigte unverblümt den weit entfernten Vetter Josias Breide Rantzau der Täterschaft, dieser stritt sie ab und forderte jetzt den General zum Duell auf. Es fand am 15. März 1698 in Poppenbüttel bei Hamburg statt und endete tragischerweise mit dem Tode des Generals. Erbe von Bossee war jetzt dessen ältester Sohn Jasper Rantzau,

Kuhhaus 1708

Hofmarschall bei dem Statthalter, dem Markgrafen F. C. v. Brandenburg-Kulmbach. Er ist der Schöpfer des bis zur Gegenwart in wesentlichen Teilen erhalten gebliebenen einmalig schönen Wirtschaftshofes. Freilich, das Torhaus steht nicht mehr, die zur Rechten stehende Scheune ist 1924 durch den Architekten Heinrich Stav aus Kiel stark umgebaut worden, um so schöner ist das Kuhhaus mit dem mächtigen durch einen Segmentbogen abgeschlossenen Giebel. Wie das Herrenhaus selber in diesen langen Jahrhunderten ausgesehen hat, wissen wir nicht, wahrscheinlich war es seit dem Ausgang des Mittelalters ein Doppelhaus auf den starken Kellergewölben, wie in Holstein üblich. Bei Adolf Hornemann von 1850 erscheint das Herrenhaus als typisches Landhaus mit Frontispice und halb abgewalmtem Dach.
Im Jahre 1715 verkaufte Jasper Rantzau Bossee, er hatte wohl drei Söhne gehabt, aber alle drei waren als kleine Kinder gestorben, so mochte in ihm der Entschluß reifen, sich von Bossee zu trennen. Käufer war der reiche Cai Rumohr aus dem Hause Roest. Mit ihm beginnt die Zeit, die noch bis in unsere Tage hinein als Rumohren-Tid bekannt ist. Sie hat nur wenig länger als 60 Jahre gedauert und umfaßt nur zwei Generationen, auf Cai v. Rumohr folgt der Sohn Henning Bendix v. Rumohr, † 1777. Aber offensichtlich waren sie alle beide Männer von hohem menschlichem Wert, in gleicher Weise um das Gut und das Wohlergehen der ihnen zugehörigen vielen Menschen bemüht, wie auch um Ansehen und Leistung im öffentlichen Leben.
In dem Testament des Herzogs Carl Friedrich v. Holstein-Gottorp von 1731 wird Cai v. Rumohr als einer der beiden untadelhaften Adelichen Fürstlichen Räthe genannt, welche Mitvormünder seines Sohnes sein sollten. Alle beiden Herren v. Rumohr unterhielten enge freundschaftliche Beziehungen zu ihren Gutsnachbarn, insbesondere zu dem Geheimen Rath Christian Friedrich v. Heespen auf Deutsch-Nienhof, und zu dem Kaiserlich Russischen Staatsrat Caspar v. Saldern auf Schierensee. Nur einen lehnten sie alle eindeutig ab, das war der Patron der Kirche in Westensee. Westensee gehörte damals entfernt verwandten Vettern, erst Wilhelm v. Rumohr, dann dessen Sohn Otto. Schon der Vater hatte keinen guten Ruf, der Sohn galt als Verschwender und unberechenbarer Mensch. Als der Sohn 1768 in den Fluten des Westensees ertrank, atmete im Grunde alles auf. Aber da die beiden als Besitzer des adeligen Gutes Westensee Inhaber des Kirchenpatronats waren, konnten sie ihren Gutsnachbarn immer wieder lästig werden.
Durch die engen Verbindungen zu Caspar v. Saldern wurde Henning

Bendix v. Rumohr in die Verhandlungen zwischen Dänemark, Rußland und Oldenburg hineingezogen und entwickelte sich zu einem der profiliertesten Männer des ganzen Geschlechtes. Es fehlte daher auch nicht an vielen und hohen Auszeichnungen. Schon in ganz jungen Jahren war er Domherr in Lübeck, bald darauf Senior, Scholastikus und Thesaurarius des Domkapitels, dann fürstbischöflich holstein-gottorpischer Regierungspräsident in Eutin und Landrath. 1750 übernahm er mit Vollmacht des neu antretenden Fürstbischofs Friedrich August die Regierung über das Bistum. Später wurde er großfürstl.-holstein-gottorpischer Geheimer Rath und Conseilminister in Kiel.
Von den vielen Orden, die ihm zuteil wurden, sind zu nennen der ursprünglich polnische, später russische Orden vom Weißen Adler, der St. Stanislaus-Orden und der St. Annen-Orden.
1769 kaufte er noch das kleine adelige Gut Manhagen in Ostholstein hinzu. Nach seinem Tode verkaufte die Witwe schon im Jahre darauf die Güter, Manhagen an Herzog Friedrich August v. Oldenburg, Bossee an Georg Friedrich Pauly aus Hamburg, sie selber zog auf das Preetzer Kloster.
Über die Bauten aus dieser Zeit ist nicht allzu viel bekannt. Das Herrenhaus selber ist vielleicht im 18. Jahrhundert umgebaut worden,

Kavalierhaus

wir kennen nur die Lithographie von Adolf Hornemann um 1850. Schön sind die beiden Kavalierhäuser von 1760 von rotem Mauerwerk mit toskanischen Pfeilern, kräftigen gemauerten Gesimsen und Scheinfenstern, jedes Haus mit 9 Achsen, die drei mittleren sind als zweistöckige Risalite mit hohem Dreiecksgiebel herausgehoben. Die Bauten werden dem Architekten George Greggenhofer aus Eutin zugeschrieben. Auf der Freitreppe des Herrenhauses stehen zwei sandsteinerne Löwen, die gewiß auch aus dem 18. Jahrhundert stammen.
In alter Zeit war es üblich, daß der Landadel Häuser in den Städten besaß, in denen man den Winter verbrachte, vor allem in Kiel, aber auch in Schleswig oder Oldesloe. Die allermeisten dieser Adelshäuser sind längst verschwunden, nur in Schleswig stehen noch einige. In Kiel haben die Bombennächte fast alle noch vorhandenen zerstört, das einzige, das heute noch steht, ist der sogenannte Warleberger Hof an der Dänischen Straße. Das Haus, das heute der Stadt Kiel als Kulturzentrum dient, ist im Inneren in sehr schöner Weise durch neueingebaute Säle aus anderen Häusern bereichert worden. Henning Bendix v. Rumohr hatte das Grundstück von seinem Schwager Christopher Blome erworben und sich hier ein Stadthaus erbaut, in dem er auch jahrelang gelebt hat. Über dem Türsturz befindet sich aus Sandstein ein großes R als Erinnerung an den einstigen Besitzer.
Henning Bendix v. Rumohr hinterließ eine Reihe von Kindern, zwei Töchter heirateten zwei Brüder v. Qualen. An der Kirche von Westensee angebaut stehen eine Reihe von Gruftkapellen für die hierher eingepfarrten adeligen Güter. Eine von diesen war die Bosseer Gruft, in der die Angehörigen der Familie Rumohr, später die v. Qualen auf Bossee beigesetzt waren. In alter Zeit verfuhr man mit diesen Gruftkapellen wie mit den Gütern selber. Daher ging das Recht auf diese ursprünglich Rumohrsche Gruft auf die Familie v. Qualen über, von diesen wiederum auf die Grafen Reventlow auf Damp. Als in den Jahren nach dem Zweiten Weltkrieg die Kirche diese Kapelle für kirchliche Zwecke benötigte, ließ Ludwig Graf zu Reventlow, † 1978 auf Damp, die Särge in der Erde bestatten, ließ aber vorher sorgfältig feststellen, wer in den Särgen ruhte und dann vor der Kirchenmauer eine würdige Broncetafel anbringen, geschmückt mit den Wappen v. Rumohr und v. Qualen und genauer Angabe der Lebensdaten der jetzt zur Erde Bestatteten.
Der älteste Sohn von Henning Bendix schien einen geregelten Lebensweg zu nehmen, er wurde fürstbischöflicher Jägermeister, später großfürstlicher Jäger- und Forstmeister, holstein-gottorpischer Kam-

Wasserturm mit Wirtschaftsgebäude

merherr. Aber er lebte, ohne zu heiraten, viele Jahre lang mit einer Lebensgefährtin und hatte mit ihr sechs Kinder. Sie erhielten nach seinem eigenen Namen und dem Namen des väterlichen Gutes Manhagen den Namen Mohrhagen. Einer war der in Schleswig-Holstein hochgeschätzte Maler Bernhard Mohrhagen (1814–1877).
Und noch eine wertvolle Erinnerung an die alte Heimat Bossee erhielt sich bei den Nachkommen, das waren die Familienbilder, die fast alle heute noch vorhanden sind, beginnend mit Cai Rumohr 1688–1770. Sie waren im Besitz der letzten Angehörigen dieser Linie, der Frau Luise Sartorius geb. v. Rumohr, die 1943 im hohen Alter von 97 Jahren starb, jetzt sind die Bilder unter den Enkeln v. Reden verteilt.

Georg Friedrich Pauly (Seestern-Pauly) hatte 1778 Bossee erworben. Wenige Jahre später eröffnete sich ihm die Möglichkeit, das benachbarte adelige Gut Westensee hinzuzuerwerben. Nachdem Otto v. Rumohr, Guts- und Patronatsherr auf Westensee 1768 im See ertrunken war, ging das Gut über an seine Halbschwester Magdalene v. Rumohr. Sie war verheiratet mit Friedrich August v. Qualen, der aber Westensee nicht halten konnte und es daher 1783 an Georg Friedrich Pauly verkaufte. Aus der Qualenschen Ehe gab es neben mehreren Töchtern zwei Söhne, der ältere Johann Detlev v. Qualen heiratete die Tochter Pauly, Juliane Auguste. So blieb eine feste Verbindung zwischen den beiden Familien bestehen.

Der jüngere Sohn Rudolf v. Qualen wurde dän. Gesandter an dem kleinen Eutiner Hof und wurde hier in dem Garten seines Wohnhauses im Jahre 1830 unter mysteriösen Umständen ermordet.

Pauly kaufte schließlich 1802 noch Moorägen mit Felderholz des Nachbargutes Klein-Nordsee. So vergrößerte er den Bosseer Besitz um knapp das Doppelte.

Georg Friedrich Pauly, † 1816, war anfangs Handels- und Ratsherr in Hamburg gewesen. Er hatte ein Handelsschiff mit dem Namen Seestern und war auf seine kaufmännischen Erfolge so stolz, daß er dem Namen seiner Söhne den Vornamen „Seestern" beifügte, den sie mit dem Familiennamen als Seestern-Pauly verbinden durften. Diesen Namen gibt es in der Heimatliteratur unseres Landes mehrfach, auch heute noch leben Nachkommen von ihm. Georg Friedrich Pauly wurde 1808 Geheimer Domänenrat auf Blengow in Mecklenburg. Sein Schwiegersohn ist der bekannte Topograph Johannes v. Schröder, dem wir die bis zur Gegenwart hochgeschätzten Topographien der Herzogtümer aus der Mitte des 19. Jahrhunderts verdanken.

Pauly ließ im Jahre 1783 eine Hofglocke gießen, die bis zum heutigen Tage jede Stunde schlägt. Sie trägt die Inschrift:

> „Georg Friedrich Pauly Dominus in Boosse
> et Westensee 1783."

Die Glocke war im Zweiten Weltkrieg von Abgabe und Einschmelzen bedroht, konnte aber wegen ihres historischen Wertes gerettet werden.

Pauly verkaufte Bossee bereits im Jahre 1804 an J. C. Janisch, von dem nichts Näheres bekannt ist, dieser schon drei Jahre später an Johann Ernst Leisching, ein naher Verwandter der Leisching auf Kaden und damit zu dem Klopstockschen Familienkreis zugehörig. Er machte 1824

Konkurs und ging ins Ausland. Aus dem Konkurse kaufte Detlev Heinrich v. Bülow das Gut an für seinen zweiten Sohn Wilhelm und belegte Bossee mit einem Familienfideikommiß. Seitdem ist Bossee in den Händen der Familie v. Bülow geblieben.

Bülow kam billig zu dem Gut, während es noch bei Pauly und Leisching 300000 Taler gekostet hatte, brauchte Detlev Heinrich v. Bülow nur mehr 137000 Taler aufzuwenden. Der Sohn Wilhelm war erst eben ein Jahr zuvor geboren und übernahm das Gut erst nach dem Tode des Vaters 1855. Wilhelm v. Bülow starb selber unverheiratet und verhältnismäßig jung mit 47 Jahren im Jahre 1870. Infolgedessen fiel das Fideikommiß jetzt dem älteren Bruder Friedrich Gustav v. Bülow, † 1893, zu, der nun seinerseits die Güter erneut verteilte. Der ältere Sohn Cai, † 1910, erhielt Bothkamp, der jüngere Detlev, † 1926, Bossee. Beide Brüder zeichneten sich im öffentlichen Leben aus, Cai wurde Landrat des Kreises Eckernförde, Mitglied des Abgeordnetenhauses, später auch des Herrenhauses, Detlev war erst Landrat des Kreises Stormarn mit dem Sitz in Wandsbek, später erreichte er die hohe Ehre eines Oberpräsidenten der Provinz Schleswig-Holstein. Er stand in besonderer Gunst bei Kaiser Wilhelm II. Er bemühte sich vor allem um einen versöhnlichen Ausgleich zwischen den dänisch gesonnenen Nordschleswigern und den übrigen Einwohnern Schleswig-Holsteins, Bemühungen, die durch den Vertrag von Versailles und die Volksabstimmung von 1920 zugunsten Dänemarks zerschlagen wurden.

Zum 1. Januar 1900 hatte Kaiser Wilhelm II. eine allgemeine

Halle

Nobilitierungswelle in ganz Deutschland ausgelöst, aus diesem Anlaß wurde beiden Brüdern Bülow anheimgestellt, sich um den preußischen Grafentitel zu bemühen, dem älteren Bruder Cai wurde sogar der Fürstenhut in Aussicht gestellt. Beide Brüder lehnten ab, sie wären stolz darauf, Angehörige einer uralten Familie des Landadels zu sein und bedürften keiner Standeserhöhung.

Detlev v. Bülow war stark damit beschäftigt, Haus und Hof zu modernisieren. Das alte Torhaus wurde abgebrochen und etwa an seiner Stelle, nicht genau in der Achse des Hofes ein monumentaler Wasserturm mit anschließenden Wirtschaftsgebäuden errichtet, in Anlehnung an das Bothkamper Torhaus. Der Wasserturm versorgt noch bis zur Gegenwart hin die gesamten Hofgebäude mit Wasser. Der Wasserturm und der anschließende Trakt, früher Kutschstall, jetzt für Traktoren, sind sehr geschickt im Stil von George Greggenhofer nachgebaut.

Das Herrenhaus selber war schon einmal in den Jahren von 1857 bis 1859 umgebaut worden und erhielt 1897 durch den Architekten A. Petersen aus Altona seine heutige äußere Gestalt und vor allem das aufwendige Treppenhaus. In ihm sind die Wappen der Besitzer des Gutes und Stukkaturen der Wappen Bülow und Wedderkop, ausgeführt durch den Maler Otto Schmarje aus Altona, erwähnenswert. In die Wandtäfelung sind zahlreiche kleine Zeichnungen und Aquarelle mit Landschaften, auch aus der Umgebung von Kiel, eingearbeitet.

Auf Detlev v. Bülow folgte sein Sohn Adolf, † 1968, ein Mann von hohem persönlichen Ansehen, Generallandschaftsrat und langjähriges Mitglied der Fortwährenden Deputation der Schleswig-Holsteinischen Ritterschaft. Nach seinem Tode erbte der gegenwärtige Besitzer Cai Friedrich v. Bülow das Gut Bossee.

Das Dorf Brux wurde nach dem Ersten Weltkriege im Zuge der Trennung der Güter von ihren Dörfern an die Höfebank in Kiel verkauft. Die Meierhöfe Rohlfshörn und Schönhagen wurden in der Bodenreform nach 1948 vom Gute abgetrennt und selbständig. Heute umfaßt Bossee 1040 ha Gesamtfläche, davon entfallen auf den Hof 355 ha, auf den Wald 625 ha, etwa 60 ha auf Wasser, Moor und Unland.

Alle Herren v. Bülow waren bis zur Gegenwart hin besondere Freunde von Wald und Wild. Friedrich Gustav v. Bülow ließ um 1880 herum ganze Wagenladungen von Eicheln nach Bossee schaffen und ganze Komplexe von Eichenwäldern in den Niederungen anlegen, außerdem wurden alle Gehölze mit einer Reihe von Kastanien umpflanzt, um

Herrenhaus, Gartenfront

jederzeit Wildfutter an Ort und Stelle zu haben. Jetzt, hundert Jahre später, zeigt sich der volle Erfolg dieser Maßnahme, es sind hervorragende Bestände an Eichenwäldern erwachsen, und dank des hegerischen Einsatzes des derzeitigen Besitzers stehen die Damwildbestände in den Revieren am Westensee den so sehr gerühmten in Ostholstein an Qualität nicht mehr nach.

Adeliges Gut Bossee

Eigentümer: Cai Friedrich v. Bülow

Besitzer

im Mittelalter	Ritter von Westensee
etwa 1400–1587	v. Ahlefeldt
1587–1618	(v.) Brockdorff
1618–1639	v. Qualen
1639–1715	(v.) Rantzau
1715–1778	v. Rumohr
1778–1804	Pauly
1807–1824	Leisching
seit 1824	v. Bülow

Gut und Bauten

15. oder 16. Jh.	Bau eines ersten Hauses mit heute noch erhaltenen Kellergewölben
16. Jh.	Entstehung des Gutes Bossee
um 1760	Bau der Kavalierhäuser
1857–59	Umbau des Herrenhauses
1897	Zweiter Umbau
1896	Bau des Wasserturmes

11 Kluvensiek

Kirchspiel Bovenau   Kreis Rendsburg-Eckernförde

Der Name Kluvensiek taucht erst spät in den Urkunden auf, erst 1450 wird der Ritter Otto Sehestedt hier genannt. Es scheint auch niemals ein Dorf, eine Ortschaft, ein Hof hier bestanden zu haben. Der Name deutet vielmehr auf die örtliche Gegebenheit hin. Siek ist das alt-plattdeutsche Wort für eine sumpfige Niederung, Kluven wird erklärt als kleines enges Tal. Der heutige weitläufige Park hinter dem Herrenhause dürfte vielleicht dieses Siek darstellen. Dieser Park ist eine Landschaft in der Niederung, voller alter Eichen und Buchen, durchzogen von der alten Eider und ihren Altwässern, den Resten des schleswig-holsteinischen Kanals und vielen Gräben und stellt daher in der Tat eine feuchte Niederung dar.
Das Geschlecht Sehestedt, das im 18. Jahrhundert erloschen ist und dessen Herkunft bisher nicht eindeutig geklärt ist, besitzt praktisch das ganze Kirchspiel Bovenau. Nicht weniger als vier große adelige Güter

bilden sich im Laufe des 16. Jahrhunderts heraus, außer Kluvensiek Osterrade, Kronsburg und Gr. Nordsee, später werden zwei abgelegte Meierhöfe zu selbständigen Gütern, Steinwehr und Georgenthal.
Eigentümlicherweise bleibt durch lange Jahrzehnte hindurch eine Verbindung der Güter untereinander bestehen, Osterrade und Kluvensiek gehören praktisch im ganzen 18. Jahrhundert den gleichen Besitzern, im 19. Jahrhundert Gr. Nordsee und Kluvensiek.
Otto Sehestedt ist anscheinend nicht verheiratet gewesen, daher fällt Kluvensiek nach seinem Tode an den Bruder Benedict. In der nächsten Generation wiederholt sich diese Folge. Der älteste Sohn heißt wiederum Otto und ist anscheinend 1480 gestorben. Kluvensiek geht über auf den Bruder, wieder einen Benedict, von dem wir wissen, daß er im Jahre 1500 in der Schlacht von Hemmingstedt gefallen ist. Er hat vier Söhne, der zweite, Enevold mit Vornamen, erhält Kluvensiek. Unter seinen drei Söhnen werden die Güter getrennt, der älteste Sohn Jürgen erhält Kluvensiek, für den zweiten, Bertram, wird der Hof Osterrade neu gebildet, der dritte, Hans, wird mit Geld abgefunden.
Kluvensiek vererbt sich nicht mehr in der Familie. Benedict verkaufte den Besitz im Jahre 1598 an Hans v. Buchwaldt auf Osterrade, jetzt waren wieder beide Güter in einer Hand. 1619 oder 1620 gingen beide Güter an die Familie v. Ahlefeldt und vererben sich hier noch mehrfach in der Familie. Als aber Bendix v. Ahlefeldt 1712 auf Osterrade verstorben war, mußte über seinen Nachlaß der Konkurs verhängt werden, so daß die überlebende Ehefrau 1714 gezwungen war, die beiden Güter zu verkaufen.
Im Jahre 1715 erwirbt Detlev Brockdorff, †1732, zu seinem ohnehin schon sehr beträchtlichen Besitz die beiden Güter hinzu. Ihm gehörte von Hause aus Rohlstorf, dazu kam Gaarz, Rosenhof und Manhagen in Ostholstein, Hohenlieth und Saxtorf unweit Eckernförde, Travenort im heutigen Kreise Segeberg, Visselbjerg und Grimsted heute Fredericksdal in Dänemark. Auch im öffentlichen Leben kam er zu hohen Ehren. Nur seine persönlichen Verhältnisse blieben nicht ohne Kritik, jede seiner Ehen gab Anlaß zu Aufsehen.
Unter den Söhnen wurden die Güter verteilt, Wulf Jasper, der später Generalmajor wurde, erhielt Osterrade mit Kluvensiek und erwarb noch Groß- und Klein-Nordsee hinzu. Von seinen neun Kindern folgte ihm der jüngste Sohn Cai im Besitz von Osterrade und Kluvensiek nach, aber er behielt die Güter nur bis 1753 und verkaufte sie dann an Claus Reventlow, †1758, eine hochdekorierte Persönlichkeit, Ritter des

Schleusenportal am alten Eiderkanal bei Kluvensiek

Elephanten-Ordens, Geheimer Conferenzrath, Klosterprobst des adeligen St. Johannisklosters vor Schleswig. Die Güter gingen nach seinem Tode über auf die zweite Ehefrau, Charlotte Dorothee Scheel v. Plessen, die am 25. Mai 1771 plötzlich im Garten von Osterrade tot umsank.
Sie hatte letztwillig verfügt, daß die Güter, nachdem die eigene Ehe kinderlos geblieben war, dem Vetter, dem Oberkammerherrn Detlev Graf v. Reventlow auf Altenhof zufallen sollten. Aber es scheint, daß dieser keine Neigung verspürte, neben seinen großen Besitzungen noch weitere Güter zu erwerben. Im Jahre 1772 wurden Osterrade und Kluvensiek zum Verkauf angeboten.
Die neuen Käufer waren beide Männer von besonderer Tatkraft, Christian Scheel, † 1782, und Georg Heinrich Hagemann, † 1805. Scheel war langjähriger Pächter des Meierhofes Halendorf im damaligen adeligen Gute Mönchneversdorf gewesen, Hagemann Pächter des benachbarten großen Gutes Güldenstein in Ostholstein. Alle beide

waren Landwirte von Grund auf, der Vater Hagemann war schon Pächter der großen Güter Panker und Stendorf in Ostholstein gewesen, der Sohn hat viele Jahre auf Güldenstein verbracht, von seinen elf Kindern sind noch die ersten zehn auf Güldenstein geboren. Scheel und Hagemann waren eng befreundet, und als im Jahre 1767 Georg Heinrich Hagemann die Tochter des Freundes, Anna Dorothea Scheel, heiratete, war die Verbindung noch enger geworden.

Als jetzt die beiden Güter an der Eider zum Verkauf anstanden, entschlossen sie sich, Schwiegervater und Schwiegersohn, ihre Pachtungen kurzfristig aufzugeben und kauften für 156000 Thlr. von Graf Detlev Reventlow die Besitzungen an und zwar zu gleichen Teilen, jeder blieb also Mitbesitzer des anderen Gutes. Über die Frage der Wohnungen einigten sich die beiden alsbald, Christian Scheel zog nach Osterrade in das Brockdorffsche Herrenhaus ein, Hagemann begnügte sich zunächst mit dem vorgefundenen sicherlich sehr bescheidenen Wohnhaus und errichtete 1777 das heute noch stehende stattliche Herrenhaus. Es liegt in schräger Lage zur Allee, die zum Hofe hinführt und verrät damit deutlich die Errichtung auf alter Burgstelle, die sicherlich früher überall von Wasser umgeben gewesen war.

Über die Bauten, die Hagemann vorfand, sind wir durch die Gutsbeschreibung von 1772 unterrichtet. Danach gab es damals ein Wohnhaus von Tafelwerk, das heißt also ein Wohnhaus mit Fachwerk, mit Pfannen gedeckt, eine Etage hoch, 66 Fuß lang, 50 Fuß breit und mit guten Kellern versehen. Es hatte zwei kleine Flügel, deren jeder eine Wohnstube enthielt, ferner eine geräumige Hausdiele, an deren einen Seite ein Wohnzimmer lag, an der anderen Küche und Speisekammer. Nach hinten zu befand sich ein ziemlich großer Saal, an welchen zwei Schlafkammern stießen. Seitwärts neben diesem Gebäude lag ein altes Haus von 50 Fuß Länge und 38 Fuß Breite, darin befand sich die Burgstube, ein Zimmer für einen Schreiber und noch einige Kammern. Weiter waren damals vorhanden ein Back- und Brauhaus, ein Kornspeicher, zwei Kornscheunen, ein Wagenhaus und ein Kuhhaus.

Auch das Herrenhaus, das Hagemann erbaute, war anfänglich ein bescheidener Bau, einstöckig mit festem Dach. Es sollte noch Jahrzehnte dauern, bis Kluvensiek durch Aufhöhung eines zweiten Stockwerkes mit schönen spätklassizistischen Risaliten und einer Einteilung mit Pilastern im Giebel die heutige herrschaftliche Form erhielt.

Wir besitzen von diesem Hause von 1777 eine genaue Beschreibung, die in einem Manuskript vorhanden ist, das sich in dem Archiv des Gutes

Kluvensiek befindet. Diese Beschreibung ist handschriftlich vorhanden und dürfte in den Jahren zwischen 1819 und 1826 niedergeschrieben worden sein, wie sich aus der Angabe der einzelnen dort genannten Persönlichkeiten ergibt. In dieser Beschreibung heißt es wie folgt:

„Der Haupthof Cluvensiek hat eine sehr vorteilhafte Lage direkt am Schlesw.-Holst. Kanal und einem Arm der alten Eider, der hinter dem Hause durch den Garten fließt. An Gebäuden befinden sich auf dem Hofe:

1. Das herrschaftliche Wohnhaus, welches 1777 erbaut ist, ist von Brandmauer 96½ fuß lang und 45¾ fuß breit, eine steinerne Treppe mit eisernem Geländer führt in dasselbe zu einer geräumigen Diele mit Fliesen belegt. In dem Hause unten befinden sich drei große, gemalte Zimmer mit eisernen Öfen, ein geräumiger Speisesaal und 4 heizbare Schlafzimmer, alle mit eisernen Öfen, 1 Küche, worin die Speisekammer und eine Gesindestube. Von dem Gange nach der Küche geht man in die vier gewölbten Keller unter dem Hause; von der Diele führt eine Treppe nach dem Boden, woselbst sich noch in jedem Ende 2 heizbare Stuben, 2 Schlafstuben und 2 Vorratskammern befinden.
   Hinter dem Hause liegt ein Garten, der mit recht guten Anlagen versehen ist, ein Arm der alten Eider, der durch denselben fließt, erhöht noch das Angenehme desselben. Vor dem Hofe liegt der Küchengarten, der mit Obstbäumen bester Art und wohl unterhaltenen Treibereien versehen ist und in dem sich mehr produzieren läßt, als eigentlich für die herrschaftliche Haushaltung nötig ist,

Kluvensiek, Lithographie von Adolf Hornemann

und endlich noch ein Küchengarten hinter der großen Scheune.
Es folgen die Beschreibungen von

2. Pächterhaus
3. kleine Kornscheune
4. große Kornscheune
5. Kuhhaus
6. Pferdestall
7. Wagenremise.

Außerdem werden genannt:
2 Kornscheunen und außerhalb des Hofes liegend

1. das Holländerhaus
2. das Gärtnerhaus
3. die Schmiede

Hagemann war ein Mann von Eifer und Tatkraft. In den Jahren von 1777 bis 1784 wurde der Eiderkanal erbaut, der eine Verbindung von der Kieler Förde bis Rendsburg bildete und der wegen der verschiedenen Wasserstände mit 6 Schleusenkammern versehen wurde. Unmittelbar bei Kluvensiek stand die fünfte Schleuse, deren Reste noch heute deutlich erkennbar sind. Hagemann nahm großen Einfluß auf Linienführung des Kanals, auf Einrichtung der technischen Vorrichtungen, auf Wasserzufuhr und auf Bedienung der Schleusenkammern. Der Staat verlieh ihm daraufhin den in seinem Falle etwas merkwürdigen Titel eines kgl. dänischen Justizrates.
Als Christian Scheel 1782 verstorben war, trat sein Sohn Ludwig Matthias Scheel in das Mitbesitzerverhältnis ein, ließ sich aber bald darauf seinen Anteil auszahlen und kaufte dafür das große adelige Gut Testorf in Ostholstein. Seitdem war Georg Heinrich Hagemann Alleinbesitzer von Kluvensiek und Osterrade.
Hagemann wußte auch gut zu wirtschaften und sein Vermögen zu vermehren. Als er im Jahre 1805 starb, konnte er seinen Söhnen nicht weniger als 4 adelige Güter, alle im Kirchspiel Bovenau gelegen, hinterlassen:

1. der älteste Sohn Christian Gottlieb Hagemann, † 1826, erhielt Osterrade, erwies sich aber als schwacher Landmann. Nach seinem Tode verkauften die Erben im Jahre 1829 das Gut für 155 000 Thlr. an J. F. Werthmann. Von Hagemann gibt es zahlreiche Nachkommen.
2. Johann Ludwig Hagemann, † 1820, erhielt das Gut Steinwehr. Auch er hinterließ aus zwei Ehen viele Kinder.

3. Georg Heinrich Hagemann, * 1772, erhielt Kluvensiek, vermochte das Gut aber nicht zu halten. 1830 mußte er es an Gustav Hirschfeld auf Kronsburg verkaufen. Das Ehepaar hatte 14 Kinder.
4. Friedrich August Hagemann, † 1815, erhielt das Gut Georgenthal. Auch er behielt das Gut nicht lange, 1833 verkaufte er es für 65 000 Thlr. an Ernst Hirschfeld.

So erwies sich kein einziger der Söhne dem Vater ebenbürtig, sicher taten die schweren Jahre nach den Befreiungskriegen und nach dem dänischen Staatsbankerott das Ihre. Trotzdem sieht man mit Bedauern das stolze Imperium, das die sichere Hand des Vaters aufgebaut hatte, binnen weniger Jahre dahinschwinden. Denn auch den beiden letzten der sechs Söhne ging es nicht besser, einer von ihnen hatte einen Klumpfuß und wurde Stiefelfabrikant in Kiel, für den jüngsten Sohn Friedrich Carl Hagemann wurde der Hof Grönwohld angekauft, aber er machte noch vor seinem Tode mit ihm Konkurs.

Gustav Hirschfeld erwarb Kluvensiek in unmittelbarer Nachbarschaft der bereits seinen Brüdern gehörenden Gütern Groß Nordsee und Steinwehr; Georgenthal kam später dazu. Die Hirschfeld, nicht nur vermögend durch die Verbindung zu den Averhoff aus Hamburg, zählten zu den führenden Landwirten der Zeit: es wurde brach liegendes Unland urbar gemacht und in Bewirtschaftung überführt. Nicht ohne Einfluß hierfür blieb sicherlich die Heirat von Wilhelm Hirschfeld auf Groß Nordsee mit der Tochter Albrecht Thaers, des Begründers der wissenschaftlichen Landwirtschaftslehre in Deutschland.

Damals erhielt das Herrenhaus die großzügige Gestaltung, die es sich bis

Halle mit gußeiserner Treppe von 1904

heute bewahrt hat. Das Haus wurde jetzt um das zweite Stockwerk erhöht mit einem im Dach emporragenden Giebelgeschoß. Auch ein Söller hinter dem Giebel wurde nicht vergessen, um eine Gelegenheit zu einem Weitblick in die parkartige Landschaft zu gewähren. Das Erdgeschoß hat 11 Achsen und ist fast durchgehend rustiziert, die drei mittleren Achsen als Risalit leicht vorgezogen.
Im Giebel, der durch vier jonische kannelierte Pilaster noch stärker ausgeprägt ist, befindet sich eine große Hofuhr. Das schmale Attikageschoß ist durch einen Palmettenfries kunstvoll bereichert.
Für einige Jahrzehnte wurde erst Jürgen Stahmer, dann der Kaufmann Peter Gerhard de Vohs aus Itzehoe Besitzer, dessen Erben verkauften das Gut 1893 an Albert August Hoenck, seitdem ist das Gut Kluvensiek bei ihm und seinen Nachkommen geblieben. Die Familie Hoenck stammt aus Eiderstedt, aus dem Kirchspiel Oldenswort, wo sich heute noch Angehörige der Familie in angesehenen Stellungen befinden.
Schon der erste Hoenck hat das Herrenhaus in wesentlichen Teilen erweitert und umgebaut, im Jahre 1900 erfolgte der Anbau zur linken, 1904 zur rechten Seite. Die Halle enthielt bis dahin bereits die Treppe zum Obergeschoß und zwar als rechtsläufige Treppe, sie endigte im Obergeschoß in einem kreisrunden, kuppelförmig angelegten gewölbten Raum, der an den Wänden mit stuckierten tropfenartigen Elementen reizvoll ausgestaltet ist und von dem vier Türen (einige von ihnen als Scheintüren) in die Korridore des Obergeschosses hineinführen. 1904 wurde das Innere der Halle weitgehend verändert, die alte Treppe wurde entfernt, an ihrer Stelle wurde eine neue linksläufige eiserne Wendeltreppe eingebaut, die nach den vorhandenen Unterlagen von der Firma Joly-Wittenberge hergestellt, angeliefert und eingebaut worden ist. Daß die Firma Joly 1904 die Treppe tatsächlich geliefert hat, ergibt sich aus der Firmenmarke der Firma Joly an einem der unteren Geländerstäbe.
Weitere Bauarbeiten erfolgten im Jahre 1908. An dem zur Linken gelegenen Anbau befanden sich bis dahin zwei offene Treppen, eine, die nach unten in den Keller führte, die andere nach oben. Jetzt wurde statt der beiden Treppen ein Treppenturm in den Winkel hineingebaut, der eine Wendeltreppe enthielt, die von unten bis oben angelegt war.
1909 wurde der Anbau zur Rechten erweitert, er enthielt jetzt die heute noch vorhandenen zwei Geschosse. Bis dahin war, soweit man weiß, dieser rechte Anbau im Oberteil von einer Pergola umrahmt gewesen.
Endlich bedarf noch der sog. Söller einer Bemerkung. Hierzu bemerkt der damalige Besitzer, Albert August Hoenck im Jahre 1909:

Kuppelraum im Obergeschoß

> „Am Herrenhaus wird das Dach, das sog. Mitteldach und der östl. davon gelegene Teil neu eingedeckt." Er schreibt dann wörtlich weiter: „Die Gallerie (hier ist offenkundig die Galerie des Söllers gemeint) ist noch zu gut erhalten, um neu erbaut zu werden. Wenn in ca. 30 Jahren dieses erforderlich wird, müssen die Pfosten abgeschnitten und angeschäftet werden."

Nach dem Tode von Albert August Hoenck 1936 erbte sein Sohn James, * 1891, das Gut. Er ist seit Stalingrad vermißt. Von seinen Söhnen erhielt der ältere, Eberhard August, * 1922, Kluvensiek, er starb in den Weihnachtstagen 1979. Dieser hatte sich noch vor seinem frühen Tode entschlossen, das Herrenhaus seinem Sohne und Besitznachfolger, Hubertus Hoenck, * 1948, zu überlassen und sich in der Nähe des Hofes einen modernen Bungalow errichtet.
Das Gut besteht jetzt aus insgesamt 407 ha, davon 278 ha Acker, 71 ha Grünland, 25 ha Wald, der Rest ist Wasser und Unland. Seit 1984 ist das

Herrenhaus Kluvensiek repräsentativer Sitz des ehemals in Hamburg ansässigen Pharmaunternehmens Otto A. H. Wölfer GmbH. Diese traditionsreiche Firma, die bereits im Jahre 1882 gegründet wurde, fand hier ein passendes Domizil auch für firmeneigene Seminare und fachbezogene Kongresse auf internationaler Ebene. Die überschaubare, kultivierte Atmosphäre von Herrenhaus und Park bietet hierfür einen außergewöhnlich schönen Rahmen. Der tatkräftige, geschäftsführende Gesellschafter Dr. med. Detlef Strathmann, ermöglichte eine umfassende Renovierung des Herrenhauses und die Neuanlage des schönen Parks am Eiderkanal. Der Landeskonservator Dr. H. Beseler führte zu den Renovierungen folgendes an: „Die dem Umbau von 1837 später noch angefügten seitlichen Anbauten werden wieder entfernt, das Äußere des Gebäudes nach Befund restauriert, das Schieferdach neu eingedeckt. Im Innern konnte der alte Grundriß trotz Einbaus zweier Wohnungen weitestgehend bewahrt werden. Die Freilegung einer spätklassizistischen Deckenmalerei im Vestibül trägt zur Bereicherung des bemerkenswerten Treppenhauses bei".

Adeliges Gut Kluvensiek

Besitzer des Gutes: Hubertus Hoenck
Besitzer des Herrenhauses: Firma Otto A. H. Wölfer

Besitzer

seit 1450	Ritter v. Sehestedt
1598–1715	v. Buchwaldt dann v. Ahlefeldt
1715–1753	(v.) Brockdorff
1753–1772	Graf v. Reventlow
1772–1830	Hagemann anfänglich im Miteigentum mit Scheel
1830–1849	Hirschfeld dann de Vohs
seit 1893	Hoenck
seit 1984	Besitzer des Herrenhauses: Firma Otto A. H. Wölfer

Gut und Bauten

17. Jh.	einfaches Wohnhaus
1777	das heutige Herrenhaus zunächst einstöckig erbaut
1837	Aufstockung und großzügige Ausgestaltung der Fassade und des Kuppelraumes im Obergeschoß
1893	bzw. 1904 Anbauten zur linken und zur rechten Seite
1904	Umbau im Inneren, Einbau der gußeisernen Treppe
1984	umfassende Renovierung des Herrenhauses

12 Osterrade

Kirchspiel Bovenau   Kreis Rendsburg-Eckernförde

Das Gut Osterrade ist erst in der Neuzeit, im 16. Jahrhundert, entstanden. Aber es gab schon einen Vorläufer, das weiter westlich gelegene Dosenrode, das bis auf mittelalterliche Zeiten zurückreicht. Der Name Osterrade erklärt sich dadurch ganz natürlich, es ist der Hof östlich des alten Dosenrode, auf einer Rodung im Walde angelegt.
Bis zur Neuzeit hin ist der Name Dosenrode nicht vergessen, es gab die Dosenkaten, es gibt auch heute noch eine Koppel, die Dosenkoppel und eine kleine Ortschaft Dosenrade. Der Hof Dosenrode gehört, seit wir von ihm wissen, den Herren v. Dosenrode, die noch im 14. Jahrhundert hier bezeugt sind. Aller Wahrscheinlichkeit nach sind die Dosenrode ein Zweig des Geschlechtes Reventlow. Das Wappen ist dem Reventlowschen sehr ähnlich, hinzu kommen die Wanderungszüge des Geschlechtes von Dithmarschen über Mittelholstein, wo sie im benachbarten Kirchspiel Innien seit 1261 angesessen sind, bis hin nach Ostholstein. Und wenn man weiter in Betracht zieht, daß der Name Doso im altholsteinischen Adel überhaupt nicht vorkommt bis auf das Geschlecht

Reventlow, von dem Doso Reventlow 1347 auf der Tielenburg als Burgvogt oder Pfandherr erscheint, so gewinnt diese These erheblich an Wahrscheinlichkeit.
Schon vor 1500 aber, die Herren v. Dosenrode mögen längst weitergezogen sein, ist das Geschlecht Sehestedt im Besitz fast des gesamten Kirchspiels Bovenau. Woher sie kommen, ist nicht eindeutig geklärt, vielleicht aus dem südlichen Holstein, das heutige große Gut Sehestedt liegt dicht nördlich, aber schon im Herzogtum Schleswig. So möchte man annehmen, daß hier der seltene Fall vorliegt, daß der Ritter dem Ort seinen Namen gibt, nicht umgekehrt, wie im allgemeinen der Fall.
Hauptsitz des Geschlechtes in diesem Raume ist das alte adelige Gut Kluvensiek, durch die verschiedenen Arme der Eider leicht zu schützen. Von ihm abgelegt werden die adeligen Güter Kronsburg und Groß-Nordsee und eben unser Osterrade. Bertram Sehestedt, dem noch der gesamte Besitz gehört, fällt im Jahre 1500 in der Schlacht von Hemmingstedt. Unter seinen Erben kommt es zur Aufteilung des großen Besitzes. Der älteste Sohn, Benedict, wird in den Jahren 1523–1526 genannt, scheint aber nicht geheiratet zu haben, jedenfalls gibt es keine Nachkommen von ihm. Der nächste Bruder Ewald oder Enevold Sehestedt ist 1543 auf Kluvensiek bezeugt. Er hat wiederum drei Söhne, Jürgen, Bertram und Hans. Jürgen setzt die Linie auf Kluvensiek fort, während jetzt für den zweiten Sohn, Bertram †1562, das Gut Osterrade neu geschaffen wird.
Das Gut hat sich bis zur Gegenwart hin eine anmutige, fast möchte man sagen bezaubernde Lage bewahrt. Dicht nördlich zieht sich der Nord-Ostsee-Kanal hin, dicht südlich liegen die Reste des alten Eiderkanals und der Altwässer der Eider selber. So liegt der Hof förmlich eingebettet in still ruhende Gewässer. Mitten über den Hof läuft eine Hauptverkehrsstraße und zerschneidet den Hof, zur einen Seite liegen das Herrenhaus mit seinen Nebengebäuden, zur anderen der Wirtschaftshof. Aber da die Straße im Bogen verläuft, sieht man immer wieder aus verschiedenen Perspektiven heraus die stattlichen Gebäude durch die Bäume schimmern.
Bertram Sehestedt gehörte zu den vertrauten Räten des Herzogs Adolph v. Holstein-Gottorp und nahm starken Anteil an den Verhandlungen um die sogenannte „Letzte Fehde gegen die Dithmarscher“ im Jahre 1559, sowohl bei der Vorbereitung des Feldzuges, wie auch bei diesem selber als Anführer eines Corps und wie vor allem auch nach dem Siege. Er gehörte hier zu denen, die zu hartem Vorgehen rieten. Im Jahre 1552

wurde er vom Herzog auf 10 Jahre zu seinem Marschall bestellt und erhielt gleichzeitig für dieselbe Zeit das Amt Apenrade übertragen. Bei seinem Tode 1562 war er auch Amtmann von Gottorp, seine Witwe Frau Mette scheint aber im Besitz des Amtes Apenrade bis zu ihrem Tode 1576 geblieben zu sein, selbst in fürstlichen Urkunden wird sie als „Verwalterin unseres Amtes Apenrade" und als „de fruwe to Apenrade" bezeichnet. Aus der Ehe gab es eine einzige Tochter Heilwig, die mit Christoph Rantzau auf Quarnbek vermählt war; er starb im Jahre 1621. Er hatte im Jahre 1592 Osterrade an Hans v. Ahlefeldt für 37500 Rthlr. verkauft. Ahlefeldt behielt das Gut bis in seine alten Tage und verkaufte es im Jahre 1604 an den reichen und streitbaren Hinrich v. Buchwaldt auf Sierhagen. Ahlefeldt zog nach Kiel und besaß hier ein Haus in der Fischerstraße. Aber von einem ruhigen Lebensabend war nicht die Rede, schon nach wenigen Monaten, am 3. Februar 1605, starb er nach einem Abendessen mit Milchgrütze, die vergiftet gewesen war. Seine Ehefrau Abel und ein Küchenmädchen gerieten in Verdacht, die Frau leugnete jede Schuld, zog es aber vor, nach Mecklenburg zu flüchten, wo ihre zwei Kinder in bescheidenen Umständen aufwuchsen.

Osterrade, Rantzauische Tafel um 1587

Hinrich v. Buchwaldt hatte Osterrade zu seinen zahlreichen übrigen Gütern sicherlich hinzuerworben zur Versorgung seiner neun Kinder. Ida Buchwaldt, † 1640, heiratete 1607 auf Schierensee den fürstlich holsteinischen Rat und Hofmarschall am Gottorper Hof, Heidenreich v. Boineburg aus Hessen, † 1612. Dessen Familie gehörte zu den reichsritterschaftlichen Geschlechtern, die bis zum Jahre 1806 reichsunmittelbar waren. Die Familie Boineburg war im Kanton Rhön-Werra immatrikuliert.

Nach seinem Tode ergaben sich umfangreiche Streitigkeiten zwischen dem Bruder Adrian v. Boineburg und der Witwe des Hofmarschalls, die wohl der Anlaß des baldigen Verkaufs des Gutes gewesen sein dürften. Für einige wenige Jahre war die Herzogin Augusta v. Holstein-Gottorp im Besitz von Osterrade, ihr folgte gleichfalls für kurze Zeit der Statthalter Gert Rantzau. Erst als dieser 1619 Osterrade an Bendix v. Ahlefeldt, jetzt für 40000 Rthlr., verkaufte, traten für viele Generationen ruhige Verhältnisse ein, erst unter den Ahlefeldt, dann unter den Brockdorff.

Bendix Ahlefeldt, der neue Herr auf Osterrade, erwies sich nicht nur im öffentlichen Leben, sondern vor allem auch in wirtschaftlichen Verhältnissen als hervorragender Mann. Er hatte gemeinsam mit seinem Bruder Detlev die bedeutenden väterlichen Güter Haseldorf und Haselau in der Elbmarsch geerbt, verzichtete aber zugunsten seines Bruders gegen eine Abfindung von 62000 Rthlr. auf diesen Besitz. Seine Ehefrau brachte ihm 15000 Rthlr. in die Ehe, von der Großmutter erbte er weitere 10000 Rthlr. Und als bald darauf sein Bruder Detlev unbeerbt starb, fiel ihm Haseldorf wieder zu. So war er schon in jungen Jahren ein reicher Mann, so daß er ohne Schwierigkeiten Gut auf Gut ankaufen konnte. Vor allem lag ihm am Erwerb des benachbarten adeligen Gutes Kluvensiek, das er schon 1620 in seine Hände brachte.

Er war aber auch ein Mann der Wissenschaften. Als er 1645 starb, hinterließ er eine bedeutende Bibliothek von 5000 Bänden, und heute noch ist erhalten sein großer Briefwechsel als eine wichtige Quelle zur Kenntnis der inneren Verhältnisse in den Herzogtümern zu seiner Zeit.

Von seinen sieben Kindern ist weitaus am bekanntesten geworden sein Sohn Detlev, der vom Vater Haseldorf und Haselau erbte und als Geheimer Rath, Generalkriegskommissar und Gesandter in Berlin und Dresden zu hohen Ehren im Staatsdienst aufstieg und dem wir seine wertvollen Memoiren verdanken, die sowohl auf Dänisch wie auf Deutsch um 1900 veröffentlicht worden sind.

Osterrade ging über auf den nächsten Sohn Hinrich, von diesem auf den

Enkel Bendix. Dieser hatte nach dem Urteil von Zeitgenossen sich einen vortrefflichen Ruf erworben, seine ungewöhnlichen geistigen Gaben und seine Klugheit waren im ganzen Land bekannt. Nur die wirtschaftlichen Eigenschaften hatten sich nicht vererbt, noch zu seinen Lebzeiten hatte er fast sein ganzes Vermögen verloren, und als er 1712 gestorben war, wurde Konkurs über sein Vermögen eröffnet und die Witwe, die dritte seiner Ehefrauen, mußte Gut auf Gut veräußern. 1715 kam Osterrade selber daran, Käufer war der steinreiche Detlev Brockdorff, der 1732 im hohen Alter von 90 Jahren starb. Detlev Brockdorff war kein Fremder, seine Schwester Margarethe war mit Bendix Ahlefeldt verheiratet gewesen und sein Sohn Wulf Jasper Brockdorff, der spätere Generalmajor, hatte eine Tochter von Bendix Ahlefeldt geheiratet, so blieb Osterrade letztlich doch in der Familie. Die Witwe zögerte freilich nicht, für den Übergang an die Brockdorff den sehr hohen Kaufpreis von 122 000 Rthlr. zu fordern.
Detlev Brockdorff ist der Erbauer des alten Herrenhauses, das, im Inneren noch erkenntlich, in den spätklassizistischen Bau von Johann Friedrich Werthmann mit einbezogen wurde.
Dieses Haus ist aber nicht das älteste. Osterrade erscheint bereits auf der Rantzauischen Tafel von 1587, ein eigentümlicher Bau, als langgestrecktes Einhaus, einstöckig unterkellert mit Ziegeldach und Ecktürmchen. Bemerkenswerterweise ist Osterrade hier als praedium bezeichnet, das bedeutet in etwa Landgut oder Meierhof, ganz im Gegenteil dazu die üblichen Bezeichnungen bei den Rantzauischen Burgen als arx. Heinrich Rantzau legte sicherlich den größten Wert darauf, möglichst viele Burgen als Besitztum seines Geschlechtes nachzuweisen. Wenn er in einigen wenigen Ausnahmen, wie eben Osterrade, den Zusatz machte praedium, so kann man das nur so auslegen, daß Osterrade damals in der Tat als Nebengut betrachtet wurde, das Bild scheint auch anzudeuten, daß das Haus keinen Hausgraben besaß, wie bei den Burgen sonst allgemein üblich.
Das Herrenhaus von 1723 wurde durch Detlev Brockdorff erbaut in einem zum Hof orientierten Trakt, unter Einbeziehung von Teilen des alten Rantzau'schen Baues.
Als das Herrenhaus 1772 zum Verkaufe stand, wird es in „Beschreibung und Anschlag" folgendermaßen geschildert:

„Das herrschaftliche Wohnhaus von Osterrade – 128 Fuß lang und 64 Fuß breit, zwo Etagen hoch. Die unterste enthält außer einer geräumigen Hausdiele zwölf wohleingerichtete Zimmer, die fast durchgehend mit Tapeten und erforderlichen Öfen versehen sind. In der zwoten Etage finden sich außer einem geräumigen Saal eilf Zimmer, und kann solchergestalt in diesem Hause eine zahlreiche Familie Aufenthalt haben, welches überdies unten mit vielen Kellern versehen, darin man Küche, Vorratskammern und allerlei sonstige, zu mannigfachem Gebrauch bequeme Behältnisse antrifft."

Im Inneren dieses Traktes gelangte man bis 1986 über eine Treppe späterer Zeit in eine mäßig große Halle, die mit einer prachtvollen und für den kleinen Raum fast erdrückend schweren Stuckdecke geziert ist. Die Decke ist stilistisch nächst verwandt den schönen Decken auf Damp, für die als Verfertiger Carlo Enrico Brenno genannt wird. Das Gemisch von knorpelig und teigig gezogenen Teilen mit schweren Akanthus-, mit dicken Blüten- und Früchtekränzen, von reizend ungeschickten kleinen Putten gehalten, das Ganze dennoch gestrafft durch eingezogene, eckig gebrochene und zu Voluten aufgerollte breite Profile, – das alles sind die gleichen Stilelemente eines um 1700 kurz vor Einsetzen des Régence entwickelten Hochbarock. Die Komposition ist sehr regelmäßig: um ein schwach ovales Mittelstück, das ein Freskogemälde trägt und von einem dicken Rahmen mit Blatt- und Früchtekranz umzogen ist, gruppieren

Deckenstuck im Altbau

sich vier in verschiedenen Stellungen den Rahmen stützende Putten, die jeder auf zwei gekreuzten, muscheligen Füllhörnern mit reichem Blütenschmuck stehen. Diese Mitteldarstellung wird straff gerahmt durch Profilbänder, die an zwei Seiten geschlossene rechtwinklige Klammern bilden, an den zwei anderen Seiten dagegen zu geknickten Voluten verstümmelt und mit Akanthuswedeln besteckt sind. Die in den Ecken außerhalb dieses festen Rahmens verbleibenden Räume sind durch übereck gestellte, breite Kartuschen aus lappigem Knorpelwerk gebildet, über deren oberen, teils wieder in Akanthuswedeln übergehenden Teil eine schwere naturalistische Blütengirlande sich hinzieht.
Im östlich anstoßenden Nachbarraum eine zweite, schlichtere Stuckdekke aus der gleichen Zeit.
In Osterrade wird eine alte Kalksteintafel aufbewahrt, die sich bis 1845 an der damals abgebrochenen Orangerie befunden haben soll. Die Tafel in Höhe von 75 cm und einer Breite von 160 cm trägt eine sauber in erhabener Kapitale gearbeitete Inschrift, zehnzeilig mit hübschen Akanthusschnörkeln in den nicht ausgenutzten Teilstücken:

Detlev Brocktorff
Hochfürstlr. schlesswig. hollsteinischer
Conference und Landrath. Auf Rohlsdorff
Osterrade, Cluvensick, Saxtorff, Hohenlied,
Travenohrt, Gaartz, Rosenhoff, Mannhagen,
Wisselberg und Grimstede, Erbherr
hat diese Gebäude im 89sten Jahre seines
Alters aufführen lassen
„Nec reparasse piget nostras sic fortiter aedes
sint licet hic quaeris vana caduca nihil."

Diese beiden letzten beiden Zeilen heißen in Deutsch etwa:

„Niemals wird es uns reuen die Wiederrichtung des Hauses,
ist's auch ein nichtiges Werk, mag es doch dauernd bestehn."

Osterrade vererbt sich noch einige Male in der Familie Brockdorff, Cai Brockdorff verkaufte es 1753 an Claus v. Reventlow auf Kluvensiek, † 1758. Die Erben ließen 1772 in Kiel beide Güter Kluvensiek und Osterrade öffentlich verkaufen, Erwerber waren die beiden Schwäger C. Scheel und der Justizrat Georg Heinrich Hagemann. Nach einigen

Jahren trennten sich die beiden Schwäger, Hagemann blieb Alleinbesitzer und konnte hinterher an seine vier Söhne jeweils ein Gut vererben, an den einen Osterrade, an den anderen Kluvensiek, den dritten Georgenthal und den vierten Steinwehr. 1829 verkauften die Erben Osterrade an Johann Friedrich Wehrtmann, jetzt für 155 000 Rthlr. Aus der Wehrtmannschen Zeit ist bedeutungsvoll die Errichtung des jetzigen Herrenhauses auf Osterrade. Das alte Brockdorffsche Haus wurde in den Bau mit einbezogen: ein ansehnlicher, klassizistischer Breitbau mit 2 Geschossen und dreizehn Fensterachsen. In den drei mittleren Achsen springt die Hauptfront ein wenig zurück, so daß eine Art offener Vorhalle entsteht, die durch zwei eingestellte toskanische Rundsäulen von der Höhe beider Geschosse sowie durch einen segmentbogigen Giebelüberbau betont wird. Die Bauecken sind rustiziert gemauert, die Geschosse auf beiden Langseiten durch ein glattes Gesimsband getrennt. Im Bogenfeld des Giebels befindet sich in Kapitalbuchstaben die Inschrift:

„Johann Michael Friedrich Wehrtmann
Erbherr auf Osterrade
Hat dieses Haus wiedererbauet
MDCCXXIX"

Zur gleichen Zeit wurden die Hofgebäude auf der anderen Seite der Straße neuerrichtet. Wahrscheinlich brannten die älteren bis auf ein kleines Wohnhaus, das aus dem Anfang des 18. Jahrhunderts stammt, ab. Neuerbaut wurden der Pferdestall, Scheune und Kuhställe.

Das Gut Osterrade ging im Jahre 1836 über an Caesar v. Hildebrandt aus Hamburg. Die Hildebrandt waren eine angesehene Großkaufmannsfamilie in Hamburg und gehen zurück auf Joachim Friedrich Hildebrandt aus Potsdam, der zunächst Bankier in Potsdam gewesen war, später Inhaber eines Handelshauses in Hamburg wurde. Er war kgl. bayerischer Generalkonsul bei der Freien Stadt Hamburg und hatte 1825 den Bayerischen Zivil-Dienstorden erhalten verbunden mit der Erhebung in den persönlichen Adelsstand eines Ritter v. Hildebrandt. 1827 wurde er kgl. bayerischer Ministerresident (=Gesandter) bei der Freien Stadt Hamburg. Nach seinem Tode bemühte sich seine Witwe Marianne geb. Ellermann darum, für sich selber und ihre sechs Kinder den erblichen Adelsstand zu erhalten. Er wurde ihr durch kgl. bayerisches Patent vom 20. 12. 1832 gewährt.

Aus der Ehe stammte ein ältester Sohn Adolph, der gleichfalls kgl. bayerischer Generalkonsul bei der Freien Stadt Hamburg war, später aber sich ein Gut in Galizien kaufte. Das dritte Kind, Eduard, erwarb seit 1865 die adeligen Güter Dänisch-Nienhof und Hohenhain im Dänischen Wohld. Das vierte Kind, der Sohn Caesar v. Hildebrandt, * 1812, † 1881, erwarb 1836 Osterrade und war vermählt mit Wilhelmine Stobbe aus dem nahebei gelegenen Gut Perdoel. Von seinen Kindern beerbte ihn das dritte Kind, gleichfalls Caesar mit Vornamen, der 1916 auf Osterrade verstorben ist. Nach seinem Tode verkaufte seine Witwe gegen Ende des Ersten Weltkrieges und schon unter den beginnenden Vorzeichen der kommenden Inflation, also in einem höchst unglücklichen Zeitpunkt, das wertvolle Gut.

Erwerber waren die Fürsten v. Schaumburg-Lippe, die verhältnismäßig wenig Gebrauch von dem Gut machten. In dem schönen alten Brockdorffschen Bau war das Gutsbüro untergebracht. Das Herrenhaus selber wurde bewohnt von dem langjährigen Administrator Pauly.

Zum 1. 1. 1972 ging das Gut an die Kurhessische Hausstiftung in Kronberg im Taunus über. Seitdem wird das Gut von Panker aus mit einer Größe von 440 ha landwirtschaftlicher Nutzfläche und 90 ha Wald bewirtschaftet. Hierzu wurde 1976 für den Verwalter ein wohnliches Inspektorat, gegenüber der alten Gutsanlage und von dieser mit einer Durchgangsstraße abgetrennt, auf freiem Felde bei nach und nach entstehenden modernsten Zweckbauten aktueller Landtechnik errichtet. Dieses Haus jedoch paßt sich dem traditionellen Typus eines hiesigen Verwalterhauses hervorragend an.

Kamin im Herrenhaus

Scheune mit Türmchen

Zum 1. 8. 1977 gingen das Herrenhaus mit Park und Nebengebäuden in Gesamtgröße von 20 ha an den Kaufmann Ingo Roggatz über. Er hatte zahlreiche Reisen nach Ostasien unternommen, nach Hongkong, Korea und Japan, dort die groß entwickelte Kunst der Seidenblumen kennen- und schätzengelernt und sich zum Import dieser noch seltenen ostasiatischen Erzeugnisse nach Europa entschlossen. Mit Domizil Hamburg, hatte er den Gutshof Osterrade weitgehend für seine Zwecke eingerichtet: die alten z. T. vom Abbruch bedrohten Scheunen wurden als Lagerstätte für seine Importe hergerichtet; das schlichte alte Herrenhaus erhielt den etwas hochtrabenden Namen „Blumenschloß Osterrade". Hier empfing Ingo Roggatz auch die Fürstin Gracia Patricia von Monaco. Hier hatte er seine „Seidaflor Schule" eingerichtet für Kurse in handgefertigten Seidenblumen nach fernöstlicher Methode.
Nach knapp 10 Jahren war diese Epoche für Osterrade zu Ende: mit dem 1. 1. 1987 gingen Herrenhaus mit Park und alten Nebengebäuden an den Kaufmann Dieter Rastede aus Brekendorf über. Hier soll nun ein romantischer Golf- und Country-Club entstehen, der den schönen Park und auch derzeitig noch in fremder Hand befindliche Ländereien bis zum nahen historischen Eiderkanal einbezieht und dem Herrenhaus Osterrade eine neue Funktion gibt.

Adeliges Gut Osterrade

Besitzer des Gutes: Kurhessische Hausstiftung in Kronberg/Taunus.

Besitzer von Herrenhaus mit Park und alten Gutsgebäuden: Dieter Rastede

Besitzer

im Mittelalter Geschlecht Dosenrode	
vor 1500–1592	(v.) Sehestedt
	(v.) Rantzau
	v. Ahlefeldt
	v. Buchwaldt
	Herzogin Augusta
	(v.) Rantzau
1619–1715	v. Ahlefeldt
1715–1753	(v.) Brockdorff
	Graf v. Reventlow
1772	Scheel und Hagemann
1782	Hagemann allein
1829	Wehrtmann
1836–1917	v. Hildebrandt
1917–1971	Fürsten von Schaumburg-Lippe
1971	Kurhessische Hausstiftung
Herrenhaus mit Park und alten Gutsgebäuden	
1977–1986	Ingo Roggatz
1987	Dieter Rastede

Gut und Bauten

16. Jh.	praedium Osterrade
16. Jh.	Bau eines ersten Herrenhauses
1723	Bau des alten Herrenhauses
1829	Bau des jetzigen Herrenhauses unter Einbeziehung des Baues von 1723
1836–38	Bau der Hofgebäude
1845	Abbruch der Orangerie
ab 1972	Verlegung des Wirtschaftshofes
1976	Neues Verwalterhaus und weitere Zweckbauten

13 Hanerau

Kirchspiel Hademarschen   Kreis Rendsburg-Eckernförde

Die Burg Hanerau gehört zu den ältesten Burganlagen aus historischer Zeit im gesamten holsteinischen Lande, wenn wir hierbei von den frühgermanischen Fluchtburgen früherer Jahrhunderte absehen. Drei Kirchspiele aus Dithmarschen haben über 200 Jahre, bis zum Jahre 1404 Zins in Form von Korn und Vieh an die Burg Hanerau entrichten müssen, eine Abgabe, die ihnen Heinrich der Löwe auferlegt hatte. Wir verdanken diese Nachricht der Chronik des „Presbyter Bremensis", der um 1448 geschrieben hat. Außerdem mußten sie den üblichen Zoll bezahlen.
Es kommen noch andere Gesichtspunkte hinzu. Seit dem Jahre 1111 hat Holstein in den Grafen v. Schauenburg einen eigenen Landesherrn erhalten. Adolf I. dürfte große Not gehabt haben, sich in dem neuen

Herrschaftsraum zu befestigen. Anders sieht es bei seinen beiden Nachfolgern aus, Adolf II. und Adolf III. Adolf II. führt in den Jahren um 1140 seinen Eroberungsfeldzug in das slawisch besiedelte Ostholstein, etwa ab 1143 ist er Sieger und kann jetzt daran gehen, auch im altholsteinischen Gebiet Fuß zu fassen. Daher dürften der frühest denkbare Zeitpunkt die Jahre um 1148 sein. Andere Forscher möchten die Entstehung der Burg dem stärkeren und mächtigeren Nachfolger, Adolf III., zuschreiben. Dann kämen etwa die Jahre um 1190 in Betracht, also immer noch im 12. Jahrhundert und in Übereinstimmung mit der in der Urkunde von 1404 genannten Zeit vor über 200 Jahren.

Daß in Hanerau überhaupt eine Burg entstand, wird erklärlich durch die geographische Lage. Unweit des Burgplatzes verlief die Lübsche Trade, der uralte Handelsweg von Lübeck über Itzehoe nach Dithmarschen durch die sumpfige, leicht zu sperrende Niederung des Flüßchens Haner-Au. Diese Au gab der Burg ihren Namen.

Hanerau lag unweit der Grenze zu dem feindseligen Dithmarschen und dicht an dem genannten Handelsweg. Daher war weit und breit kein Ort so geeignet zur Anlage einer Burg wie eben Hanerau.

Und auch die örtlichen Gegebenheiten waren günstig, das heutige Herrenhaus steht auf der gleichen Stelle wie die Burg des Mittelalters, heute im 4 ha großen Mühlenteich, im Mittelalter wohl in einer sumpfigen Niederung und genau dort, wo von Westen her ein schmaler Geestrücken in die Niederung hineinragte. Indem man diesen Geestrükken durch einen Graben vom übrigen Gelände abtrennte, entstand geradezu mühelos die kleine äußere Burginsel, die die Aufnahme der eigentlichen Burg möglich machte und die auch heute noch der Standort des jetzigen Herrenhauses ist.

Bis zum Ausgang des Mittelalters bleibt die Burg ein landesherrlicher Stützpunkt, allerdings mit wesentlichen Einschränkungen. Das, was den Schauenburger Grafen vorschwebte, war offensichtlich an dieser Stelle nicht nur eine Burg zu haben, sondern um sie herum aus den vielen umliegenden Dörfern ein eigenes Amt zu bilden. So finden wir im Laufe der Zeiten immer deutlicher hervortretend die Bezeichnung Amt Hanerau.

Die Burgvögte, die hier eingesetzt waren, gehören mit zwei Ausnahmen sämtlich den Geschlechtern des holsteinischen Uradels an. Als erstes sind namentlich bekannt zwei Ritter aus dem mächtigen Geschlecht der Westensee, Busche und Hinrich, wahrscheinlich Brüder, die in den Jahren um 1348 vorkommen, aber vielleicht schon viel früher hier

saßen. Ihnen folgen Ritter aus dem Geschlecht Wonsfleth, Ahlefeldt, Wittorp, Walstorp, Ratlow und Krummendieck.
Diese alle sind Burgvögte. Amtmänner, einer heißt sogar Burghauptmann, manchmal sind sie auch Pfandbesitzer, was auf die finanziell prekäre Lage der Grafen ein bezeichnendes Schlaglicht wirft.
Die Bauten auf der Burginsel und der Vorburg darf man sich für diese fernen Zeiten gar nicht einfach genug vorstellen. Alle Gebäude werden aus Holz, bestenfalls aus Fachwerk bestanden haben, einstöckig, mit Stroh gedeckt, nach außen durch einen Palisadenzaun abgeschirmt. Die älteste uns bekannte Abbildung der Burg Hanerau befindet sich auf der Dithmarschen-Karte von Petrus Boeckel aus dem Jahre 1559. Damals scheint hier schon ein festes Haus aus Stein mit einem Turm gestanden zu haben, davor sind Giebelbauten sichtbar, die vielleicht auf der Vorburg gestanden haben, die auch ihrerseits durch einen Graben vom Festland abgetrennt war. Die Burg Hanerau wird erstmalig urkundlich 1323 genannt bei dem Friedensschluß zwischen dem Grafen Gerhard III. und den Dithmarschern. Unter Hinrich v. Ahlefeldt, der von 1403 bis 1404 als Burghauptmann eingesetzt ist, fand eine Verstärkung der Burg statt, wie der Presbyter Bremensis ausdrücklich erwähnt.
1523 kommt Clemens v. d. Wisch zunächst als Amtmann nach Hanerau, aber schon zwei Jahre später, im Jahre 1525 entschließt sich der König, Hanerau zu verkaufen und in ein adeliges Lehengut umzuwandeln. Clemens v. d. Wisch wird förmlich mit dem Gut und allen Gerechtigkeiten belehnt.
Damit ist Hanerau zum Gut geworden, eine Eigenschaft, die es bis zur Gegenwart trotz aller Verkleinerungen und Unterbrechungen behalten hat. Nur mit einer Ausnahme, die den Grund legte zu den umfangreichen Streitigkeiten unter seinen Besitznachfolgern, die sich durch Jahrhunderte hinschleppten. Während nämlich die adeligen Güter Ostholsteins unter dem adeligen Landgericht in Glückstadt standen und damit gemeinschaftlicher Regierungsgewalt von König und Herzog unterstanden, wurde Hanerau dem Obergericht in Glückstadt unterstellt. Freilich erfolgte diese Unterstellung unter das Obergericht in Glückstadt erst 1699. Während der Zeit des Lehn-Gutes, also von 1525 bis 1613 unterstand es wie alle adeligen Güter dem Adeligen Landgericht und gehörte zum gemeinschaftlich regierten Teil der Herzogtümer, wie die Belehnungen durch die Fürsten beweisen. Damit hatte man Hanerau von vornherein juristisch und formal auf eine andere Stufe gestellt, zweifellos mit der Absicht, dem Herzog nicht hier ein weiteres Gebiet zu

verschaffen. Es ist daher kein Wunder, wenn die vielen Nachfolger im Besitze Haneraus, erst die Rantzau, dann Paul v. Klingenberg, dann die Rumohr sich fortgesetzt bemühten, den Status von Hanerau dem der ostholsteinischen Güter anzugleichen. Die Bemühungen der Gutsbesitzer zwischen 1525 und 1690, Hanerau den ostholsteinischen Gütern anzugleichen, waren durch den Sonderstatus des Gutes bedingt. Dieser Status rührte nicht von der Unterstellung unter das Obergericht in Glückstadt her, sondern lag an seiner ursprünglichen Eigenschaft eines landesherrlichen Amtes im altfreien Westholstein. 1544 geht Hanerau auf Paul Rantzau über und verbleibt jetzt für mehrere Jahrzehnte, bis 1613 bei seiner Familie. Diese Zeit ist für uns sehr wertvoll, weil die Entstehung der Rantzauischen Tafel von 1587 in diese Periode fällt und wir daher erstmalig eine einigermaßen zuverlässige Abbildung des Wohngebäudes vor uns haben. Zur Linken steht ein langgestreckter altertümlich wirkender Flügelbau, sicherlich aus der Zeit von Clemens v. d. Wisch, wenn nicht noch älteren Datums. Der Turm (wohl ein Wehrturm), der noch auf der Karte von Petrus Boeckel zu sehen war, ist jetzt verschwunden. Dafür ist dieses Bauwerk offenbar in Angleichung an die übrigen Bauteile um ein Stockwerk erhöht, die Giebel als Treppengiebel ausgebildet. So ist aus dem Ein-Flügel-Bau ein mit drei stattlichen Flügeln versehenes großartiges Herrenhaus entstanden. Es scheint, als sei der linke Flügel nicht mit dem mittleren Corps de logis fest verbunden gewesen.

Und noch eine zweite Nachricht aus der Rantzauischen Zeit ist für uns von großer Bedeutung, das ist das Schicksal der Rantzauischen Humpen. Es gab von jeher die Überlieferung, daß der Statthalter Heinrich Rantzau auf Breitenburg jeder seiner fünf Töchter einen silbernen Humpen geschenkt habe. Von zweien wußte man noch im 20. Jahrhundert, der für die Tochter Ölgard, vermählt mit Bendix v. Ahlefeldt auf Lehmkuhlen, ist in den Wirren des Zweiten Weltkrieges verlorengegangen, der für die Tochter Magdalene, vermählt mit Claus v. Ahlefeldt auf Gelting, befindet sich heute, immer noch bestens erhalten, auf Drült.

Jetzt kommt ein dritter Humpen zum Vorschein, Heinrich Rantzau vermachte seiner Tochter Elisabeth, vermählt mit Cai Rantzau auf Hanerau, † 1607, ein Fünftel seines „Antorffischen Geldes" und eine silberne Kanne. Die Kanne oder der Humpen sind längst verschwunden, das Antorffische Geld war eine stattliche Summe baren Geldes, die der Statthalter der Stadt Antwerpen als Darlehen gab, – das Geld ist nie zurückgezahlt worden.

Der Schwiegersohn von Cai Rantzau, Heinrich Rantzau auf Neuhaus verkaufte gemeinsam mit seiner Schwiegermutter Elisabeth und seiner Ehefrau Katharina das Gut im Jahre 1613 für 100000 Rthlr. an den König, Christian IV. Der König war bestrebt, seine Macht auch auf dem Lande zu mehren, daher griff er bereitwillig zu, als sich ihm die Möglichkeit bot, dieses große Gut, das einstmals ein eigenes Amt gebildet hatte, an sich zu bringen. Hanerau wuchs während der königlichen Zeit alsbald wieder in den Status eines königlichen Amtes hinein.

König Christian IV. baute gern, der spätmittelalterliche Flügel zur Linken wurde abgerissen, dafür die neueren Teile, die aus der Rantzauischen Zeit stammten, mit großem Aufwand renoviert und konnten jetzt dem König als Unterkunft dienen. So kam der König alljährlich, wenn auch meist nur für einige Tage, nach Hanerau, um sein neues zugekauftes Gut persönlich zu besichtigen. Aber die Freude an dem schönen Besitz sollte nicht lange dauern. Im schwedischen Kriege, der hierzulande noch schrecklicher wütete als Wallensteins Feldzüge, besetzten schwedische Truppen auch die Burg Hanerau, und als sie sich zurückziehen mußten, brannten sie im Mai 1644 alles nieder, die Reste wurden bald darauf abgetragen. Immerhin stand in den Jahren von 1650 bis 1658/60 wieder ein ansehnliches Herrenhaus.

1664 verliert das Königshaus die Lust am Gute, vielleicht aus allgemeiner Geldnot, vielleicht auch aus Sorge um die Errichtung neuer größerer Bauten. Käufer ist Paul v. Klingenberg, ausgesprochen der Typ des nouveau riche. Er machte eine glänzende Karriere und erlebte einen steilen Aufstieg bis zu den Höhen der Macht. Als junger Mann trat er in das Handelshaus Albert Baltzer Berns in Hamburg ein, hatte sich rasch durch Fleiß und Tüchtigkeit emporgearbeitet, wurde erst Compagnon des alten Berns, dann sein Schwiegersohn. Als seine junge Frau 1663 starb, trat er ein stattliches Erbe an und war jetzt in der Lage, sich Güter zu kaufen, erst 1664 Hanerau, dann 1670 Højriis im nördlichen Jütland, dazu noch mehrere Nebengüter. 1669 wurde er vom König in den erblichen Adelsstand erhoben, dann wurde er in das Admiralitätskollegium berufen und führte seitdem den stolzen Titel eines Admiralitätsrats. Als nächstes wurde ihm das Amt des Generalpostmeisters für ganz Dänemark übertragen, ein Amt, das er mit Umsicht und Energie versah. Die dänischen Quellen bezeichnen ihn etwas geringschätzig als Parvenu, Glücksritter, großen Geldjäger, übersehen aber auch nicht die positiven Seiten seines Charakters.

Klingenberg nahm in Hanerau alsbald große Veränderungen vor. Er benutzte den Bauschutt der abgebrannten Gebäude dazu, den Hausgraben zwischen Burginsel und Vorburg zuzuschütten und die äußere Burginsel nach Norden zu vergrößern. Hier legte er, seinen Neigungen folgend, den sogenannten Neuen Garten an, der ähnlich wie schon in Hamburg und später auf Højriis zu einem der berühmtesten Gärten in ganz Nordeuropa wurde. Der Alte Garten hatte noch auf dem Festland gelegen.

Auf der Burginsel selber erbaute er ein stattliches Herrenhaus, mit vier Flügeln um einen Innenhof herum, das Portal geschmückt mit dem Klingenbergschen Wappen. Die Zufahrt selber ging durch ein Torhaus, das erst im Anfang des 19. Jahrhunderts abgebrochen ist.

So schien alles zum Besten geordnet, aber wie so oft bei schnell reich gewordenen Männern zerbrach ebenso schnell sein Glück. 1689 mußte er Konkurs anmelden, 1690 starb er in bitterer Armut. Kein Geld war mehr da, mit Mühe konnte Højriis für den Sohn gerettet werden, alles andere, auch Hanerau mußte verkauft werden. Als lebendige Erinnerung an ihn und seine Gemahlin gibt es die lebensgroßen Portraits von den beiden, früher auf Højriis, heute im Museum auf Schloß Frederiksborg.

Als Käufer trat in Erscheinung der reiche Cai Rumohr auf Roest in Angeln. Er hatte Klingenberg 60000 Rthlr. geliehen und kaufte jetzt Hanerau an, um sein Geld zu retten. Weitere 30000 Rthlr. fügte er hinzu, um andere Gläubiger Klingenbergs abzufinden.

Im übrigen dürfte ihm Hanerau nicht allzuviel bedeutet haben, er hatte seine großen Besitzungen in Angeln und im Dänischen Wohld, im Umkreis von Hamburg und in Sachsen, er war langjähriger dänischer Gesandter am kursächsischen Hofe und konnte sich daher wenig um seine heimischen Besitzungen kümmern. Nur eine Maßnahme traf er während seiner Besitzzeit, und gerade in ihr steckte der Keim für langandauernde Streitigkeiten. Seit eh und je war Hanerau zu 50 Pflügen in der Landsteuer veranlagt, wobei vermerkt werden muß, daß der Pflug kein Landmaß ist, sondern ein Besteuerungsmerkmal, vielleicht erwachsen aus der Anzahl der pflugfähigen Bauernstellen. Cai Rumohr erreichte im Jahr 1693, daß die Anzahl der Pflüge von 50 auf 35 herabgesetzt wurde, als Folge der im Dreißigjährigen Kriege und im Schwedenkriege verschwundenen Bauernstellen. Für ihn selber bedeutete das, weniger Steuern an die Rentekammer zu entrichten, für die Bauern weniger Abgaben an den Gutsherrn zu leisten, insgesamt

gesehen also eine vernünftige Lösung der nun einmal durch die Kriege entstandenen Schäden.
Cai Rumohr hielt sich nicht am Besitz fest, er war sicherlich froh, in Bendix v. Ahlefeldt, einem Neffen von ihm, einen Mann zu finden, der ihm sein Geld, also 90000 Rthlr., zahlen konnte und damit seit 1702 Hanerau besaß. Aber auch Ahlefeldt blieb nicht lange im Besitze, schon im Jahre darauf, 1703 verkaufte er Hanerau an Claus Rumohr, einen entfernten Vetter von Cai Rumohr auf Roest.
Mit Claus Rumohr beginnt eine Periode von fast dreiviertel Jahrhunderten, in denen das Gut erst bei ihm, dann seiner Witwe und dann bei deren beider Sohn verblieb. Diese Rumohrsche Periode kommt in der Literatur schlecht weg, immerfort ist von Streit mit dem Vorbesitzer, dann mit den Bauern die Rede, unzählige Prozesse schlossen sich an, selbst die Sage hat sich dieser Rumohren-Tid bemächtigt, die Frau von Claus Rumohr, Benedicta Margaretha geb. v. Buchwaldt geistert bis heute noch als die weiße Frau im düsteren Mondlicht durch die tiefen Wälder von Hanerau.
Man muß den Dingen Gerechtigkeit widerfahren lassen. Als Claus Rumohr Hanerau kaufte, bezahlte er 110000 Rthlr., also immerhin 20000 Rthlr. mehr, als die beiden Vorbesitzer bezahlt hatten. Außerdem hatte er sich mit Benedicta Margaretha v. Buchwaldt vermählt, die aus dem reichen Hause Pronstorf stammte und die ihm eine stattliche Mitgift in die Ehe mitbrachte.
Die Gründe für die jahrzehntelang andauernden Streitigkeiten lagen auf anderem Gebiet. Es scheint, als habe Bendix v. Ahlefeldt bei dem Verkauf von Hanerau nicht deutlich klar gemacht, daß die Pflugzahl seit 1693 von 50 auf 35 Pflüge herabgesetzt worden war. Sobald dieses Claus Rumohr klar wurde, mußte er einsehen, daß dadurch die Einnahmen des Gutes auf der Stelle um 30% absanken. Ein Prozeß gegen den Verkäufer war die unmittelbare Folge. Claus Rumohr gewann ihn, Bendix v. Ahlefeldt mußte ihm eine erhebliche Entschädigung bezahlen. Dieser rächte sich durch Veröffentlichung einer Flugschrift mit dem Titel:

> „Gründliche Nachricht, was wegen Kaufung des adlichen Guths Hanerau zwischen Benedix v. Ahlefeldt und Claus Rumohr für Streitigkeiten entstanden".

Aber es kam noch schlimmer. Claus Rumohr fuhr jetzt fort, die Abgaben der Bauern auf der durch 50 Pflüge errechneten Höhe zu fordern und stieß damit auf den entschlossenen Widerstand der gesamten Bauernschaft der 12 oder 13 zum Gute gehörigen Dörfer. Als Claus Rumohr sogar zwei Bauern, die nicht hatten zahlen wollen, in Arrest werfen ließ, war das Band zwischen Gutsherrschaft und Bauern endgültig zerschnitten. Es gab Prozeß über Prozeß, der König mußte wiederholt einschreiten, nach dem Tode von Claus Rumohr, der sich beim Sturz vom Pferde das Genick gebrochen hatte, trieb die überlebende Witwe es fast noch ärger. Die Bauern wählten zwei Vertreter ihrer Anliegen und bedrohten alle diejenigen, die die Vollmachten nicht hatten unterschreiben wollen, mit Ausschluß eines ehrlichen Begräbnisses auf dem Kirchhof von Hademarschen.

Nun kam noch eine Affäre hinzu, die Claus Rumohr wohl den letzten Rest von Sympathie kostete, die er noch gehabt hatte. Das war das, was Hans Wilhelm Schwarz vom Landesarchiv in Schleswig die „Hanerauer Bluth-Sache" 1718 nennt und die er etwa wie folgt schildert:

Die „Hanerauer Bluth-Sache" 1718

Claus Rumohr lag seit längerem im Streit mit dem Pächter der sog. Hanerauer Schleuse, Dirck Peters. Die Hanerauer Schleuse war eine Landstelle bei Bokelhop im nördlichsten Winkel des Gutes Hanerau, an der Eider gelegen, verbunden mit der Aufsicht über die Gieselau-Schleuse. Dirck Peters, Enkel eines holländischen Einwanderers, hatte es zu Wohlstand gebracht und hatte neben der Hanerauer Schleuse auch das kgl. Vorwerk in Rendsburg in Pacht.

Als die Söhne des Schleusenpächters, Cai Detlev und Peter, den Leuten Claus Rumohrs das Stapeln von Holz bei der Schleuse zwecks Verschiffung verwehrten, ritt Rumohr am 4. August 1718 mit einigen Begleitern selbst nach Bokelhop. Dabei kam es bei der Schleuse zu einem Feuergefecht, bei dem Rumohr und sein Jäger verwundet und der Studiosus juris Peter Peters von Rumohrs Diener August getötet wurde. Rumohr verhalf seinem Diener zur Flucht, mußte aber nach einiger Zeit selbst nach Hamburg fliehen, nachdem der kgl. Obersachwalter Petermann den Fall zu untersuchen begonnen hatte und Rumohr verhaftet werden sollte. Daraufhin wurde das Gut Hanerau vom König beschlagnahmt und dem Schenefelder Kirchspielvogt zur Verwaltung übergeben.

Nachdem Frau Benedicta Margaretha Rumohr in Kopenhagen freies Geleit für ihren Mann erwirkt hatte, kehrte dieser zurück und machte im

Johann v. Rumohr, † 1785, auf Hanerau, Ölgemälde von Balthasar Denner

Februar 1719 seine Aussage. Am 26. Oktober 1719 wurde Claus Rumohr von dem Glückstädter Obergericht, dem das Gut Hanerau als Kanzleigut in Gerichtssachen unterstand, zu 5000 Rthlr. Strafe und den Gerichtskosten verurteilt. Er durfte auf sein Gut zurückkehren, das nach seiner Angabe unter der kgl. Sequestration sehr gelitten hatte. Infolgedessen konnte er die Gerichtskosten nur mit großer Mühe und erst nach militärischer Exkution bezahlen.

Der über seine Heimatstadt Eutin und Altona nach Dänemark geflüchtete Diener August Friedrich Wulff wurde 1722 als Soldat in Randers unter falschem Namen verhaftet, machte seine Aussage und wurde zu lebenslanger „Sklaverei" verurteilt, später aber freigelassen. Die Familie Peters verließ das Gut Hanerau.

Erst unter dem Sohne Johann Rudolph Rumohr, der nach dem Tode der Mutter im Jahre 1744 Hanerau übernahm, traten nach und nach ruhigere Verhältnisse ein. Zwar gingen die Prozesse noch bis 1754 weiter, aber jetzt waren die Bauern in den meisten Fällen die Unterlegenen. Auch die Stellung Johann Rudolph Rumohrs im öffentlichen Leben beweist dies, er wurde herzoglich Holsteinisch-Plönischer Kammerherr, wirklicher Landrath in Holstein, kgl. dänischer Conferenzrath und Großkreuz vom Dannebrog. Vor kurzem tauchte in Jütland ein Ölbild von ihm auf, von Balthasar Denner 1728 gemalt, das ihn als kühnen jungen Mann darstellt. Er selber hat sich in mehreren Denkschriften über seinen Vater geäußert und dabei zum Ausdruck gebracht, wie sehr diesen der Verkauf durch Bendix v. Ahlefeldt unter unrichtigen Angaben getroffen habe. Er selber könne jedem seiner Bauern und überhaupt jedem Menschen unbefangen ins Gesicht schauen.

Auch seine wirtschaftlichen Verhältnisse dürften geordnet gewesen sein. Er war in der Lage, im Jahre 1753 das adelige Gut Kronsburg für 43 000 Rthlr. für seinen zweiten Sohn zu kaufen. 1777 verkaufte er Hanerau für 135 000 Rthlr. an den König, aber auch nicht nur, weil er die Lust am Streiten verloren hätte, sondern aus äußerst triftigen Gründen. Es ging um das Gut Bothkamp, das damals in schwerer Bedrängnis war. Der einzige Sohn, Bendix v. Ahlefeldt, war 1760 unter Hinterlassung der unglaublich hohen Schuldenmasse von 200 000 Rthlr. gestorben. Jetzt war Bothkamp den beiden hinterbliebenen Schwestern zugefallen, die jüngere war mit Johann Rudolph v. Rumohr auf Hanerau verheiratet. Diesem gelang es durch geschickte Verhandlungen mit Gläubigern und Behörden, den Schuldenberg auf 80 000 Rthlr. zuzüglich 4% Zinsen zu ermäßigen. Dafür fiel ihm Bothkamp mit 6000 ha zu. Um das Geld zu beschaffen, verkaufte er jetzt Hanerau.

Sicherlich ist ihm dieser Entschluß nicht allzuschwer gefallen. Der Gutsadministrator Rohlfs schreibt hierüber im Jahre 1786 an die Rentekammer:

> „Und diese Undankbarkeit und störrische Gesinnungen der hiesigen Unterthanen haben den letztverstorbenen Herrn Conferenz Rath v. Rumohr, wie ich selbst aus seinem Munde gehört, hauptsächlich zur Bestimmung gebracht, dies Gut, obwohl es ein ihm angeerbtes Stamm-Gut war, dennoch los- und von der Hand zu schlagen.“

Damit war das Gut zum dritten Male in der Hand des Landesherrn. Es blieb beim König bzw. bei dem Erbprinzen Friedrich nur reichlich 20 Jahre, aber diese Zeit wurde zu einer nahezu völligen Auflösung des Gutes benutzt. 1784 wurde das 4-flügelige Herrenhaus, das noch von Paul v. Klingenberg herstammte, abgebrochen. Die Dörfer blieben jedoch nach wie vor unter Hanerauer Jurisdiktion, das Kanzleigut blieb bis 1888 bestehen. Das Gut selber wurde stark in seinem Besitzstand reduziert, die Meierhöfe wurden verkauft, die Waldungen zum großen Teile fiskalisch. Aber das Gut als Verwaltungsbezirk, das Kirchspiel

Hademarschen umfassend, blieb bestehen. Von 1888 bis 1928 bildeten Gut und Dorf Hanerau einen eigenen Gutsbezirk.
1798 kaufte der Generalkriegs-Commissar Haßler das Restgut, 1799 ging es weiter an Johann Wilhelm Mannhardt, bei dessen Nachkommen es bis heute geblieben ist, freilich hat es sich mehrfach in weiblicher Linie vererbt.
Johann Wilhelm Mannhardt entstammte einer sehr religiös bestimmten Familie aus Württemberg, die ursprünglich österreichischen Ursprungs war, aber aus ihrer Heimat bei der Gegenreformation unter Kaiser Ferdinand II. aus Kärnten als sogenannte Exulanten in das lutherische Württemberg hatte flüchten müssen. Johann Wilhelm Mannhardt kam als Hauslehrer in das Haus des reichen Kaufmanns und Reeders Gysbert van der Smissen in Altona und lernte hier die Tochter Anna kennen und lieben. Ein starkes Hindernis stellte sich einer Vermählung zunächst entgegen, Mannhardt war streng lutherisch eingestellt, die van der Smissen waren Mennoniten. Aber das Hindernis konnte überwunden werden, der Schwiegervater stellte das Geld zum Ankauf von Hanerau zur Verfügung, Mannhardt verkaufte das kleine Gut Brunsholm in Angeln, so konnte das junge Paar zunächst seine ersten Ehejahre noch auf Brunsholm verbringen, zum 1. Januar 1799 übernahm er Hanerau und lebte hier über 20 Jahre in höchst bescheidenen Umständen im

Veranda an der Rückseite des Herrenhauses

Torhaus, die Hofgebäude waren sämtlich mehr oder minder verfallen. 1821 zog er nach dem von ihm erbauten Nebenhof Lerchenfeld um.
Mannhardt kann als der Schöpfer des Ortes Hanerau bezeichnet werden. Die Wirren der napoleonischen Zeit mit der Kontinentalsperre kamen seinen Plänen entgegen. Er begann mit dem Aufstellen von 2 Webstühlen, der Schwiegervater zog ansehnliche Fabrikgebäude hoch, Fachkräfte wurden aus Württemberg geholt, Baumwollstoffe, wollene und baumwollene Strümpfe, Leinwand und Drell wurden in großen Mengen fabriziert. Die unmittelbare Folge war, daß sich längs der Landstraße nach Hademarschen ein Industrieort entwickelte mit Schmieden, Rademachern, Schustern und Schneidern. Die Bauplätze stellte Mannhardt teilweise unentgeltlich zur Verfügung. Eine eigene Schule mußte eingerichtet werden, ein Arzt ließ sich nieder, eine Apotheke folgte, so war binnen kurzem aus dem Gut ein blühender kleiner Industrieort geworden.
Johann Wilhelm Mannhardt starb 1831. Hanerau ging über an seinen Sohn Hinrich Gysbert Mannhardt, der 1835–1837 das formschöne jetzige Herrenhaus auf der alten Burgstelle erbaute. Zur Erinnerung an die alte und an die neue Heimat ließ er in der Eingangshalle zwei Wandgemälde anbringen, das eine zeigt eine Landschaft an der Schlei, anscheinend mit dem Blick auf Kappeln, das andere vielleicht Hanerau. Beide Gemälde wurden bei dem Brand des Herrenhauses 1978 durch Feuer und Wasser stark beschädigt, sind aber gut restauriert worden.
Das Herrenhaus besteht in seinem vorderen Teile aus einem quadratischen Bauteil und einem schmaleren Rückgebäude, welches nach der einen Seite auf den See zu ursprünglich eine offene Loggia hatte, die später mit einem verandaartigen Vorbau geschlossen worden ist. Ob dieser Bauteil aus einem älteren Bauwerk stammt, ist nicht deutlich. Die Loggia wird getragen von glatten ionischen Säulen aus Holz. Keller besitzt das Hauptgebäude nicht, nur dieser rückwärtige Anbau.
1857 folgte im Besitz der Schwiegersohn Dr. med. Wachs, 1895 dessen Tochter die mit dem kgl. pr. Oberförster Dyck vermählt war, der auf tragische Weise ums Leben kam. Er fuhr mit einer Draisine durch den ihm anvertrauten Wald bei Neumünster und hatte nicht bedacht, daß zur gleichen Zeit ein Personenzug entgegenkommen würde. 1928 folgte seine Tochter, Elisabeth Dyck, verm. Niemöller. Jetzt gehört der Besitz den beiden Söhnen, Harald Niemöller hat den Hof Lerchenfeld mit 130 ha in der Erbteilung der Brüder 1956 erhalten, das Stammgut Hanerau besitzt Reinhard Niemöller mit rund 180 ha.

Gut, früher Kanzleigut Hanerau

Besitzer: Reinhard Niemöller

Besitzer

bis 1525	landesherrliche Burg, später Amt
1525–1544	v. d. Wisch
1544–1613	(v.) Rantzau
1613–1664	königlich
1664–1690	Paul v. Klingenberg
1690–1777	v. Rumohr dazwischen 1702–03 v. Ahlefeldt
1777–1798	königlich
von 1798 bis jetzt	erst Mannhardt dann die Erben Wachs Dyck Niemöller

Gut und Bauten

Erste Burg im 12. Jahrhundert

um 1500	Bau des linken Flügels
ca. 1580/90	Erweiterung zum Drei-Flügel-Bau
1644	im Schwedenkrieg niedergebrannt
1664	Bau des Vier-Flügel-Baues, Erweiterung der Burginsel, Anlage des Neuen Gartens
1784	Abbruch des Hauses
1835–37	Bau des jetzigen Herrenhauses
1956	Hof Lerchenfeld für Harald Niemöller abgetrennt
1978	Erneuerung der Dachkonstruktion

14 Sarlhusen

Kirchspiel Brokstedt Kreis Steinburg
früher Kellinghusen

Im eigentlichen Alt-Holstein gibt es fast keine adeligen Güter. Das hängt damit zusammen, daß der hier sicher vorhandene Volksadel sich dem Zuge nach dem Osten anschloß und an der Eroberung und Besiedelung des wendischen Wagriens, also Ostholsteins teilnahm. Was übrigblieb, sind nur die Reste altgermanischer Fluchtburgen.
Eines der wenigen Adelsgeschlechter, die sich an dieser Wanderung nach Osten nicht beteiligten, ist das im 18. Jahrhundert ausgestorbene, ursprünglich weit verzweigte Geschlecht Sehestedt. Ihre Herkunft aus dem Süden unseres Landes ist wahrscheinlich, Güter rund um Itzehoe wie Krummendiek, Drage und Rosdorf haben ihnen durch viele Generationen gehört.
Nördlich von Rosdorf, das heute im Besitz der Grafen Rantzau steht, liegt das wenig bekannte Sarlhusen. Henning Oldekop irrt, wenn er die

Entstehung dieses Gutes in das Mittelalter verlegt. Hierfür fehlen jegliche Anhaltspunkte. Im Gegenteil scheint die regelmäßige Hofanlage für einen Wirtschaftshof des 16. Jahrhunderts zu sprechen. Nach rückwärts gelegen die alte Burginsel mit den bis zur Gegenwart hin wohlerhaltenen Hausgräben, zur Linken und zur Rechten die mächtigen Wirtschaftsgebäude, als Abschluß das Torhaus. Freilich, von der Bausubstanz ist nicht allzu viel übriggeblieben, die alte Burg steht seit langem nicht mehr, das heutige Herrenhaus von 1890 und schon dessen Vorgänger sind nicht mehr auf der Burginsel erbaut worden, die Wirtschaftsgebäude nicht mehr mit Reet gedeckt, sondern nach modernen Erfordernissen umgebaut, das Torhaus vermauert, die sandsteinerne Tafel mit dem Brockdorffschen Wappen durch einen vorgebauten Anbau aus Blech verdeckt. Und trotzdem ruht ein eigener Zauber über diesem stillen Gutshof.

Möglicherweise hängt die Entstehung des Gutes gerade an dieser Stelle mit dem unweit vorbeiziehenden uralten Ochsenweg zusammen, auf dem alljährlich das Magervieh aus Jütland zu den fetten Weiden der Marsch getrieben wurde. Man weiß noch heute, daß die Ochsen in dem wasserreichen Flußlauf der Stör in der Niederung getränkt wurden, oben am Hang steht ein altes bescheidenes Haus, das den Viehtreibern als nächtliche Unterkunft diente und das den Namen die Wacht trägt. Vielleicht ist daher das alte adelige Gut als Schutzwehr am Wege zu sehen.

Henneke Sehestedt ist der erste Besitzer von Sarlhusen, der urkundlich bezeugt ist. Im Jahre 1522 verkaufte er dem Kloster Preetz zwei Renten von 20 und 25 Mark für ein Kapital von 400 und 500 Mark aus seinem Dorfe Sernhusen, 1520 schloß er mit dem Itzehoer Kloster einen vom König bestätigten Tausch, durch welchen er mehrere Höfe in Moorhusen, Lütjen-Rade und Nütteln gegen andere Höfe in Wiedenborstel und Grumstede erhielt.

Er war Amtmann von Rendsburg, spätestens seit 1527 von Kiel. Seine Ehefrau Ide Gøye war ihm untreu geworden und hatte ihn verlassen. 1529 erlaubte ihm König Friedrich I., sich anderweitig zu verheiraten, nachdem er Gutachten von Luther und Bugenhagen eingeholt hatte. Henneke Sehestedt ging daraufhin eine zweite Ehe ein mit Margaretha vam Damme. 1533, 1538, 1540 wird er noch genannt, 1543 erscheint seine Witwe in den Akten. Von seinen Söhnen erhielt der zweite, Wulf, die Güter Drage und Sarlhusen. Er wird 1564 bei der Huldigung genannt. Dessen Sohn Otto verkaufte Sarlhusen im Jahre 1601 für

23000 Rthlr. an König Christian IV. Er hinterließ seine Frau Anna, geb. v. Ahlefeldt, einen unverheirateten Sohn Wulf und eine Tochter Barbara, die von 1650 bis 1658 Priörin des Klosters zu Preetz war. Damit ging die Zeit der Sehestedt auf Sarlhusen zu Ende.

Um diese Priörin Barbara Sehestedt gab es eine seltsame Sage. In der Klosterkirche von Preetz hing früher ein kleineres Ölbild, die Himmelfahrt Jesu Christi darstellend. Neben ihm, gleichsam mit ihm gen Himmel fahrend, schien die Priörin zu schweben, nur ihre Schuhe blieben am Erdboden. Noch Karl Müllenhoff, der 1845 die Sagen, Märchen und Lieder der Herzogthümer Schleswig, Holstein und Lauenburg herausgab, führte diese Sage unter Nummer 174 auf mit der Überschrift: „Der Donner holt ein Klosterfräulein." Aber schon im Jahre 1813 hat der Diakon Joh. Friedr. Aug. Dörfer aus Preetz in seiner Chronik des Klosters und des Fleckens Preetz i. H. eine wesentlich richtigere Charakterisierung niedergelegt. Bei ihm heißt es:

> „Barbara Sehestedt, Otto Sehestedt's auf Sarlhusen Tochter, Priörin von 1650 bis an ihren Tod 1658."
>
> Dann folgt eine Aufzählung ihrer Stiftungen und Legate. Weiter heißt es bei Dörfer:
>
> „Die Chronik eines Klosters ohne Legenden ist wie ein See ohne Wasser. Bisher haben wir von Preetz keine erzählen können, weil ihr Andenken vertilgt ist. Wenn nun gleich zu der Zeit wohin die

„Die Wacht", Herberge der Ochsentreiber am Ochsenweg

Erzählung fortgerückt ist, die Zeit der Legenden für das Kloster verstrichen sein sollte, so ist doch die Sage aufbehalten, daß Barbara Sehestedt gen Himmel gefahren sei, ihre Beschuhung aber auf der Erde gelassen habe. Schade um die Legende, die sich so leicht dadurch deuten läßt, daß sich auf dem Monumente dieser Priörin in der Klosterkirche ihr Bild unter einer Abbildung der Himmelfahrt Christi befindet, und daß die Wundersucht das der Erdentochter zuschrieb, was dem Himmlischen zukam.“

Im Besitz des Königshauses verbleibt das Gut für einige Jahrzehnte. Um 1660 benutzt König Friedrich III. Sarlhusen zu einer Donation an seinen Kammersekretär Theodor Lente, der durch Kaiser Ferdinand geadelt wurde. Die Familie ist nicht zu verwechseln mit den Lente auf Fresenburg im heutigen Kreise Stormarn, die aus dem Braunschweigischen stammen.

Theodor Lente hat drei Söhne, die einer nach dem anderen das Gut erben, erst Friedrich, der sich durch Stiftungen für die Kirche in Kellinghusen und für die Armen seines Gutes einen Namen machte, dann Johann Hugo v. Lente und endlich Christian v. Lente, † 1725. Für einige Jahre folgte ein Geheimrat v. Hagen, von dem nichts Näheres bekannt ist, von ihm geht Sarlhusen wieder in den Besitz des Königs über. Dieser schenkt das Gut 1754 an den Reichsfreiherrn Georg Wilhelm v. Söhlenthal, gleichzeitig Administrator der nahebei gelegenen Grafschaft Rantzau. Mit Söhlenthal kommt eine Persönlichkeit in unser Land, die tief angerührt ist von der Bewegung des Pietismus, einer durch besondere Frömmigkeit ausgezeichneten, dem nüchternen Luthertum abgewandten, auf Innerlichkeit und wahres Gotterleben bedachten Richtung innerhalb der Landeskirche. Ausgehend von dem Pastor und Professor August Hermann Francke in Halle, weitergetragen nach dem Norden durch seinen Schüler Anton Heinrich Walbaum, in enger Verbindung zu dem Hause der Grafen Stolberg-Wernigerode wurde Söhlenthal bei uns im Norden der Wegbereiter des Pietismus. Sein Haus war offen für jedermann, der es ernst meinte mit wahrer Frömmigkeit, viele Besitzer auf den Gütern schlossen sich an, die Brömbsen auf Gereby, dem heutigen Karlsburg, und auf Hohenlieth, die Dewitz auf Loitmark, die Hedemann auf Hemmelmark, die Stolberg auf Bramstedt.

1764 ging Sarlhusen über auf Detlev v. Ahlefeldt aus der Linie Haseldorf. Ahlefeldt hatte sich als Offizier in dänischen Diensten ausgezeichnet, hatte es bis zum Premier-Major mit dem Charakter eines Oberstleutnants gebracht, war aber frühzeitig aus Gesundheitsgründen aus dem aktiven Dienst geschieden. Er hatte sicherlich auf Grund einer reichen Heirat die Mittel zum Erwerb eines Gutes in der Hand. 1755 hatte er sich mit der Baronesse Amalie v. Wich vermählt, einer Tochter des großbritannischen Gesandten am russischen Hofe Cyrillus v. Wich. Dieser hatte das damals sehr bedeutende Kanzleigut Tangstedt bei Hamburg angekauft und stand durch seine Heirat mit Marie Elisabeth v. Wedderkop dem holsteinischen Adel nahe. Aber Ahlefeldt sollte sich seines Besitzes nicht lange erfreuen, nur wenige Wochen, nachdem er seinen Abschied genommen hatte, starb er, erst 44 Jahre alt.

Von jetzt ab beginnt für Sarlhusen eine nicht abreißende Kette von Verkäufen, es verlohnt nicht, die Namen der vielen Besitzer aufzuzählen. Selten tauchen Namen aus dem holsteinischen Adel auf, 1797 Ludwig Achatz v. Buchwaldt, 1846 Baron Hans Adolph v. Brockdorff. Aber auch sie sind nur für wenige Jahre Besitzer geblieben. Sarlhusen war, wie man früher in Holstein zu sagen pflegte, zum Walzengut geworden, so schnell wechselten die Besitzer. Der Grund hierfür mag in der abseitigen Lage des Gutes und in den wenig ertragreichen Böden der Geest gefunden werden.

Als der erst 27jährige Leopold Conze 1890 das Gut kauft, beginnt das, was man die große Zeit Sarlhusens nennen möchte. Er stammte aus Göttingen, wo sein Vater Alexander Conze, einer unserer bedeutendsten Archäologen, als Privatdozent lehrte. Dieser wurde später Professor, erst in Halle, danach in Wien und endlich in Berlin, und leitete dort als Direktor die Antikensammlung der Berliner Museums. Seiner Initative sind die großartigen durch den Bahningenieur Carl Humann vorgenommenen Ausgrabungen von Pergamon zu verdanken, unter ihnen der weltberühmte Pergamon-Altar, der heute in Berlin steht. Humann erhielt 1884 ehrenhalber den Titel eines Direktors am Berliner Museum.

Leopold Conze hatte mit klarem Blick erkannt, wozu die Natur Sarlhusen bestimmt hatte, zur Fischzucht. Von den nahen Höhen des Glasberges und aus vielen Quellen strömte frisches Wasser in beliebigen großen Mengen heran. So schuf er bei der Sarlhusener Papiermühle, die längst schon kein Papier mehr herstellte, eine Forellenzucht, die planmäßig von Jahr zu Jahr erweitert wurde. Heute gehören zum Gut 20 ha Fischteiche, die an Gunnar Reese verpachtet sind. Sein Vater hatte bereits auf dieser Grundlage durch Zupacht von anderen Besitzern eine Teichwirtschaft in der stattlichen Größe von 220 ha entwickelt, die heute

zu den bedeutendsten in ganz Deutschland gerechnet werden kann. Von dem Ankauf der Forellen-Eier bis hin zur verkaufsfähigen Größe der Fische, von der Verarbeitung bis hin zur eigenen Räucherei findet hier der Fachmann und der Laie auf rationell ausgenutzten Räumlichkeiten alles, was zu dieser gastronomischen Delikatesse gehört.
Leopold Conze arrondierte das Gut und züchtete eine vorzügliche Rindviehherde Breitenburger Rasse. Zahlreiche erste Preise auf den Ausstellungen der Deutschen Landwirtschaftsgesellschaft bewiesen die öffentliche Anerkennung seiner Wirksamkeit.
Für Leopold Conze wurde nicht nur das Gut gekauft, sondern auch das jetzige Herrenhaus erbaut. Seine Großmutter Marie-Elise te Kloot stammte aus Holland und war Mennonitin, die Familie siedelte von Holland nach Altona um. Marie-Elise te Kloot gab seinerzeit das Geld für den Erwerb des Gutes Sarlhusen und den Bau des Herrenhauses. Hierbei wurden ihm 20000 Mark unter Anrechnung auf seine späteren Erbansprüche ausgezahlt, um ihm den Erwerb von Sarlhusen zu ermöglichen.
Bis dahin dürfte nur ein sehr bescheidenes Herrenhaus dort gestanden haben. Auf der Lithographie von Adolf Hornemann von 1850 ist links am Bildrand das kleine damalige Herrenhaus abgebildet. Es war ein einstöckiger Bau mit einem Giebelvorbau über dem Portal und einem Krüppelwalmdach. Offenkundig hatte es beiderseits des Portals zwei Zimmer, insgesamt ein bescheidener Bau wohl aus dem 18. Jahrhundert.

Sarlhusen, Federzeichnung von Joh. Liedtke 1890

Das jetzige Herrenhaus wurde nach einem Entwurf des Altonaer Architekten Johann Liedtke von 1890 für Marie-Elise te Kloot im Stile der Zeit erbaut. Im Erdgeschoß sind noch beachtliche Stukkaturen an der Decke aus dieser Zeit erhalten. An die Stelle der ursprünglichen Freitreppe mit Vorbau kam im 20. Jahrhundert eine verglaste Veranda mit neuer Treppe.

Leopold Conze trat sehr bald führend im öffentlichen Leben hervor, so schloß er sich umgehend dem Central-Fischereiverein für Schleswig-Holstein an, einem Zusammenschluß von Nicht-Berufsfischern. Bereits 1893 wählten die Fischereiinteressenten Conze mit erst 30 Jahren zum Vorsitzenden des Central-Fischereivereins für Schleswig-Holstein. 1905 leitete Conze die Kommission für die Fischerei in der Wakenitz und auf den Ratzeburger Seen, und 1911 erfaßte er erstmalig die bis dahin nichtorganisierten Ostseefischer im Ostseefischerbund. Nach dem Ersten Weltkriege verkaufte Conze Sarlhusen, da er zu 100% schwer kriegsbeschädigt nach drei schweren Verwundungen heimgekehrt war und widmete sich von jetzt an ganz der Förderung der Fischereiwirtschaft. 1917 wurde er Vizepräsident des Deutschen Fischereiverbandes, 1919 gründete er den Preußischen Fischereiverband. 1931 zog er sich infolge persönlicher Differenzen aus allen Ämtern zurück, nicht ohne jedoch vorher ungewöhnliche Anerkennung für sein Wirken für die Deutsche Fischwirtschaft zu erhalten. So ließ der Preußische Minister für Landwirtschaft, Domänen und Forsten Conze anläßlich des fünfzigjährigen Bestehens des Central-Fischereiverbandes eine Vase überreichen, die eigens aus diesem Anlaß in der Staatlichen Porzellanmanufaktur hergestellt worden war.

Sarlhusen ging für einige Jahre in den Besitz eines Herrn Steffen über, seit 1936 ist es in den Händen der Familie Brockmann. Diese stammt aus Niedersachsen und hat ihren dortigen Besitz wegen der Anlage eines Truppenübungsplatzes abgeben müssen.

Das Gut entsprach in seiner ursprünglichen Größe sicherlich der Größe der heutigen Gemeinde Sarlhusen mit 1068 ha. Der Nebenhof Katharinenhof mit 80 ha wurde vom Gut getrennt und von der Familie v. Schwartz, die früher in Posen reich begütert war, erworben, gegenwärtiger Besitzer ist Ernst Heinrich v. Schwartz. Das Gut selbst hat heute eine Größe von 319 ha, der Rest gehört zum Dorf Sarlhusen, das seit langer Zeit wirtschaftlich vom Gut getrennt ist.

Salon mit Stukkaturen um 1890

Adeliges Gut Sarlhusen

Besitzer: Heinrich Brockmann

Besitzer

1522–1601	(v.) Sehestedt
1601–1660	königlich
1660–1725	v. Lente
1754–1764	Frhr. v. Söhlenthal
1764–1890	verschiedene Besitzer
1890–1919	Leopold Conze
seit 1936	Heinrich Brockmann

Gut und Bauten

Gut wahrscheinlich im 16. Jh. errichtet.
Auf der heutigen Burginsel Anlage der ersten Wasserburg.

18. Jh.	Bau eines neuen Herrenhauses außerhalb der Burginsel
1890	Bau des jetzigen Herrenhauses.

15 Drage

Kirchspiel Hohen-Aspe Kreis Steinburg

Das Gut Drage besteht seit langem nicht mehr, einst rechnete es zu den adeligen Marschgütern und hatte noch bis etwa 1800 die stattliche Größe von 11500 to gleich etwa 5–6000 ha. Es bestand damals aus dem Haupthofe, den Meierhöfen Christinenthal sowie Alt- und Neu-Bökernhöfen, vielen Dörfern und Einzelstellen und bedeutenden Waldungen, dazu einem wahrhaft fürstlichen Schloß, einem der größten in ganz Schleswig-Holstein. Dann wurde alles niedergelegt, das Schloß abgebrochen, das Gutsland parzelliert und an die Untergehörigen verkauft, die Wälder dem Staatswald zugeschlagen. Heute erinnert nur noch eine Stelle im Gelände an den ehemaligen Schloßhof mit seinen Nebengebäuden, und eine Espenallee kennzeichnet die Umgrenzung des Gutsparks.

Die Geschichte Drages reicht in sehr alte Zeiten zurück. Im Jahre 1148 bestätigt Heinrich der Löwe, der hier als Herzog von Bayern und Sachsen bezeichnet wird, in einer ausführlichen Urkunde die Schenkungen, die er selber, sein Vater und sein Großvater Heinrich bzw. Lothar zugunsten des Klosters Novum Monasterium (= Neumünster, später nach Bordesholm verlegt) gemacht haben und fügt seinerseits die Wilstermarsch und das spätere Breitenburg jenseits der Wilsterau und Stör hinzu.

Entsprechend der Bedeutung der Urkunde ist auch die Reihe der Zeugen, Mitgelober und Gönner lang. An ihrer Spitze kommt der Erzbischof von Hamburg, dann der Dompropst von Bremen und Vicelin, Propst des Klosters Neumünster. Es folgen die Fürsten, dann heißt es etwas summarisch: noch weitere Fürsten, Ritter und Ministeriale. Nur die Holsteiner werden sorgfältig mit Rang und Namen verzeichnet, an der Spitze die beiden Overboden von Holstein und Stormarn, als 7. in der Reihenfolge der Ritter Etheler von Drage.

Diese Erwähnung eines Ritters von Drage läßt nur den Schluß zu, daß um diese Zeit bereits ein Rittersitz vorhanden war, sicherlich kein Gut im späteren Sinne, vielleicht nur ein Wehrturm aus Fachwerk auf kleinem Hügel und geschützt durch breite Gräben. Zu welchem Geschlecht dieser Ritter gehörte, wissen wir nicht, es spricht aber vieles dafür, daß er zu den Herren v. Krummendieck zu rechnen ist. Der Name Etheler, der sonst im holsteinischen Adel kaum vorkommt, ist bei den Krummendieck häufig. Hinzu kommt, daß die Krummendieck schon sehr früh, lange vor 1200, nachweisbar sind und damit zu den ältesten bekannten Geschlechtern des holsteinischen Adels zählen. Sie kommen nach den Wohnorten der einzelnen Ritter unter verschiedenen Namen vor, so als Herren v. Ottenbüttel und Aspe oder einfach nach dem Wappen, das einen Lindenbaum zeigt mit dem Namen Busch oder Busche. Die ganze Landschaft an der unteren Stör, Heiligenstedten, Krummendieck, Drage, Mehlbek, Bekmünde, Bekhof usw., ist seit frühen Zeiten im Besitz dieses weitverzweigten Geschlechtes. Sie sind auch spätestens seit 1306 als Herren auf Drage nachweisbar und nutzen diese Jahrhunderte, um Drage zu vergrößern.

Im Anfang des 16. Jahrhunderts geht Drage für einige Generationen an die Sehestedt über. Diese verkaufen Drage 1581 an Claus v. Ahlefeldt auf Gelting, der es aber im gleichen Jahr seinem Vetter Balthasar (nach holsteinischem Brauch meistens Baltzer genannt) v. Ahlefeldt auf Heiligenstedten überließ. Balthasar v. Ahlefeldt besaß einen großen Güterkomplex in der Marsch und baulustig, wie er war, entstanden während seiner Lebenszeit gleich drei bedeutende Landschlösser. Er berief den italienischen Architekten Francesco de Roncha oder Franz v. Roncha und ließ durch ihn die sehr bedeutenden Bauten auf Heiligenstedten und Övelgönne, letzteres innerhalb des adeligen Marschgutes

Friedrich Ernst Markgraf von Brandenburg-Culmbach, Statthalter von Schleswig-Holstein. Ölgemälde, Kirche Hohenaspe

Christina Sophie Markgräfin von Brandenburg-Culmbach, Prinzessin von Braunschweig-Bevern. Ölgemälde, Kirche Hohenaspe

Groß-Colmar errichten. Auch auf Drage entstand eine stattliche Burg. Nach der Chronik von Lambert Alard bestand die Burg auf Drage, die nach seiner Angabe von Grund auf neu erbaut wurde, aus viereckigen Häusern, also anscheinend nicht einem Langhaus oder Flügelbau, sondern eher aus zwei turmartigen Häusern, vielleicht nur durch eine Mauer verbunden, ähnlich wie das gleichzeitig erbaute Damp oder Panker.

Balthasar v. Ahlefeldt hatte nur eine einzige Tochter, Dorothea, die nacheinander zweimal mit einem Rantzau verheiratet war. Aus ihrer zweiten Ehe mit Detlev v. Rantzau auf Panker gab es wieder eine Tochter Dorothea, die Christian Rantzau auf Breitenburg heiratete. Christian Rantzau wurde 1650 in den Stand eines souveränen Reichsgrafen erhoben und konnte jetzt eine eigene Reichsgrafschaft regieren. Auf diese Weise kam jetzt Drage für fast ein Jahrhundert in Rantzauischen Besitz.

Dieser erste Reichsgraf erbaute von 1657 an innerhalb der Grafschaft, unweit der heutigen kleinen Stadt Barmstedt, ein Schloß, das aber anscheinend mehr als Jagdschloß benutzt wurde. Es bestand aus einem Langhaus mit Flügel, 1804 wurde es abgebrochen und an seiner Stelle das heute noch stehende zweistöckige Fachwerkhaus für den früheren Administrator, später für die Oberförster errichtet. Christian Rantzau zog es vor, in Breitenburg zu wohnen, das durch den Dreißigjährigen und durch den Schwedischen Krieg im Grunde in Trümmern dalag und wo man mit Mühe einen Interimsbau für einen regierenden Reichsgrafen hochgezogen hatte. Als er 1663 starb, verlegte die gräfliche Familie ihren Wohnsitz nach Drage, wie die vielen dort ausgestellten Urkunden beweisen. Auch der Sohn und Nachfolger, der Graf Detlev zu Rantzau, ist auf Drage verstorben.

Während dieser Rantzauischen Zeit dürfte das Schloß oder die Burg von Drage in erheblichem Umfange umgebaut worden sein. Der Reichsgraf Detlev zu Rantzau, † 1697, hatte einen eigenen Hofdichter, Christian Wernicke, der durch eine Reihe von Schäfergedichten bekannt geworden ist. Er hat das gräfliche Ehepaar in einem Gedicht als Damon und Amarillis besungen. Aus diesem Gedicht ergibt sich, daß die alte Ahlefeldtsche Burg schon damals in großem Umfange umgebaut worden war. Wernicke hat hierüber folgende Zeilen verfaßt:

> Da steht ein Hauss, zuerst einträchtig aufgeführet,
> Mit Flügeln wol versehen und einem Thurm gezieret;
> Ein Zusatz aber hat hernach die Reih verheret,
> die Ordnung halb verrückt, doch das Gemach vermehret;
> Nun ist es äusserlich von aller Zierath bloss,
> unordentlich bequem und unbeneidet gross.

Nach den späteren Umbauten zur Zeit des Markgrafen Friedrich Ernst v. Brandenburg-Kulmbach zu urteilen, sind während der Rantzauischen Zeit die beiden pavillonartigen quadratischen Turmbauten zur linken und zur rechten durch einen Mittelbau verbunden worden, vor den Mittelbau wurde ein Turm gesetzt, beide Eckbauten wurden durch Flügelbauten nach Norden verlängert, so daß jetzt ein stattlicher Dreiflügelbau entstand, wie wir ihn ähnlich auch von anderen Herrenhäusern kennen. Hierüber hinaus entstanden weitere Anbauten, anscheinend aus Fachwerk.

Als der Sohn des Grafen Detlev, Graf Christian Detlev 1721 auf der Jagd in der Nähe des Jagdschlosses Rantzau ermordet wurde, brach das Unglück über die Familie herein. Der König zog die ihm ohnehin lästige Grafschaft alsbald ein, schlimmer noch, er ließ den Bruder, den Grafen Wilhelm Adolf zu Rantzau, auf königliches Gebiet locken und gefangensetzen. Der unglückliche Bruder, über dessen Charaktereigenschaften es im Gegensatz zu dem unguten Verhalten des älteren Bruders eigentlich nur positive Urteile gibt, wurde vor ein Criminalgericht in Rendsburg gestellt und hier wegen angeblicher Anstiftung zum Brudermord zu lebenslanger Kerkerhaft verurteilt, die er auf der Festung Akershus in Norwegen bis zu seinem frühen Tode 1734 verbüßt hat. Ob er zu Recht verurteilt worden ist, bleibt bis zur Gegenwart eine offene Frage, die Entscheidung liegt wahrscheinlich mehr auf dem politischen Gebiet als auf dem juristischen.

Der König schickte sich an, auch Breitenburg und Drage zu konfiszieren. Aber die Schwester der beiden Brüder, Catharine Hedwig, verheiratete Gräfin zu Castell-Rüdenhausen, ging unerschrocken die Gerichte an. Sie konnte nachweisen, daß diese beiden Güter nie zur Reichsgrafschaft gehört hätten, mithin Allodialbesitz seien und ihr daher als der Erbin der beiden Brüder zuständen. Sie erreichte in der Tat ein obsiegendes Urteil, aber es scheint, als habe man seitens der Krone Dänemarks in sie gedrungen, wenigstens Drage an den König zu verkaufen und sich mit Breitenburg zu begnügen. Tatsächlich entschloß sie sich im Jahre 1728 zum Verkauf von Drage an König Friedrich IV. Als dieser zwei Jahre später starb und Christian VI. den Thron bestieg, begann die Glanzzeit für Drage. Der König hatte einen Schwager, den Markgrafen Friedrich Ernst v. Brandenburg-Culmbach. Diesen setzte der König zum Statthalter in den Herzogtümern ein, ein Amt, das er bis zu seinem Tode 1762 bekleidet hat, ohne politisch sonderlich hervorzutreten.

Der König schenkte dem Schwager das Gut Drage und ordnete an, daß alsbald aus dem bisherigen Herrenhause ein fürstliches Schloß entstehen solle. Er berief den bekannten dänischen Architekten Nicolai Eigtved, der seinerseits als Baumeister den später sehr bekannten Hofbaumeister Christian Böhme und den Zimmermeister Jens Petersen Vysborg aus Kopenhagen hinzuzog. Nach den eingehenden Untersuchungen, die Peter Hirschfeld angestellt hat, ist anscheinend der Bau aus der Rantzauischen Zeit im wesentlichen stehengeblieben. Abgebrochen wurde keineswegs, wie andere Autoren vermuten, das gesamte Bauwerk, sondern man begnügte sich damit, den Turm und die aus Fachwerk bestehenden Seitenbauten zu entfernen. Jetzt erhielt der Mittelbau eine stattliche Vorderansicht mit einem großen Frontispice mit Portal und vierfachen Marmorstufen, der Giebel war geschmückt mit dem Wappen des königlichen Statthalters. Die beiden schon vorhandenen Flügel wurden durch weiträumige, verhältnismäßig niedrige Flügel weitgehend verlängert, so daß ein großräumiger, doppelter Schloßhof entstand, ein Vorhof, der von den beiden neuerbauten Seitenflügeln eingerahmt war und ein innerer Schloßhof, den man über eine kleine

Brücke über die Auen hinweg erreichte. Vom Schloß führte nach hinten heraus eine weitere Brücke über die breiten Wassergräben in den Park.

Die Zeit, die der Markgraf in Drage residierte, kann nach dem Urteil eines Schriftstellers unserer Tage, Otto Holm aus Edendorf, unstreitig als die Glanzzeit des Gutes betrachtet werden. Etwa 1745 dürfte das neue Schloß fertiggeworden sein, aber man weiß, daß schon 1741 der Markgraf dort gewohnt hat. Das spricht erst recht dafür, daß der Bau aus der Rantzauischen Zeit nicht völlig abgetragen worden ist.

Dem glanz- und prunkliebenden neuen Herrn mochte das alte Herrenhaus nicht mehr genügen, daher entstanden die soeben geschilderten großzügigen Um- und Anbauten. Im Süden einer kleinen Anhöhe gelegen, zeigte die Vorderfront des Schlosses nach Norden und ragte weithin in die Lande. Nur eine Espenallee, parallel zur heutigen, die am Tiergarten vorbei zur Landstraße führt, trennte es von der Drager Aue. Nördlich und nordwestlich des Schlosses lag der prächtige Schloßgarten mit seinen Baumgruppen, Zierpflanzen, wohlgepflegten Beeten und Rasen und alledem, was zu einem herrschaftlichen Park gehörte. Da gab es eine Fasanerie, eine Reitbahn, einen Marstall, da versah ständig eine Leibkompanie den Ehren- und Wachtdienst, eine große Dienerschaft stand zur Verfügung, für die mannigfaltigsten Bedürfnisse der Hofgesellschaft zu sorgen. In den Waldungen erklangen oft die Jagdhörner, und in den prächtigen Räumen des Schlosses bewegte sich an manchen Tagen eine festliche Gesellschaft.

Das dauerte bis 1762, als der Markgraf, von dem man nicht viel Rühmendes zu berichten weiß, gestorben war und im hochfürstlichen Begräbnis der Kirche zu Hohen-Aspe beigesetzt wurde. Bis 1779 wohnte noch die Witwe in dem einsam gewordenen Schlosse, dann kam das Ende. Infolge königlicher Resolution vom 5. September 1787 wurde das Gut in dreißig Parzellen höchstbietend verkauft, die Wohngebäude wurden zum Abbruch verkauft, es blieb nichts als zwei Stallgebäude, die 1821 abbrannten. Die Krone behielt nur die Waldungen.

So blieb das Hofleben auf Drage nur eine Episode, die schnell zu Ende ging wie ein nächtlicher Spuk. Sie verschwand ebenso wie der Name Friedrichsruhe, der vom König dem Schlosse damals zu Ehren des Markgrafen beigelegt war. Nur die beiden Ölbilder der markgräflichen Fürstlichkeiten in der Kirche zu Hohen-Aspe halten die Erinnerung an jene Zeit wach.

Die hier wiedergegebenen Abbildungen der Fassade des Schlosses und des Grundrisses der umfangreichen Baulichkeiten sind entnommen dem

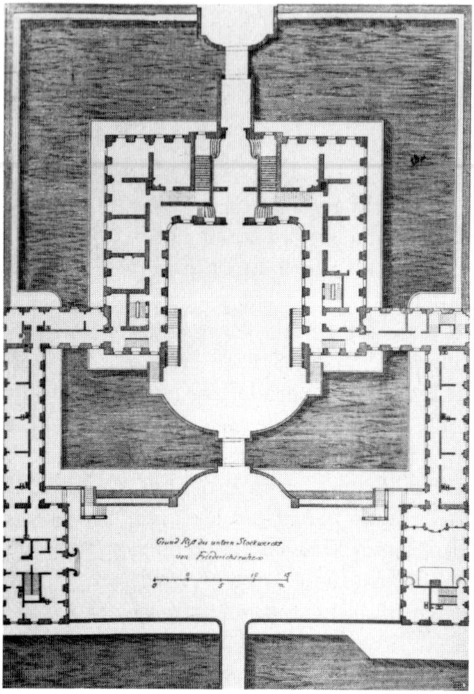

Schloß Friedrichsruhe, Grundriß

bekannten Werk von Laurids de Thura: Den danske Vitruvius. De Thura hat dieses Werk in den Jahren 1746 bis 1749 verfaßt, die Stiche von Drage oder Friedrichsruhe müssen daher sehr bald nach der Fertigstellung des Schlosses entstanden sein. Der Name Vitruvius ist gewählt in Anlehnung an den Baumeister aus der Zeit des Kaisers Augustus in Rom, der diesen Namen geführt hatte.
In den gleichen Jahren, in denen das Schloß Friedrichsruhe abgebrochen wurde, entstand in Wilster, wahrscheinlich durch den berühmten Baumeister Ernst Georg Sonnin das sog. Bürgermeisterhaus oder Neue Rathaus. Hier wurde im Obergeschoß ein Spiegelsaal aus Drage eingebaut, ein Saal mit Rokokostuck an Wänden und Decke, mit zehn Spiegeln und drei Supraporten. Im Garten des Bürgermeisterhauses überdauern einige steinerne Figuren aus dem Park von Drage, und auch das reizende Verwalterhaus des ausgehenden 18. Jhdts. ist im früheren Schloßpark noch erhalten.

16 Mehlbek

Kirchspiel Heiligenstedten *Kreis Steinburg*
Pfarrstelle Krummendiek

Der Name Mehlbek wird im allgemeinen mit Mühlenbach erklärt, eine Deutung, die eine große Wahrscheinlichkeit für sich hat. Der Ort wird durchflossen von der Mühlenau, eine Mühle gab es hier schon im frühen Mittelalter. Diese blieb in Betrieb bis 1951.
Wolfgang Laur, unser bekannter Ortsnamenforscher, legt hierzu eine Version vor, die von höchstem Interesse ist, wenn es nämlich mit dem frühmittelalterlichen ,,melac'' zusammenhängen sollte. Dieser Ortsname wird in einer Handschrift der Fränkischen Reichsannalen im Zusammenhang mit der Zusammenkunft zwischen Karl dem Großen und dem dänischen König Göttrik erwähnt.
Nach einer Auskunft der „Monumenta Germaniae Historica“ und des „Office de Documentation-Société des Amis de la Bibliothèque Nationale“ stammt die Handschrift, die „melac“ enthält, aus dem 11. Jahrhundert aus Südfrankreich. Nach Auskunft des französischen Instituts ist ,,melac'' von der gleichen Hand wie die übrige Handschrift

und keine spätere Hinzufügung. Da die anderen Ortsnamen gut überliefert und identifizierbar sind, müßten wir auch in „melac" einen frühmittelalterlichen Ortsnamen aus Holstein sehen.

Wolfgang Laur trennt das Wort und findet in der Endsilbe „-ac" das spätere Wort für Au oder Ache, niederdeutsch oft zu Bach oder Bek umgeformt. Den ersten Bestandteil des Wortes „mel-" möchte er mit Mehl, Staub, Sand und dergl. gleichsetzen, eine Deutung, die nicht befriedigt. Mehlbek liegt in einer feuchten Niederung, die Sandböden beginnen erst 2 km westlich. Daher bleibt doch die wahrscheinlichste Erklärung, Mehlbek=Mühlenbach zu deuten.

Das Gut Mehlbek ist erst in viel späterer Zeit, vermutlich 1543, entstanden und offensichtlich nicht mit einem einzigen Mal, sondern durch Besitz von Hufen in diesem Raum, die erst nach und nach zu dem späteren Gut zusammengewachsen sind. Noch in der Rantzauischen Zeit, noch im 16. Jahrhundert, hören wir von Arrondierungen, Hinzukauf von Bauernhöfen und der allmählichen Anlage des Hoffeldes. Die ersten Besitzer, von denen wir Genaueres wissen, sind die Herren v. Krummendieck, die auf dem benachbarten Krummendiek sitzen, eine Verbindung, die noch im 18. Jahrhundert wieder zum Tragen kommen sollte.

Vielleicht rührt auch aus dieser engen Verbindung mit Krummendiek her, daß das Gut Mehlbek seit jeher zu den adeligen Marschgütern gerechnet wird, obwohl es selber nicht in der Marsch liegt, höchstens daß einige Nebenländereien, die jetzt nicht mehr zum Gute gehören, Marschland waren, so vor allem der Hof Hollgrube.

Diese adeligen Marschgüter sind in der gesamten Elbmarsch zu finden, von Wedel im Westen angefangen bis eben zu unserem Mehlbek. Die wenigsten von ihnen haben es zu wirklichen Gütern im allgemeinen Sinne gebracht, sie hatten keine Herrenhäuser, keine Gutshöfe, kein Hofland, sondern waren mehr als Vogteien mit vielen abgabepflichtigen Hintersassen anzusprechen. Nur einige wenige sind den Gütern in Ostholstein vergleichbar, Haseldorf und Haselau, Seestermühe und Breitenburg, Heiligenstedten und Krummendiek. Aber die vielen anderen, wie Groß- und Klein-Colmar, Bekmünde, Bekhof und noch einige mehr, gehören in die zweite Gruppe. Juristisch gab es gewisse Unterschiede zwischen den adeligen Gütern des Ostens vor allem hinsichtlich der Gerichtsbarkeit, die in den adeligen Marschgütern nicht dem Gutsherrn allein oblag, sondern in denen sich Reste der alten Thinggerechtigkeit erhalten hatten. Und wo Versuche gemacht wurden,

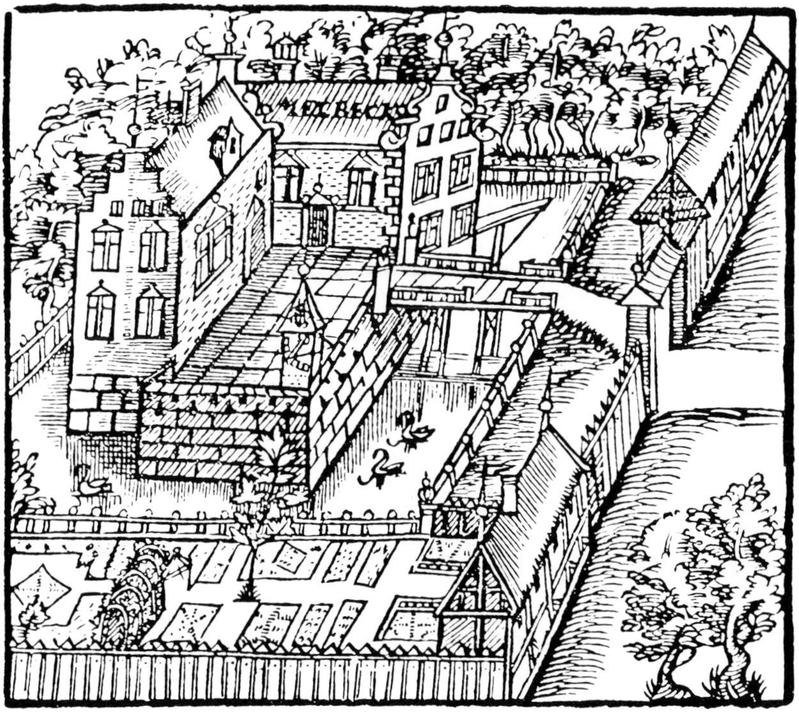

Mehlbek um 1591, Holzschnitt von Lindeberg

Güter mit Herrenhäusern und Gutshöfen zu bilden, waren sie von kurzer Dauer. Das Herrenhaus auf Haselau wurde bald nach 1800 abgebrochen, nachdem die beiden adeligen Güter Haseldorf und Haselau vereinigt blieben, Övelgönne galt von vornherein den Bauern der adeligen Güter Groß- und Klein-Colmar als verhaßte Zwingburg und verschwand im Jahre 1817. Und die Umbildung von Drage in ein fürstliches Palais für den Statthalter, den Markgrafen Friedrich Ernst v. Brandenburg-Culmbach, blieb auf wenige Jahrzehnte bis 1787 beschränkt.

Das, was Johann Rantzau auf Breitenburg 1528 kaufte, ist noch keineswegs mit dem späteren Gut Mehlbek zu vergleichen. Er erwarb vielmehr eine Reihe von Hufen, die in mehreren Dörfern verstreut lagen, in Mehlbek, Kaaks, Aspe und Hude, heute Hohenaspe und Huje.

Die Besitzungen wurden 1538 durch eine Schenkung König Christians III. großzügig erweitert, jetzt kamen dessen Grundbesitz in Mehlbek und Kaaks sowie ein Anteil am Kaakser See hinzu. Aber noch im Landregister von 1543 kommt Mehlbek als eigenes Gut nicht vor.
Die neuen Besitzer, vor allem der Feldherr Johann Rantzau und sein Sohn, der Statthalter Heinrich Rantzau, haben nach Kräften gebaut. Ob sie Bauten aus der Krummendieckschen Zeit vorgefunden haben, ist unwahrscheinlich. Uns stehen drei Abbildungen des 16. Jahrhunderts zur Verfügung, die eine, ein winzig kleines Ölbild auf der Rantzauischen Tafel von 1587, ihm entsprechend der Stich bei Hieronymus Henninges, die dritte in der Hypotyposis arcium von 1591 von Peter Lindeberg. Die Abbildungen auf der Rantzauischen Tafel und bei Henninges geben einen früheren Bauzustand wieder, während Lindeberg den fertiggestellten Bau darstellt. In allen Fällen besteht die Burg aus einem größeren Langhaus und einem niedrigeren Querflügel. Nach der Rantzauischen Tafel hatte das Haupthaus ein Walmdach ohne Treppengiebel, der Flügelbau ein einfaches Satteldach, der Eingang ging über eine Holzbrücke durch den Seitenflügel hindurch. Von hier führte in späteren Jahren eine Allee, die zu dem Wege in die Wilster-Marsch führte. Diese ist heute noch vorhanden. Nach der Abbildung bei Lindeberg war der ganze Bau in wesentlichen Teilen verändert worden und sicherlich zu seinem Vorteil. Das Langhaus hatte jetzt Treppengiebel erhalten, der Flügelbau war auf die Höhe des Haupthauses gebracht worden, die Giebelseiten im Stil der Renaissance mit geschweiften Giebeln versehen, der Schloßhof – ein beliebtes Motiv bei Heinrich Rantzau – sorgsam gepflastert, wie z. B. auch in Nütschau im heutigen Kreise Stormarn, endlich in der freien Ecke des Schloßhofes ein Obelisk mit Sonnenuhr, 30 Fuß = ca. 10 m hoch, 4 Fuß = eineindrittel m breit. Heinrich Rantzau hat selber von Mehlbek gesagt: „Es ist schön, auf rechte Weise zu erhalten, was man von den Vätern empfangen".
Der Feldherr Johann Rantzau hat mehrere Jahre hier gewohnt. Im Jahre 1559 erhielt die Burg sogar ihre besondere Bedeutung. Nach der furchtbaren Niederlage des Königs und der Schleswig-Holsteinischen Ritterschaft in der Schlacht von Hemmingstedt im Februar 1500 hatte wohl nichts so sehr die Gedankenwelt des Königs wie des einheimischen Adels bewegt als ein Rachefeldzug gegen Dithmarschen. Jetzt glaubte man endlich so weit zu sein, König Friedrich II. schlug sein Quartier in Mehlbek auf, der Feldherr Johann Rantzau hatte sein Hauptquartier unweit davon und war mit der Durchführung der militärischen

Eingangsportal

Operation betraut, die dann auch alsbald mit einem vollen Siege und der Unterwerfung der trotzigen Dithmarscher Bauern endigte.
Nach dem Tode des Statthalters 1598 erbte seine Ehefrau Christine geb. v. Halle Mehlbek und scheint hier auch bis zu ihrem Tode 1603 gelebt zu haben, wie überhaupt mehrfach Mehlbek als Wohnsitz der Witwen von Breitenburg benutzt worden zu sein scheint. Nach ihrem Tode erbte der älteste Sohn Franz Rantzau, der ganz in dänische Dienste getreten war, † 1612, das Gut, von ihm sein Sohn Erich Rantzau. Er entschloß sich 1616, das Gut an Frau Ölgard v. Ahlefeldt zu verkaufen. Offensichtlich ist ihm der Verkauf nicht leicht gefallen, in der Verkaufsurkunde sagt er:

> „Dergestalt, als meine seligen lieben Voreltern Herr Johann Rantzau, Ritter, dasselbe Gut anfänglich gekauft, und derselbe und danach Heinrich Rantzau, kgl. holsteinischer Statthalter, dessen hinterlassene Witwe, auch mein seliger lieber Vater und ich bis anitzo von undenklichen Jahren innegehabt ..."

Jetzt blieb Mehlbek für etwa ein Jahrhundert bei den Herren v. Ahlefeldt, 1619 wird der Sohn Cai v. Ahlefeldt als Besitzer genannt, Ritter des Elephantenordens, Besitzer zahlreicher Güter und Inhaber hoher und bedeutender Staatsstellungen. Er hatte einen schweren Kummer, von seinen beiden Söhnen sollte der ältere, Burchard, die Hauptmasse des väterlichen Besitzes erben, er wurde unter dem Titel eines Grafen v. Ahlefeldt-Eschelsmark als einer der ersten holsteinischen Adeligen in den (Titular-)Grafenstand erhoben. Aber der jüngere Sohn Friedrich Christian, dem der Vater Mehlbek zugedacht hatte, starb als junger Student 1669 in Straßburg an den Pocken. Er muß ein hochbegabter junger Mann gewesen sein, es gibt eine umfangreiche Sammlung von Gedichten anläßlich seines frühen Todes, der Rektor der Universität, alle Dekane der vier Fakultäten, viele andere Professoren und Freunde haben Trauergedichte beigesteuert, als letztes ein rührend zu lesendes italienisches Gedicht eines guten Freundes. Der tiefbetrübte Vater ließ einen Prunksarkophag für den Sohn anfertigen, der bis zum heutigen Tage eine der großen Sehenswürdigkeiten der Thomaskirche in Straßburg darstellt.
Mehlbek ging daher nach dem Tode des Vaters 1670 auf den älteren Sohn Burchard über. Dieser verkaufte 1673 das Gut an den Vetter Balthasar v. Ahlefeldt auf Heiligenstedten. Bei ihm bzw. seinen Nachkommen verblieb das Gut nur bis 1692.

In diesem Jahr trat eine neue Familie in Erscheinung, die Reichenbach. Der Vater Christian Ernst war verheiratet mit der Tochter des berühmten Gelehrten Hermann Conring, Elisabeth Sophie, die auch als Dichterin bekannt geworden ist, und kaufte 1692 Mehlbek mit Bekdorf an. Schon 1687 war er zusammen mit seinem Bruder Georg Andreas in den Reichsfreiherrnstand erhoben worden, nachdem er kurz zuvor 1685 kaiserlicher Hofrat und dann Assessor am kaiserlichen Kammergericht geworden war. Er vertrat die Sache des Gottorfer Herzogs Christian Albrecht während der Altonaer Verhandlungen, die 1689 mit der Restituierung des Herzogs in seine alten Rechte endeten, und starb 1699 in hohen Würden als gottorpischer Kanzler. Nach seinem Tode gingen die Güter über auf seinen gleichnamigen Sohn, der 1711 in die schleswig-holsteinische Ritterschaft aufgenommen wurde. Hierfür mag die Tatsache mitbestimmend gewesen sein, daß er mit einer Dame aus holsteinischem Adel vermählt war, Catharine Reventlow. Das Ehepaar hat im Jahre 1710 die schöne Fachwerkscheune auf dem Hofe erbaut und beiderseits der Haupteinfahrt ihre Namen auf Inschrifttafeln anbringen lassen. Aber Christian Ernst v. Reichenbach machte im Jahre 1714 Konkurs. Die Konkursverwalter verkauften Mehlbek an den Verbitter Detlev Reventlow auf Schmoel. Dieser gab das Gut schon im Jahre darauf weiter an Dietrich Wittmaack, dieser seinerseits im Jahre 1728 an den Generalkriegskommissar Johann Hinrich v. Lohendahl, † 1746. Lohendahl hieß ursprünglich Lohmann und war durch Fleiß und Tüchtigkeit mit vielen Ämtern im Staatsdienst, vor allem innerhalb des Militärwesens, betraut worden. Im Jahre 1720 wurde er unter dem Namen v. Lohendahl geadelt. In dem gleichen Jahre, in dem er den Adelsbrief erhielt, konnte er auf

Scheune von 1710

Eschelsmark seine (zweite) Hochzeit feiern mit Ida Magdalene v. Ahlefeldt. Er hinterließ vier Töchter, aber keinen Sohn, so daß die eben erst geadelte Familie mit seinem Tode wieder erlosch. Von den Töchtern war eine mit Bendix v. Ahlefeldt verheiratet, eine andere mit dem Kammerherrn Bernd Hartwig v. Levetzow auf Schönhagen bei Kappeln.
Nach dem Tode Lohendahls wurde Mehlbek an den Conferenzrath und Präsidenten von Altona Bernhard Leopold Volkmar v. Schomburg für 30 200 Rthlr. verkauft.
Schomburg war der letzte Präsident von Altona, nach seinem Abgange wurde der Titel des Amtes aufgewertet zum Oberpräsidenten von Altona. Schomburg war 1705 geboren und war mit der markgräflichen Familie von Brandenburg-Culmbach auf Drage jung ins Land gekommen. Er stand in besonderer Gunst bei der Königin von Dänemark und dem Markgrafen auf Drage. 1731 wurde Schomburg Justizrat und Regierungsrat in Glückstadt, 1732 verlieh ihm der Markgraf von Brandenburg seinen Hausorden, nämlich den Brandenburgischen Roten Adler-Orden. Nach dem Tode des Königs Christian VI. 1746 nahm er seinen Abschied und dürfte sich seitdem auf Drage aufgehalten haben.
Als Präsident von Altona hat er sich während seiner zehnjährigen Administration große Verdienste erworben. Man pflegte von ihm zu sagen, daß man in Altona keinen Fuß setzen könne, ohne auf ein Schomburgisches Werk zu treten.
1766 verkaufte er Mehlbek an den Gutsnachbarn, den Legationsrat und Domherrn von Hamburg, Heinrich Freiherrn v. Meurer auf Krummendiek. Die Meurer waren erst kurz zuvor geadelt worden, einige Jahre später in den Reichsfreiherrnstand erhoben. Im Jahre seines Besitzerwerbes ließ Heinrich Meurer zwei nicht sonderlich große Löwen aus rötlichem Sandstein schaffen, die zunächst an der Einfahrt in den Hof an der Allee aufgestellt wurden. Nachdem die Einfahrt verlegt worden ist, haben sie ihre Aufstellung links und rechts am Portal des Wohnhauses gefunden. In sie eingemeißelt stehen die Buchstaben M für Meurer und die Jahreszahl des Erwerbes, 1766.
Mehlbek dürfte in den folgenden Jahrzehnten mehr als Nebengut von Krummendiek angesehen worden sein, erst hatte es der Vater, dann dessen Sohn, dann die Stiefmutter, zwischendurch für einige Jahre ein kaum bekannter Baron Mauritius. Johann Jacob Mauritius, wie er mit vollem Namen hieß, war holländischer Gesandter bei dem Niedersächsischen Kreis und war 1763 von König Friedrich V. in den Adelsstand erhoben worden, später vom Kaiser in den freiherrlichen Stand.

Es folgen einige kurzzeitige Besitzer aus dem schleswig-holsteinischen Landesadel, erst der Freiherr Andreas Ernst v. Liliencron, dann dessen Neffe Friedrich Ludwig Christoph v. Thienen, einer der letzten seines Geschlechtes, die Grundbesitz in den Herzogtümern besaßen. 1806 ging Mehlbek über an den Kammerherrn Andreas Hartwig Barthold v. Bernstorff aus einer Linie des Geschlechtes, die nicht den Grafentitel führte. Bernstorff hatte umfangreichen Grundbesitz im Herzogtum Schleswig und in Dänemark erworben. Während seiner Besitzzeit, die bis 1824 dauerte, ließ er die alte Burg aus der Rantzauischen Zeit abbrechen, sie war wahrscheinlich ziemlich verfallen, weil die vorhergehenden Besitzer dort kaum gewohnt haben werden. Aber die Burgstelle wäre im Gelände noch immer deutlich zu erkennen, ein kleiner kreisrunder Hügel, von Wassergräben umgeben, eine anmutige hölzerne Brücke führt dorthin, und oben auf der Spitze des Hügels steht jetzt ein reizendes Teehaus.

Nach der Bernstorffschen Ära geht es mit Mehlbek nicht gut weiter, mehrere Besitzer werden genannt, von denen kaum mehr bekannt ist als ihre Namen. Von 1824 bis 1845 besaß es der Kapitän v. Hansen, von 1845 bis 1886 die Familie Helms. Zweimal im Laufe des 19. Jahrhunderts kam das Gut in Zwangsverwaltung. Erst als es dem Fabrikbesitzer und Landwirt Ludwig Hirschberg im Jahre 1839 gelang, das landschaftlich schöne Gut Mehlbek zu erwerben, traten stabile Verhältnisse ein.

Bald darauf erwarb er auch noch das Gut Weide und 1902 Perdoel. Herr Hirschberg war zuvor Besitzer des Hofes Christinenthal gewesen. Dieser Hof hatte einstmals als Meierhof zu dem markgräflichen Gut Drage gehört und erhielt seinen Namen nach der Gemahlin des Markgrafen von Brandenburg-Culmbach.

Ludwig Hirschberg, † 1935, hatte drei Kinder, zwei Söhne und eine Tochter. Seine Absicht war, jedem der drei Kinder ein Gut zu hinterlassen, Wilhelm sollte Mehlbek erhalten, Ludwig das erst 1902 erworbene Perdoel im Kreise Plön, die Tochter Elisabeth das Gut Weide im Kreise Segeberg. Aber seine Wünsche gingen nicht alle in Erfüllung, Wilhelm fiel im Zweiten Weltkrieg 1944, nach dem Kriege mußte Weide als Mehrfachbesitz im Zuge der Bodenreform geopfert werden. Jetzt erhielt die Tochter, vermählt mit Alfred v. Rosenberg-Lipinsky Mehlbek, Perdoel verblieb bis zum heutigen Tage bei dem Bruder Ludwig Hirschberg.

Alfred v. Rosenberg, zunächst Kavallerie-Offizier, dann Offizier der Panzerwaffe, kam aus dem Zweiten Weltkrieg als Oberst und wandte

sich dann der Politik zu. Jahrelang war er im Schl. Holst. Landtag als Abgeordneter, ebenso im Kreistag, hier als Fraktionsvorsitzender. Dann wurde er Kreispräsident des Kreises Steinburg. 25 Jahre lang, von 1953 bis 1978 war er in führender Position in der Schl. Holst. Landwirtschaftskammer tätig. Elisabeth und Alfred v. Rosenberg verstarben 1985 und 1986 kurz nacheinander. Seitdem ist der Betrieb auf den von ihnen adoptierten Enkel Alexander v. Rosenberg-Lipinsky übergegangen.
Das langgestreckte Wohnhaus, ein Haus aus Fachwerk von hohem Alter, das früher einmal als Unterkunft für Söldner gedient haben soll, dann die Gutsmeierei enthielt, enthält jetzt zur Linken die Wohnung des Verwalters, zur Rechten die ebenfalls großzügig geschnittene Behausung des Besitzers. Das Gut hat heute eine Gesamtfläche von etwa 340 ha, davon Wald 90 ha, Pachtland 80 ha.
1957 wurde auf dem Gutsareal eine eigene Kirche erbaut, die den Namen Martin-Luther-Kirche erhielt und die auf einem Areal erbaut wurde, das der Besitzer zur Verfügung gestellt hatte.
Gleichfalls schenkte der Besitzer die benötigten Grundstücke zur Anlage eines Friedhofes für die Gemeinden Mehlbek und Huje, der Friedhof ist bekannt durch seine schönen Anlagen und die Lage am Waldrand.

Adeliges Gut Mehlbek

Besitzer: Alexander v. Rosenberg-Lipinsky

Besitzer

1528–1616	(v.) Rantzau
1616–92	v. Ahlefeldt
1692	v. Reichenbach dann v. Reventlow
1728–1746	v. Lohendahl
1746–1766	v. Schomburg
1766–1792	Frhr. v. Meurer
1792–1824	verschiedene Besitzer
1824–1845	v. Hansen
1845–1886	Helms
seit 1899	erst Hirschberg dann die Nachkommen v. Rosenberg-Lipinsky

Gut und Bauten

1528	Bau der ersten Burg
1575	Umbau
1710	Bau der großen Scheune
1817	Abbruch der Burg
1899	Zukauf von Christinental

17 Krummendiek

Kirchspiel Krummendiek Kreis Steinburg

Krummendiek ist die ursprüngliche Heimat des gleichnamigen Geschlechtes, das zum Unterschied von Gut und Kirche im allgemeinen mit -ck geschrieben wird. Es ist mit Heinrich v. Krummendieck auf Bekhof 1598 ausgestorben, hat aber bis dahin in vielen Linien geblüht und nicht wenige bedeutende Männer hervorgebracht. Erwähnt sei nur Erich Krummendieck auf Rundhof in Angeln, † 1439, der durch seine Tochter Margarethe Stammvater des schwedischen Königsgeschlechtes der Wasa wurde, oder Albert Krummendieck, Bischof von Lübeck, † 1489, einen der bedeutendsten Kirchenfürsten des Nordens im 15. Jahrhundert.
Die Krummendieck gehören zu den Geschlechtern unseres Landes, die schon sehr früh in den Urkunden auftauchen. 1201 wird der Ritter Busche genannt, entsprechend dem Busch, den die Krummendieck im Wappen führen, und ist sicher ein Angehöriger dieses Geschlechtes. Es blüht noch lange in der Umgebung von Krummendiek, hat sich aber schon früh von dem Stammsitz getrennt. Cai Rantzau, der zwischen 1383 und 1411 genannt wird, soll bereits das Gut besessen haben, mit

Sicherheit sein Sohn Breide, der als der Begründer der Linie Krummendiek des Geschlechtes Rantzau gilt. Freilich wird noch 1465 Lüder Krummendieck als Besitzer genannt. Aus der Linie Rantzau auf Krummendiek ging als einer der bedeutendsten Männer dieses Geschlechtes der Feldherr Johann Rantzau hervor. 1492–1565, der Begründer von Breitenburg und Bothkamp.
Später wechselt das Gut häufig den Besitzer, im 16. Jahrhundert sitzt hier in mehreren Generationen das Geschlecht Sehestedt, dann folgen Ahlefeldt, wieder Rantzau und Buchwaldt. Ein stattliches schloßartiges Gebäude soll hier gestanden haben, ungewiß wann erbaut, angeblich mit vier Türmen. 1657 wurde es von den Schweden niedergebrannt und an dieser Stelle nicht wieder aufgebaut, sondern unter Beibehaltung des alten Namens Krummendiek wurde das Herrenhaus nach dem Meierhof Lütjen-Rahde verlegt. Auf der Burgstelle, die bis zur Gegenwart hin den Namen Schloßberg führt, wurde im Jahre 1888 eine Gastwirtschaft erbaut. Aus diesem Anlaß ließ der damalige Besitzer von Krummendiek, Adolf Frhr. v. Meurer, eine Inschrift-Tafel anfertigen, die in etwas holprigen Versen von der Geschichte des Schlosses berichtet. Das Gedicht beginnt folgendermaßen:

„Einst ragte hier ein Schloß empor,
mit hohem Thurm und festem Thor."

Der Besitz vermehrte sich stattlich, Margarethe Hedwig v. Ahlefeldt geb. Rantzau erbte das adelige Marschgut Gr. Campen hinzu.
Im Jahre 1720 standen die Güter zum Verkauf. Detlev Dietrich v. Buchwaldt war 1696 im Duell gefallen, die Witwe, eine geborene Rantzau, hatte noch zweimal wiedergeheiratet, erst den Oberst v. Dalldorf, dann den Grafen Gerhard v. Dernath. Da dieser seinen Wohnsitz nach Ostholstein verlegen wollte, kam es zum Verkauf. Christian Ludwig Frhr. v. Hammerstein, †1759, brachte es später bis zum Generalleutnant. Damals stand er als Major in Horneburg an der Unterelbe. Als er sich jetzt mit Marie Elisabeth v. Ahlefeldt aus dem alten holsteinischen Geschlecht verheiraten wollte, machte die Schwiegermutter zur Bedingung, daß der Schwiegersohn sich in Holstein ankaufen solle. So erwarb er die beiden Güter Krummendiek und Gr. Campen und konnte bald darauf das adelige Marschgut Rahde hinzuerwerben und sich jetzt stolz Erbherr auf Krummendiek, Gr. Campen und Rahde nennen.

Aber als seine Frau 1743 in jungen Jahren starb, fühlte er sich an sein Versprechen nicht mehr gebunden, 1744 verkaufte er die drei Güter und erwarb an deren Stelle das adelige Gericht Kastorf im Herzogtum Lauenburg, das seiner hannöverschen Heimat näher lag. Freilich, die Beziehungen zu Holstein rissen nicht ab, der Enkel Hans Detlev Frhr. v. Hammerstein erwarb noch das adelige Gut Petersdorf im bisherigen Kreise Oldenburg hinzu und wurde 1804 in die Schleswig-Holsteinische Ritterschaft recipiert. Jetzt gab es viele Verbindungen mit dem holsteinischen Adel, mit den Grafen Holck, den Qualen, den Bernstorff und den Reventlow. Zwei Enkeltöchter waren Konventualinnen in Preetz, zwei weitere in Uetersen. Von der einen von ihnen hängt in einem unserer Gutshäuser ein reizendes Portrait von Wilhelm Tischbein.

1744 gehen die drei Güter in den Besitz der Meurer über und bleiben in dieser Familie bis zur Jahrhundertwende unseres Jahrhunderts. Die Familie Meurer stammt aus Hamburg und wurde 1631 durch Kaiser Ferdinand II. in den Adelsstand erhoben, der Kurfürst Friedrich August v. Sachsen, König von Polen, erneuerte im Reichsvikariat im Jahre 1745 den Adel. Kaiser Franz I. erhob im Jahre 1754 Heinrich v. Meurer in den Reichsfreiherrnstand.

Dieser ließ durch den Major Cornelius Gottfried Treu, der von 1739–41 Stadtbaumeister von Hamburg war, den Gutshof völlig neu erbauen. Im Gutsarchiv finden sich die Zeichnungen von Treu. Es heißt auf dem ersten Blatt:

> „Auffrisse Sämtlicher Gebäude, so Hoch-fürstl. Braunschweig Lüneburgh. Legationsrath Domherr bei dem Hochstift zu Hamburg,

Garten-Fassade

Erbherr auf Krummendieck, Campen und Rhade, Herr Heinrich Frhr. v. Meurer in den Jahren 1745–48 durch den Hannöverschen Ingenieur Major C. G. Treu aufführen lassen."

Das Herrenhaus war zweigeschossig mit Keller und hatte zwei Seitenflügel. Das Innere muß nach den vorliegenden Zeichnungen mit prachtvollem Stuck ausgestattet gewesen sein. Neu erbaut wurden außerdem die Hofgebäude mit Scheune, Kuhstall und Torhaus. Hinter dem Haus lag ein schön angelegter Garten. Hierfür existieren zwei Entwürfe, einer von F. Kramer und einer von A. F. Bauer.
Die ganze Anlage ist noch heute von einem breiten Wassergraben umgeben. Dieses Herrenhaus hat jedoch nicht lange gestanden. Schon der Enkel des ersten Meurer, der Frhr. Joachim Carl Friedrich v. Meurer ließ das offenbar sehr baufällige Haus abreißen und schloß sich dem Vorschlage des Baumeisters Christian Friedrich Hansen schon im Jahre 1803 an, ein kleineres Haus zu bauen. Der Entwurf für dieses Herrenhaus kam von einem Schüler Hansens, von dem Baumeister Friedrich Christian Heylmann aus Altona. Er war auch der Bauführer. 1812 war der Rohbau fertig, 1818 war der Bau vollendet. Das jetzt eingeschossige Haus mit gewölbtem Keller hat ein von zwei Säulen getragenes Mittelportal im vorgezogenen Risalit und beiderseits drei Fenster. Auf der Gartenseite springt der Bau in der Mitte halbrund vor. Die Vordiele wurde mit Gipsköpfen antiker Philosophen geschmückt. Der ovale Gartensaal hat ein reiches Stuckgesims und gemalte Wandarchitekturgliederung. Der links anschließende Speisesaal ist mit elegantem Stuck verziert, Vorbild bildeten Zeichnungen von Pergolesi. Im gegenüberliegenden Teil des Hauses befindet sich die eingebaute Bibliothek mit einem interessanten Ofen. Zum Hof hin war hier früher die Gerichtsstube. Im Hause befinden sich eine Anzahl von Ahnenbildern der Familie Meurer.
Das Torhaus dürfte zum gleichen Zeitpunkt erbaut worden sein. Die Jahreszahl 1749, die über der Torfahrt angebracht ist, und das Wappen stammen wohl mit Sicherheit aus einem früheren Bau.
Adolf Frhr. v. Meurer, der letzte seines Geschlechtes, 1830–1907, gehörte zu den Unterzeichnern der sog. 17er-Adresse, die führende Mitglieder der Schleswig-Holsteinischen Ritterschaft und der übrigen Gutsbesitzer im Jahre 1867 an Bismarck richteten mit der Aufforderung, die Herzogtümer an Preußen anzuschließen.
Mehr als auf anderen Gütern hat die soziale Einstellung der Meurer sich

Wappen über dem Torhaus

bemerkbar gemacht. Schon der erste von ihnen, Heinrich Meurer, setzte 1774 ein stattliches Legat aus für bedürftige Untergehörige, der Sohn Carl Meurer fügte ein weiteres Legat in gleicher Höhe hinzu zur Verteilung an „wirklich arme Personen". Ein weiteres Legat kam von dem gleichen hinzu zum Andenken an eine früh verstorbene Tochter für drei der fleißigsten und dabei ärmsten Kinder der Güter. Ursula Freiherrin v. Meurer und die Kammerherrin v. Meurer stifteten weitere Vermächtnisse. Auch die Vorbesitzerin, die Generalin v. Hammerstein, gab ein ansehnliches Legat.

Zum Bau des Armenhauses der Krummendieker Armencommune schenkte die Kammerherrin v. Meurer, wohl die Witwe des ersten Besitzers, ein bedeutendes Kapital, das Haus wurde für 8 Familien eingerichtet.

Da Adolf Meurer nicht verheiratet war, übertrug er im Jahre 1899 das Gut Krummendiek seinem Pflegesohn Hinrich Holst und zog nach Lübeck, wo er 1907 verstorben ist. Auf Hinrich Holst folgte nach seinem Tode Willy Holst, † 1974, seitdem der Sohn und jetzige Besitzer Hugo Holst.

Die Nebengüter und das Dorf Krummendiek sind seit langem aufgelöst und Besitz der einzelnen Bauern geworden, das Gut Krummendiek selber hat heute noch eine Größe von 112 ha, 72 ha Acker, 36 ha Wald.

Adeliges Gut Krummendiek

Besitzer: Hugo Holst

Besitzer		*Gut und Bauten*	
im 13. und 14. Jh.	Ritter von Krummendieck auch genannt Busche	Gut Krummendiek erweitert	
seit etwa 1400	(v.) Rantzau	nach 1680	um Gr. Campen
im 16. Jh.	(v.) Sehestedt	nach 1720	um Rahde
	dann v. Ahlefeldt	1657	Brand des schloßartigen Herrenhauses
	(v.) Rantzau		Verlegung des Herrenhofes nach dem Meierhof Lütjen-Rahde
	v. Buchwaldt	1745–48	Anlage des neuen Gutshofes mit doppelstöckigem Herrenhaus
1720–1744	Frhr. v. Hammerstein	1812–1818	Bau des jetzigen Herrenhauses und des Torhauses durch Friedrich Christian Heylmann
1744–1899	v. Meurer		
seit 1754	Frhr. v. Meurer		
seit 1899	Holst		

18 Heiligenstedten

Kirchspiel Heiligenstedten   Kreis Steinburg

Nordwestlich von Itzehoe, in der fruchtbaren Niederung der Stör, zieht sich eine Kette von adeligen Gütern hin, die zusammen mit den Gütern in der Elbmarsch unter dem Begriff der adeligen Marschgüter zusammengefaßt werden. Von Itzehoe aus gerechnet sind es Heiligenstedten, Krummendiek, Klein - und Groß-Campen, ferner Rahde und teilweise auch noch Mehlbek. Aber von einstiger Gutsherrlichkeit ist nur sehr wenig erhalten geblieben, außer den Gütern in der Elbmarsch selber und Breitenburg sind es eigentlich nur noch Heiligenstedten, Krummendiek und Mehlbek, die einer Betrachtung bedürfen. Heiligenstedten ist heute nurmehr ein Herrenhaus mit dem hochtrabenden Namen Schloß Heiligenstedten und war von diesen dreien sicherlich das bedeutendste Gut, hatte auch bis zur Gegenwart hin einen umfangreichen Grundbesitz. Die Herren und Grafen Blome, die Heiligenstedten von 1691 bis 1926 besessen haben, hatten den Besitz bedeutend vermehrt um Güter wie Bahrenfleth, Bekmünde, Bekhof, Klein-Campen und die Blomesche Wildnis, alles Besitzungen, die nur der Jurisdiktion halber den Status von adeligen Marschgütern hatten, auf denen allen aber keine Herrenhöfe standen.

Das adelige Gut hat durch bedeutende Bauten und bedeutende Besitzer bis zur Gegenwart hin seine Geschichte. Die Kirche von Heiligenstedten ist sehr alt, geht in ihren Anfängen wahrscheinlich auf die karolingische Zeit, also auf das 9. Jahrhundert zurück. Die Vermutung liegt nahe, daß das Gut oder vielleicht die erste Burg in Verbindung mit der Kirche gestanden hat, daß also der Ritter, wie wir aus ähnlichen Verhältnissen wissen, Schutzherr oder Patron der Kirche war. Für Heiligenstedten bleibt das nur Vermutung, die alte Kirche lag bei Oldendorf, die jetzige stammt aus dem 14. Jahrhundert, erst im 15. Jahrhundert treten die Konturen eines adeligen Besitzes schärfer hervor. Offenbar ist das Gut hervorgegangen aus dem umfangreichen Grundbesitz des Geschlechtes Krummendieck, gegen Ende des 15. Jahrhunderts sitzt hier Bernhard v. Krummendieck. Das Gut wird bald darauf erweitert um zwei kleinere adelige Besitzungen, Heerfahrt und Hollersdorf.

Im Erbgang folgen Mitglieder der Familie v. Ahlefeldt und (v.) Rantzau. Selten nur, daß wir die Namen von Bauherren und Baumeistern erfahren. Balthasar v. Ahlefeldt, verheiratet mit einer Tochter von Heinrich Rantzau, ließ im Jahre seiner Hochzeit 1583 durch den italienischen Baumeister Franz v. Roncha in Heiligenstedten ein Herrenhaus errichten. Über das Aussehen dieses Baues ist nichts bekannt, es sei denn, daß Teile von ihm in dem 1717 erbauten Herrenhaus verarbeitet wurden.

Im Jahre 1691 erwarb Adelheid Benedikte v. Ahlefeldt geb. Blome durch Erbschaft das Gut. Sie oder ihre Erben ließen 1717 einen Neubau errichten. Eine Bauaufnahme von 1760 macht uns mit seinem Aussehen bekannt. Auffallend ist ein Kernbau aus Fachwerk im Mittelbau, an den zwei Flügel in Massivmauerwerk nach vorne und ein weiterer Flügel mit Wirtschaftsräumen nach Westen angebaut sind. Die Fassaden zeigen Verbindungen zu Holland. Es ist möglich, daß die Fachwerkteile älteren Datums sind.

Nach dem Tode von Adelheid Benedikte geb. Blome wurde über ihren Nachlaß der Konkurs eröffnet. Aus dem Konkurse kaufte ihr Großneffe Christopher Blome im Jahre 1741 das Gut Heiligenstedten an. Er besaß

damals schon das Gut Bahrenfleth und dürfte auch bald darauf nach Heiligenstedten gezogen sein.
Ihm folgte nach seinem Tode 1754 sein Sohn Otto Blome, der lange Jahre dänischer Gesandter in Paris und St. Petersburg war. Während seiner Besitzzeit wurde Heiligenstedten durch eine schwere Sturmflut stark geschädigt. 1756 wütete eine so große Sturmflut im Ort, daß wahrscheinlich auch die Gebäude in Mitleidenschaft gezogen worden sind. Das dürfte der Grund für den Neubau des Jahres 1769 gewesen sein. Otto Blome ließ anstelle des Torhauses zwei gleiche Gebäude für Wohnungen und Ställe mit einer offenen Durchfahrt errichten, die – wenn auch stark umgebaut – heute noch stehen. Für den Bau des Herrenhauses selber hatte er einen Architekten großen Ranges durch seine Freundschaft mit dem Grafen Bernstorff in Kopenhagen erhalten, Nicolas Henri Jardin. In alten Topographien wird unrichtigerweise als Architekt der Baumeister Bardewieck genannt. Diese Bemerkung kann sich aber nur auf die Bauausführung beziehen, denn Bardewieck war Bauunternehmer oder Bauleiter. Er erscheint auch als Baumeister im Gewölbe der Kirche von

Saal

Horst 1768, auch in Uetersen und an anderen Stellen dieser Umgebung. Architekt ist er zweifellos nicht gewesen.

Jetzt trat an die Stelle des Hauses von 1717 ein völliger Neubau. Über einem hohen Untergeschoß erhob sich ein Stockwerk mit einer niedrig liegenden Tür. Der Mittelrisalit zum Garten an der Rückfront war dreiseitig ausgebaut mit einem kleinen Balkon. Der Bau ist sehr schlicht in schönen Proportionen gehalten.

Von diesem Hause ist in dem gegenwärtigen außer dem gewölbten Keller noch die eigenartige Treppenanlage zum Erdgeschoß erhalten. Ein Raum linker Hand hat eine Stuckdecke. Der Gartensaal hat eine achteckige Form, seine Wände sind durch Pilaster und Nischen gegliedert. Die Wandmalereien weisen auf pompejanische Vorbilder hin. Der große Park wurde nach Entwürfen des Bauherrn und des Gärtners G. F. Biesoldt in englischer Form gestaltet. Er ist über eine Brücke zugänglich, an seinem spitz zulaufenden Ende steht ein Obelisk mit dem Wappen der Familie Blome, dem Windhund. Der Überlieferung nach ist der Obelisk für einen treuen Hund aufgestellt worden, der seinem Herrn einmal das Leben gerettet hat. Das Denkmal war passend, wenn man bedenkt, daß ausgerechnet ein Hund das Wappen der Blome schmückt. Weitere Entwürfe für Garten- und Glashäuser sind noch erhalten.

Drei Generationen der Blome, zweimal folgt ein Neffe auf einen Onkel, haben sich einen hervorragenden Platz in der Geschichte unseres Landes gesichert. Der erste dieser drei, Otto Blome, † 1803, ist der Erbauer des Hauses von 1769, sein Neffe, der erste Lehnsgraf Blome, gleichfalls Otto mit Vornamen, † 1849, war langjähriger dänischer Gesandter in St. Petersburg und stand in enger freundschaftlicher Verbindung zu dem Zaren Nikolaus I. von Rußland. In diesen Jahren ist Heiligenstedten mehrfach Schauplatz intimer politischer Gespräche gewesen. Mit Sicherheit steht fest, daß der russische Außenminister Graf Nesselrode in Heiligenstedten zu Besuch war, es ist aber auch nicht ausgeschlossen, daß der Zar selber in diesen Jahren in Heiligenstedten gewesen ist.

In den Jahren von 1851 bis 1853 ließ Baron Adolf Blome das Herrenhaus von 1769 durch den Baumeister J. E. Mose in neugotischer Form völlig umgestalten. Ein Stockwerk wurde hinzugefügt, die Seiten des Haupthauses verlängert.

Durch diesen Umbau hat das einzigartig schöne Herrenhaus von 1769 eine entstellende Form erhalten. Glücklicherweise sind Ölbilder aus dem Anfang des 19. Jahrhunderts erhalten, die die bezaubernde Lage des Baues von 1769 in der Flußschleife der Stör zeigen und die ganze Anmut

Adolf Baron Blome auf Heiligenstedten, 1798–1875

der von Jardin geschaffenen Anlage großartig wiedergeben. Es ist ein zu bedauernder Verlust für unsere heimische Architektur, daß dieser großartige Bau durch Umbauten des 19. Jahrhunderts weitgehend zerstört wurde.

Auf den Lehnsgrafen Otto Blome folgt als Besitzer von Heiligenstedten der Neffe, der Baron Adolf Blome, †1875, der gleichfalls in der Geschichte unseres Landes einen hervorragenden Platz einnimmt. Nach der Beendigung der Statthalterschaft 1851 wurde für kurze Zeit eine oberste Zivilbehörde für Holstein eingerichtet, an deren Spitze Baron Blome stand. 1864 gehörte er mit zu den Wortführern, die sich für einen Anschluß der Herzogtümer an Preußen einsetzten, er ist einer der Unterzeichner der sog. Siebzehner-Adresse, die an Bismarck gerichtet war und auf einen Anschluß der Herzogtümer an Preußen hinwirken sollte.

Aus der russischen Zeit, also aus der Verbindung des Lehnsgrafen Otto Blome mit dem Zaren Nikolaus I., gab es einen Balkon, der auf dünnen gußeisernen Säulen steht, ein Geschenk des Zaren an den Grafen Otto Blome. Heute steht er nicht mehr. Dafür ist erhalten ein kostbares russisches Mobiliar aus Ebenholz mit eingelegten Plättchen aus kaukasischem vielfarbigem Marmor, dieses Mobiliar steht heute im Schlosse vor Husum.

Von allen diesen dreien gibt es hervorragende Porträts, heute sämtlich im Besitz des Schleswig-Holsteinischen Landesmuseums in Schloß Gottorf. Der ältere Otto Blome, †1803, ist 1777 gemalt worden durch Jens Juel und dargestellt in der überzeugenden Haltung des großen

Staatsmanns, am Schreibtisch vor seinen Papieren sitzend. Das Porträt des Lehnsgrafen Otto Blome, † 1849, ist gemalt worden im Jahre 1818 von dem ungarischen Maler Janos Rombauer und stellt Otto Blome dar in der Prunkuniform des Diplomaten mit vielen Orden und Ehrenzeichen geschmückt, die Haltung nicht frei von Eitelkeit. Das dritte Porträt endlich, das den jüngsten dieser drei darstellt, den Baron Adolf Blome, † 1875, ist gemalt von Ferdinand v. Rayski im Jahre 1853 und gibt Adolf Blome wieder in der würdigen und ernsthaften Haltung eines Politikers.
Was dann folgt, ist ein betrüblicher Abgesang eines großen und stolzen Geschlechtes. Nach dem Tode von Adolf Blome erbte sein Sohn, der Baron Otto, † 1901, das Gut. Er hat aber nur zeitweise in Heiligenstedten gelebt, in der Hauptsache in Dresden oder in Süddeutschland. Er hinterließ vier Söhne, von denen zwei nicht verheiratet waren, der älteste, der Baron Adolf † 1937, hinterließ keine Kinder, nur der zweite Bruder, Rudolf, stieg zu Würden im öffentlichen Leben auf. Nach juristischen Prüfungen schied er aus dem preußischen Dienste aus und trat in den Dienst des Großherzogs August v. Oldenburg in Eutin. Hier wurde er zum Hofjägermeister, später zum großherzoglichen Kammerherrn und Oberjägermeister sowie zum Verwalter des großherzoglich-oldenburgischen Hausfideikomisses ernannt. Auch von ihm gibt es ein hervorragendes Porträt von der Hand des Malers Leo Freiherrn v. König, heute im Besitz der Kunsthalle in Kiel.
Baron Rudolf Blome hinterließ einen einzigen Sohn Hans, beide – Vater wie Sohn – nahmen sich innerhalb weniger Monate nacheinander, 1920 und 1921, das Leben. Damit war die Kraft des Geschlechtes erloschen.
1926 verkaufte der älteste der vier Brüder, Baron Adolf Blome, Heiligenstedten an die Provinz Schleswig-Holstein und behielt sich den Meierhof Julianka, das einstige Büttel, als Wohnsitz vor. 1934 wurde auch dieser Hof verkauft und aufgesiedelt.
Wohl in Erinnerung an die russischen Verbindungen erhielt der Meierhof Büttel den Namen mit der russischen Endung Julianka, Juliane zu Ehren der Äbtissin des adel. Klosters Itzehoe, der Prinzessin Juliane v. Hessen.
Die Provinzialverwaltung in Kiel ließ alsbald nach dem Ankauf das wertvolle Mobiliar versteigern, auch die großartige Bibliothek, die von den beiden Otto Blome zusammengebracht worden ist, kam unter den Hammer.
Es bleibt zu bedauern, daß es nicht möglich war, eine so wertvolle Bibliothek für das Land zu erhalten, unwiederbringlich ging vieles

verloren, was nicht mehr zu ersetzen ist und nur der Auktionskatalog erinnert an die einstigen Schätze.
Die Provinzialverwaltung richtete alsbald nach dem Ankauf des Schlosses und des Ottenhofes ein Erziehungsheim für gefährdete Jungen und Jugendliche ein, die Ländereien waren bereits auf Grund des pr. Gesetzes von 1873 in freies Eigentum der Bauern umgewandelt worden, – allerdings mit der Verpflichtung alljährlich eine Ablösungsrente zu bezahlen, die erst mit dem Jahre 1928 erlosch. Die Rente betrug für einen Bauernhof immerhin 1000 Mark, in alten Zeiten eine erhebliche Summe.
Das Heim bestand in dieser Form bis 1933, in den Jahren 1934 und 1935 diente es als Landschulheim, für 14–15 Jahre alte Jungen aus dem Ruhrgebiet, die auf den Bauernhöfen der Umgebung arbeiteten. Von 1936 bis 1939 wurde das Schloß belegt mit harmlosen Schwachsinnigen. Bei Ausbruch des Krieges wurden sie in die Heilanstalten in Schleswig verlegt.
Das Schloß wurde 1939 als Lazarett für verwundete polnische Soldaten eingerichtet, aber nur für kurze Zeit und mit einer minimalen Belegung, es wurde dann wiederum zu einem Erziehungsheim für gefährdete Jungen und Jugendliche umgestaltet.
Ab 1958 wurde Heiligenstedten Alten- und Pflegeheim, erst unter der Leitung von Frau v. Glahn, ab 1963 bis 1987 von Erik Mullikas.
Schon nach dem Verkauf des gesamten Mobiliars in den 30er Jahren wurden im Inneren für die neuen Zwecke notwendige Umbauten vorgenommen. Da die schmalen Treppen späteren Vorschriften aus Sicherheitsgründen nicht mehr entsprachen, mußte ein neues Treppenhaus mit Aufzug nach Entwürfen des Landesbauamts Itzehoe 1973 an der einen Schmalseite angebaut werden. Eine durchgreifende Renovierung des Hauses ist für die Folgejahre vom Land Schleswig-Holstein geplant, die durch Entfernung vor allem der Zubauten nach 1850 den ursprünglichen Baucharakter wieder vollkommen herstellen soll, sofern dies mit einer sinnvollen langfristigen Nutzung in Einklang zu bringen ist.

Einfahrt

Adeliges Gut Heiligenstedten

Eigentümer: Land Schleswig Holstein

Besitzer

im 15. Jh.	Herren v. Krummendieck
im 16. Jh.	v. Ahlefeldt und (v.) Rantzau
seit 1691	Blome, später Barone und Lehnsgrafen Blome bis 1926
1926	Verkauf an die Provinzialverwaltung der Provinz Schleswig-Holstein
1934–1987	verschiedene Träger sozialer Einrichtungen als Pächter

Gut und Bauten

1583	1. Herrenhaus durch Franz v. Roncha
1717	Neubau eines Herrenhauses
1769	Bau des jetzigen Herrenhauses
1851–53	Umbau
nach 1926	Umbauten im Hause
1987	für die Folgejahre Entfernung der Zubauten nach 1850 geplant

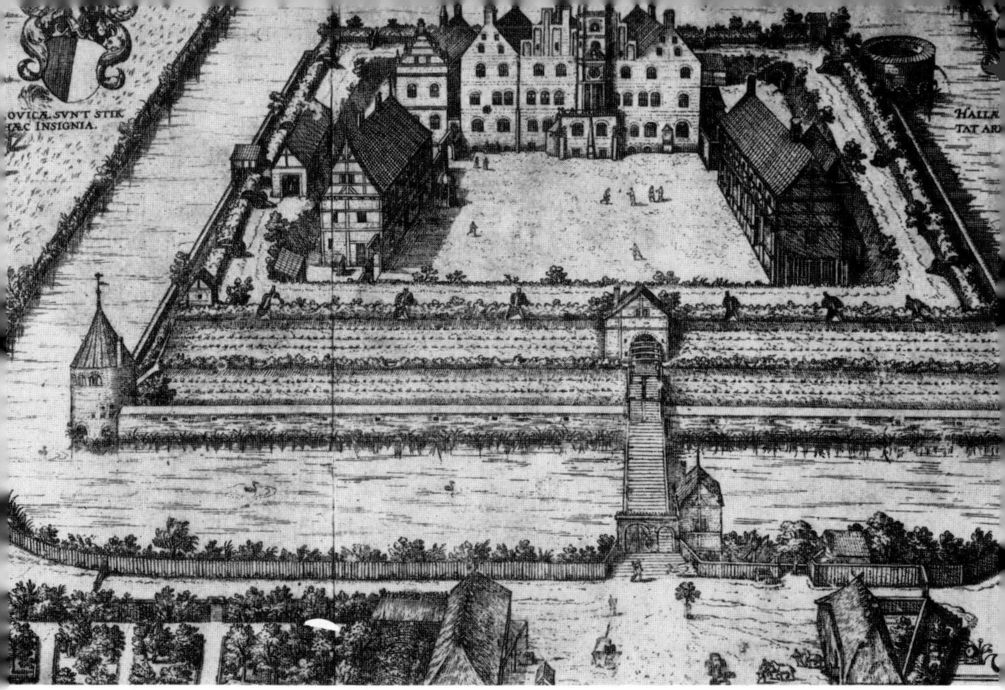

Breitenburg um 1590. Aus Henninges Genealogiae

19 Breitenburg

Kirchspiel Münsterdorf   Kreis Steinburg

Breitenburg gehört seit jeher zu den bedeutendsten Besitzungen in ganz Schleswig-Holstein, gleich hervorragend durch die stolze Reihe prominenter Besitzer wie durch die Größe des Besitzes, die weit über die eines einfachen Gutes hinausragte und der daher mit Fug und Recht der Name einer Herrschaft beigelegt worden ist. Die imposanten Bauten auf dem Burghügel, gekrönt durch das große Schloß mit seinen vielen Bauteilen aus älterer und neuerer Zeit werden im Rahmen dieses

Artikels in einem besonderen Beitrag gewürdigt. Ebenso werden gesondert dargestellt die Sagen, die sich um die Rantzauischen Kleinodien spinnen wie die Schicksale der Rantzauischen Humpen.

1. Entstehung der Herrschaft

Breitenburg gehört nicht zu den alten Gütern des Landes, es ist erst im Zeitalter der Reformation entstanden, genau im Jahre 1526, als der spätere Feldherr Johann Rantzau dem Kloster Bordesholm dessen umfangreichen Besitz an der unteren Stör abkaufte. Der Ort selber ist freilich alt, wir besitzen Urkunden, die bis in das 12. Jahrhundert zurückreichen, und trägt im Mittelalter den plattdeutschen Namen Bredenberg.

Schon 1139 hatte das Kloster Neumünster, das später nach Bordesholm verlegt wurde, das Land zwischen der Hörnerau und dem Berge Bredenberg im Besitz oder, wie es 1148 genannt wird, das Land zwischen der Hörnerau und der Schmiedeau. 1223 erwarb das Kloster auch das Land zwischen der Hörnerau und der Bramau bei Stellau, welches damals den Namen Horst führte. Schon 1236 wird hier ein klösterliches Kirchspiel Horst erwähnt, das von 1261 an den Namen Bredenberg führte. Das Kloster Reinfeld erwarb an der Westseite dieses Distriktes schon 1189 die Gegend um das Kronsmoor und verkaufte diesen Besitz zusammen mit dem klösterlichen Hofe Mönkenhof im Jahre 1439 an das Kloster Bordesholm. Der Mönkenhof ist auch der Vorgänger des heutigen Schlosses gewesen und wird an der gleichen Stelle gelegen haben wie heute die Bauten. 1521 hatte eine Sturmflut diesen ganzen Distrikt unter Wasser gesetzt, daher verkaufte 1526 das Kloster Bordesholm auch wohl im Zuge der Reformation seine ganze Besitzung an den späteren Feldherrn Johann Rantzau, der an der Stätte des Mönkenhofes das Schloß Breitenburg erbaute.

Schon Johann Rantzau begann mit erheblichen Erweiterungen seines Besitzes, er erwarb unter anderem vom Münsterdorfer Kaland Teile von Ölixdorf und Münsterdorf, 1564 den Hof in Espe.

Sein Sohn Heinrich, der berühmte Statthalter, erwarb nach dem Tode des Vaters 1567 für 4300 Mark die Zehnten des Hamburger Domkapitels in Grevenkop, Süderau und Neuenbrock, 1569 kaufte er das kleine Schulenburg, 1580 Teile von Lägerdorf und Heerfahrt, 1585 Güter bei Schulendorf, 1586 Stellau.

Die Nachfolger setzten diese Tendenz fort, 1601 tauschte Gert Rantzau von Itzehoe den Rest von Lägerdorf ein, kaufte 1608 das Gut in Wulfsmoor, das früher der heute ausgestorbenen Familie Plesse gehört hatte, 1615 die Burg in Neustadt-Itzehoe, 1622 das Gut Rosdorf.
Dessen Sohn, der erste Reichsgraf Christian, hat diese Erwerbungen fortgesetzt, 1643 Rensing und Mühlenbarbek vom König gekauft, 1649 Mönckelohe vom Herzog, 1631 Henstedt, 1650 die Pascheburg in Itzehoe mit den sogenannten Wellengütern, 1654 Wrist, 1656 das Kremper Moor, 1662 Dauenhof.
Mit den Wellengütern hat es eine eigenartige Bewandtnis. Unter dieser Bezeichnung hat es niemals Güter im eigentlichen Sinne gegeben, die Bezeichnung geht auf sehr alte Zeiten zurück. Im Jahre 817 hatte der Erzbischof Ebo von Rheims eine Mission im Norden Deutschlands übernommen und begründete an einem Orte Welanao ein kleines Kloster als Station für die Missionare, das wahrscheinlich in der Gegend des heutigen Friedhofes von Münsterdorf lag. Als Ansgar 826 seine Mission in den Norden eröffnete und 834 Erzbischof von Hamburg geworden war, errichtete er ein kleines Bethaus in Welanao, wahrscheinlich an der Stelle der jetzigen Kirche von Münsterdorf. Beide frühen Bauten, sowohl des Erzbischofs Ebo wie des Erzbischofs Ansgar, sind später eingegangen, später wird die ganze Gegend zu dem neuen Kirchspiel Münsterdorf gelegt. Aber der Name Welle oder Welna hat sich bis in das 17. Jahrhundert hinein erhalten.
Mit dem Erwerbe dieser Wellengüter waren die Zukäufe im wesentlichen abgeschlossen und umfaßten in der Zeit der größten Ausdehnung ein Gebiet, das von Itzehoe bis über Kellinghusen hinaus reichte und drei alte holsteinische Meilen, 1 Meile = 7,5 km lang, und eine Meile breit war und zu 180 Pflügen in der Landesmatrikel von 1652 verzeichnet stand, eine ungewöhnlich große Zahl. Zu dem Gebiet der Herrschaft gehörten die drei Kirchspiele Münsterdorf, Breitenberg und Stellau, auch heute noch bestehen die drei Patronate des Breitenburger Besitzes und werden sorgfältig wahrgenommen. Noch im vorigen Jahrhundert hatte die Herrschaft ein Areal von etwa 9400 ha. Zum Gute Breitenburg selber gehörten der Haupthof und 3 Meierhöfe, Bücken, Carlshof und Nordoe, ferner das adelige Gut Rosdorf und die beiden Landsitze Osterhof und Osterholz bei Itzehoe, alle beide viele Jahre hindurch von adeligen Familien bewohnt, die in enger Beziehung zu den Grafen zu Rantzau standen.
Die Herrschaft war eingeteilt in 9 Vogteien (4 davon Kirchspielvogteien):

1. Kirchspielsvogtei Breitenberg
2. Kirchspielsvogtei Stellau
3. Kirchspielsvogtei Rosdorf
4. Kirchspielsvogtei Überstör
5. Vogtei Münsterdorf
6. Vogtei Lägerdorf
7. Vogtei Dägeling
8. Vogtei Cremperheide
9. Vogtei Itzehoe

Durch die Einführung des preußischen Gesetzes von 1873 erfolgte eine weitgehende Auflösung der Herrschaft. Die Untergehörigen waren teils Erbpächter, teils freie Eigentümer, beide Kategorien gegen Entrichtung fester Abgaben an die Gutsherrschaft. Jetzt ergab sich die Möglichkeit, durch Zahlung des fünfundzwanzigfachen jährlichen Betrages völlig freies Eigentum zu erlangen. Davon machten die meisten Pflichtigen Gebrauch, so daß der Umfang der Herrschaft bis in den Anfang des 20. Jahrhunderts auf etwa 3000 ha schmolz.

Der Umfang von Breitenburg hat sich in den folgenden Jahrzehnten weiter stark verringert, in der Bodenreform nach dem Zweiten Weltkrieg mußten erhebliche Besitzanteile geopfert werden. Insbesondere wurde das Gut Rosdorf mit fast 500 ha abgetrennt und in der Erbteilung der Brüder Rantzau dem jüngsten Bruder Johann Graf zu Rantzau, Präsident der Landwirtschaftskammer Schleswig-Holstein, übergeben. Rosdorf gehörte im Mittelalter der heute längst ausgestorbenen Familie Plesse, nicht zu verwechseln mit den heute noch blühenden Grafen und Baronen v. Plessen, die ursprünglich aus Mecklenburg stammen und erst im 18. Jahrhundert nach Holstein gekommen sind. An die Zeiten der Herren Plesse erinnert noch der Name eines Waldes bei Rosdorf, das Plessenholz. Als in den Jahren um 1960 schwere Stürme große Teile des Waldes von Rosdorf vernichteten, erbaute sich Johann Rantzau aus diesem Erlös ein formschönes modernes Herrenhaus. Im Walde erinnert noch eine eigentümliche, aus seltsam geformten Fichten mit dem Namen der Liliencron-Allee an den Dichter Detlev v. Liliencron, der damals Kirchspielsvogt in Kellinghusen war und der häufig durch diese Allee gewandert ist.

Heute umfaßt Breitenburg ein Areal von rd. 1500 ha. Etwa ⅕ wird landwirtschaftlich genutzt. Sehr erhebliche Teile entfallen somit auf Wald und auf Moor und Unland. Hinzu kommt der Komplex des Schloßbezirks mit den umfangreichen Baulichkeiten.

2. Die Besitzer von Breitenburg

In der allgemeinen Meinung herrscht die Ansicht vor, daß Breitenburg seit jeher in Rantzauischem Besitz gewesen ist. Zutreffend ist daran nur das eine, daß Breitenburg in den über 450 Jahren seines Bestehens nicht einmal verkauft worden ist. Trotzdem ist die Besitzerfolge nicht eine einheitliche Linie, es gab im 18. Jahrhundert Jahrzehnte, in denen Breitenburg den Grafen Castell gehört hat und erst durch Heirat der Erbtochter mit einem Rantzau aus einer anderen Linie wieder in den Besitz des Geschlechtes Rantzau gekommen ist.
Die beiden ersten Besitzer, der Vater Johann und der Sohn Heinrich, haben nicht nur die Herrschaft begründet – alle beide sind sie viel mehr durch die Stärke ihrer Persönlichkeit für die Geschichte Schleswig-Holsteins von bleibender Bedeutung geworden. Zusammen mit dem Vetter Daniel Rantzau auf Deutsch-Nienhof, dem berühmten Feldherrn, haben sie einem ganzen Jahrhundert ihren Stempel aufgeprägt, das daher zu Recht das Rantzauische Zeitalter heißt.
Im Rahmen dieses Werkes können hier nur einzelne Schlaglichter gesetzt werden, die die Stärke dieser Männer demonstrieren. Johann Rantzau, † 1565, war ein Knabe von 8 Jahren, als es im Jahre 1500 zu der furchtbaren Schlacht von Hemmingstedt kam, die vielen seiner nächsten Verwandten und der Blüte der holsteinischen Ritterschaft das Leben kosten sollte. Damals soll der Knabe den Schwur getan haben, er werde diese Schmach eines Tages rächen. Und in der Tat war Johann Rantzau bereits ein alter Mann, als er 1559 den Feldzug gegen Dithmarschen führte und binnen kurzem zum siegreichen Ende brachte.
Und das andere Ereignis, das er weitgehend gestaltet hat, ist die Einführung der Reformation gewesen. Als 1521 der Reichstag in Worms stattfand, auf dem über Luther die Reichsacht verhängt wurde, ritt der junge Prinz Christian v. Dänemark, der spätere König Christian III., zusammen mit Johann Rantzau und kehrten beide so tief beeindruckt durch Luthers Persönlichkeit zurück, daß damit die Reformation in Schleswig-Holstein ihren Siegeszug beginnen konnte.
Die beiden jungen Herren machten in Worms viel von sich reden. Als sie eines Tages eine Predigt des Magisters Johann Mayer v. Eck, des Professors der Theologie aus Ingolstadt, anhörten und andächtig unter der Kanzel saßen, und den scharfen Angriffen Ecks gegen den Ketzer Luther lauschten, sank Magister Eck zum Schluß seiner Predigt auf der Kanzel in die Knie zum Schlußgebet. Er war als Mönch gekleidet mit

Kutte und dem Strick um den Leib. Beim Niederknien schlüpfte das Ende des Strickes durch eine Ritze im Fußboden nach unten. Ein Blick der beiden Herren, und schon schlugen sie einen dicken Knoten in den herunterhängenden Strick, so daß Eck sich nicht wieder erheben konnte. Als der Kaiser (Karl V.) von der Geschichte erfuhr, hat er anfangs gelacht, hat aber dann gesagt: die beiden werden den Mönchen gefährlich werden.

Während Johann Rantzau als der große Feldherr in die Geschichte unseres Landes eingegangen ist, kann man den Sohn Heinrich Rantzau, † 1598, mehr als hochbedeutenden Politiker, gleichzeitig Freund von Kunst und Kultur kennzeichnen. Er war ebenso wie sein Vater Statthalter über die Herzogtümer, ebenso wie noch drei Generationen nach ihm dieses hohe Staatsamt bekleiden sollten. Die vielen stattlichen Bauten, die er auf seinen Gütern aufführte, die Freundschaft zu den Medici in Florenz, die vielen Literaten, die für ihn die Geschichte des Geschlechts schrieben, kurzum die Palette, die Heinrich Rantzaus Wirken umschließt, ist so vielseitig, daß hier nur Andeutungen gegeben werden können.

In der nächsten Generation setzte Gert Rantzau die Reihe kraftvoll fort, brachte es bis zum Feldmarschall und kehrte aus vielen Feldzügen siegreich zurück. Er starb im Januar 1627 und erlebte nicht mehr, daß im September des gleichen Jahres Wallenstein vor Breitenburg erschien, das gut befestigte Schloß im Sturm nahm, die gesamte Besatzung grausam umbringen ließ und das Schloß von Grund auf zerstörte und dessen unermeßliche Schätze in alle Winde zerstreute.

So steht dieses Kriegsgeschehen am Anfang des Niederganges dieser Linie auf Breitenburg. Freilich, Sohn und Enkel, die beiden ersten Reichsgrafen, haben es noch zu hohen Ehren im öffentlichen Leben gebracht, aber Breitenburg blieb für lange Zeit ein Trümmerhaufen, der erst allmählich zu neuem Leben wieder erstand.

Der Sohn von Gert Rantzau, Christian Rantzau, † 1663, erreichte im Jahre 1650 die Erhebung in den Stand eines regierenden souveränen Reichsgrafen. Die Grafschaft bestand im wesentlichen aus dem Amte Barmstedt. Daher gibt es auch heute noch eine Propstei, jetzt Kirchenkreis Rantzau. Unweit der kleinen Stadt Barmstedt war eine kleine Insel im Wasser als zukünftiger Sitz eines Residenzschlosses vorgesehen, aber es entstand nicht mehr als ein bescheidenes Jagdschloß, das heute längst abgebrochen ist.

Gesamtansicht des Herrenhauses

Reichsgraf Detlev Rantzau, † 1697, hatte viele Kinder, aber nur zwei Söhne und eine Tochter blieben am Leben. Der ältere der beiden Söhne, der Reichsgraf Christian Detlev, † 1721, hatte keinen guten Ruf, seine Untertanen wurden hart und schlecht behandelt, so daß er sich genötigt sah, den Herzog von Holstein-Gottorp um Hilfestellung durch Truppen zu bitten. Das nahm der Herzog zum willkommenen Anlaß, die Grafschaft zu besetzen, von 1705 bis 1709 führte praktisch der Herzog das Regiment. Reichsgraf Christian Detlev entfernte sich aus der Grafschaft und von Breitenburg und ging nach Brandenburg. Hier geriet er in Konflikt mit dem König von Preußen, der ihn von 1715 bis 1720 in Spandau ins Gefängnis einsperrte. Als er zurückgekehrt war, nahte das Ende, am 10. November 1721 wurde er auf der Jagd erschossen. Der Bruder, der Reichsgraf Wilhelm Adolf, wurde – vielleicht unberechtigt – der Anstiftung zum Brudermord bezichtigt, zu lebenslanger Haft verurteilt und nach der Festung Akershus in Norwegen gebracht, wo er, ohne Leibeserben zu hinterlassen, 1734 gestorben ist.
Jetzt schien dem König der Augenblick günstig, er ließ die Grafschaft administrieren und zog sie nach dem Tode der Gemahlin 1746 endgültig ein. Damit war Breitenburg selber auch in Gefahr. Die überlebende Schwester Catharine Hedwig, † 1743, hatte aber mit Erfolg ihre Rechte auf Breitenburg selber durchgefochten, es habe nie zur Grafschaft gehört, sei daher freier Besitz und stehe ihr nach dem Tode der beiden Brüder zu.
So ging Breitenburg jetzt für einige Jahrzehnte in den Besitz der Grafen zu Castell über. Catharine Hedwig war mit dem Grafen Johann Friedrich Castell-Rüdenhausen verheiratet und hatte aus dieser Ehe eine Tochter Friederike Eleonore Gräfin zu Castell-Rüdenhausen, † 1760, die den Grafen Carl Friedrich zu Castell-Remlingen heiratete. Aus dieser Ehe ging eine Tochter hervor, die schöne Amoene, deren herrliches Portrait in Breitenburg hängt, und die 1761 den Grafen Friedrich zu Rantzau aus der Linie Ahrensburg heiratete und auf diese Weise Breitenburg wieder in den Besitz der Rantzau brachte. Ahrensburg war kurz vorher an den Grafen Schimmelmann verkauft worden, so wurde jetzt ganz natürlich Breitenburg wieder der Hauptsitz der Familie des Geschlechts und hat sich seit über 200 Jahren in dieser neuen Linie Rantzau auf Breitenburg vererbt.
Aus dieser Linie sind zwei Männer zu nennen, die sich nicht nur um Breitenburg, sondern um unser ganzes Land große Verdienste erworben haben, der Staatsminister Andreas Conrad Graf zu Rantzau, † 1845,

Bibliothek

Ritter des Elefantenordens, ist der eine von ihnen beiden. An ihn erinnert die großartige Thorvaldsen-Galerie im Schlosse, er war Freund und Mäzen des dänischen Künstlers, aus dessen Schaffen die ganze Galerie als eindrucksvolle Schöpfung noch heute das Schloß schmückt. Der andere ist Hans Caspar Graf zu Rantzau, † 1952, Verbitter des adeligen Klosters Itzehoe und langjähriger Präsident der Schleswig-Holsteinischen Landwirtschaftskammer. Von ihm ging Breitenburg über auf den ältesten Sohn Otto Graf zu Rantzau, * 1922, der aber noch zu seinen Lebzeiten Breitenburg 1977 dem Sohne Breido Graf zu Rantzau, * 1949, übergeben hat und sich den Mittelteil des alten Schlosses als Wohnung eingerichtet hat, während die Familie des Sohnes in dem rechten Flügelbau lebt.

3. *Zur Baugeschichte von Breitenburg*
von Carl-Heinrich Seebach

Von 1522 bis 1546 war Johann Rantzau Amtmann des Königs auf der Steinburg, einer Burg vom Anfang des 13. Jh.
1492 wurde auf der Steinburg Johann Rantzau geboren und 1526 sein Sohn Heinrich Rantzau. Im selben Jahr erwarb Johann Rantzau bei

Breitenburg z. Zt. d. Johannes Rantzau, Mitte des 16. Jhdt.

Itzehoe den Mönchshof vom Kloster Bordesholm und begann 1531 mit dem Neubau eines Herrenhauses. Er setzte drei Häuser nebeneinander und vor die Mittelwand der beiden nördlichen einen Treppenturm. Die älteste Darstellung der Häuser und Nebengebäude ist auf der Stammtafel von Heinrich Rantzau zu sehen, angefertigt 1590 als Kupferstich von Henninges. Man erkennt über einem hohen Sockel ein Stockwerk, darüber Satteldächer. Dieser Stich kann 1590 nur nach Angaben von Heinrich Rantzau aus seiner Erinnerung heraus gefertigt sein und erhebt keinen unbedingten Anspruch auf die Wirklichkeit. Vor den Häusern lag ein Hofplatz, der von Wall und Graben umgeben war.
Johann Rantzau starb 1565. Sein Sohn Heinrich erbte das Gut und wurde zum bedeutendsten Bauherrn auf Breitenburg.
Es ist anzunehmen, daß der neue Bauherr nur Teile der Bauten seines Vaters benutzte. Nach dem Stich von Jacob Mores von 1580 zu urteilen, errichtete er ein viertes Haus. Es hatte drei Geschosse und ein ausgebautes Dachgeschoß. Die beiden Mittelgiebel erhielten Blendarkaden, wie sie unter den anderen Neubauten von Heinrich Rantzau nur noch an dem 1568 erfolgten Bau von Wandsbek angewandt wurden. An die Stelle des alten Turmes setzte er einen neuen, achteckigen mit reich geschmückter Fassade, Unterbau und Wendeltreppe. Die Stufen hatte Johann Rantzau bereits 1564 als Geschenk für seinen Sohn Heinrich von

Kurfürst August von Sachsen erhalten. Sie waren bei dem Dresdner Baumeister Irmisch bestellt worden. In dieser ersten Bauphase kamen beiderseits des Hofplatzes noch frei stehende Gebäude hinzu. 1583 ließ Rantzau einen kleinen Obelisken und zwei fackelhaltende Löwen vor dem Turm aufstellen. In einer 1569 gedruckten Beschreibung von M. Georgius Crusius wird das Innere der Gebäude ausführlich geschildert. Der Keller des Hauptgebäudes enthielt Wirtschaftsräume, so die Brauerei, Bäckerei, den Milchkeller und andere. Im ersten Stock lag vom Treppenturm zugänglich die große Diele, und links daneben das Zimmer des Gutsherrn. Nach hinten lagen die Apotheke und Krankenstube, ferner die Winterstube und die Küche. Rechts der Diele waren das Frauengemach, die Schlafzimmer und das Bad. Das Bad hatte einen Estrichboden und eine Wandbekleidung aus Fichtenholz.

Im Obergeschoß befand sich der große Rittersaal mit einer Galerie und Prunkkamin. Nach links (Süden) folgte die Gemäldesammlung, in der bei Königsbesuchen der dänische König übernachtete, und nach hinten die Dienerzimmer und die Kapelle. Rechts der Diele lag das vornehmere Frauengemach und daneben die Sommereßstube.

Das oberste Geschoß hatte einen durchgehenden Korridor, von dem aus vier Schlafzimmer für Gäste und die Kinderzimmer zugänglich waren. An der Südwand gab es anfänglich noch einen gewölbten Anbau mit der Schatzkammer und der darüber befindlichen Bibliothek. Der Außenbau war schlicht aus Backstein ohne besonderen Schmuck. Nach dem Abbruch der Schatzkammer wurde 1581 in einem kleinen Abstand vom Hauptgebäude laut Inschrift auf dem Altarbild eine Kapelle errichtet. Sie hatte zwei Stockwerke, im unteren war die Kapelle selbst und darüber der Kirchensaal, der bis 1627 ein Spielsaal war. Es ist möglich, daß eine Balkendecke die beiden Geschosse, die nach dem Stich von 1590 von Henninges je zwei gleichartige Fenster zeigen, trennte. In der Kapelle war ein besonderer Platz dem Hausherrn vorbehalten.

Der Stich von 1590 weist auf dem Schloßhof nach Norden einen zweistöckigen längeren Fachwerkbau mit einer zum Hof geöffneten Loggia auf; 14 ionische Säulen mit dazwischen angebrachten eisernen Gittern bildeten die Außenarchitektur. Das Innere war reich mit Gemälden und Inschriften geschmückt. Im Obergeschoß lagen ein größeres Zimmer, Kammern, Schlafzimmer und ein Korridor sowie Herzog Adolfs Kammer. Zwischen diesem Gebäude und dem Wall befand sich die Meierei.

Auf der gegenüber liegenden Seite des Hofes standen ebenfalls Fach-

werkgebäude. Im vorne liegenden, größeren waren die Schmiede, die Burgstube und das Brauhaus untergebracht. Direkt vor dem Brauhaus stand, nach den Stichen bis 1590 zu urteilen, ein Brunnen, der auf Stangen oder schmalen Säulen ein kuppelförmiges Dach mit einer Spitze trug. Hinter dem Brauhaus lag das Zeughaus.
Einen besonderen Schmuck des Hofes bildete die abschließende Mauer, die Haupt- und Nebengebäude verband. Sie hatte einen rundbogigen Durchgang und Arkadenblenden, geschmückt durch Kalkmalereien mit Bildern bedeutender Persönlichkeiten. Ein Torhaus mit Zugbrücke schloß den Hof nach Osten ab.
Der Wirtschaftshof lag östlich der Hauptinsel. Als Verstärkung für die Hauptinsel wurden ein Eckturm und eine Bastion angelegt.
1592 ließ Heinrich Rantzau auf der Mitte des Hofes einen Brunnen errichten, dessen Ecken mit 6 Hermen betont wurden. Der Brunnen ist aus Sandstein, und es muß zur Aufnahme des Schöpfrades einen Oberbau gegeben haben. 1632 erhielt dieser Brunnen eine neue, reich gegliederte Haube, angefertigt von dem Schmied Johann Averhof aus Itzehoe. Da bei einer Reparatur 1960 im Brunnenschacht ein Balken mit der Jahreszahl 1437 eingemauert gefunden wurde, kann es sich zu Heinrich Rantzaus Zeit um die Wiederingebrauchnahme eines Brunnens aus der Mönchzeit gehandelt haben, oder man benutzte zur Anlegung des Schachtes Altmaterial. Auf dem Stich von Henninges von 1590 ist in der Mitte vom Hof noch kein Brunnen zu erkennen.
Gert Rantzau (1558–1627) erneuerte den Burggraben. 1627 belagerte Wallenstein Breitenburg. Plünderungen und Brände vernichteten den größten Teil der Gebäude und Teile des Inventars, das man wie die Bibliothek vorher nicht in Sicherheit hatte bringen können. Nur das Archiv war nach Hamburg in Verwahrung gekommen.
Nach Gert Rantzau erbte sein 13 Jahre alter Sohn Christian Breitenburg. Er hielt sich bis 1636 in Drage auf. Schon 1632 unter der Vormundschaft begannen die Vorarbeiten zu dem Wiederaufbau von Teilen der Gebäude, 1634 setzte der Abbruch und Wiederaufbau der Kapelle ein. Nur die Wand zum Wohnbau blieb stehen. Ein Durchbruch für die herrschaftliche Loge, den Kirchenstuhl wurde geschaffen. Die Kapelle wurde eingewölbt. Die Gewölbeanfänger in Gestalt von Köpfen schuf der Hamburger Bildhauer Tidemann. Von ihm stammen auch die Fensterwerke und ein Türgericht, das mit Blei übergossen wurde.
Neu hinzu kam der Treppenturm, der notwendig wurde, um die über der Kapelle 1650 neu eingerichteten Kirchenlogements erreichen zu kön-

nen. Es waren drei Räume, reich ausgestattet mit Goldledertapeten und vielen Gemälden. Sie dienten der Unterbringung von Pagen und von Gästen. An die Stelle des alten Portals kam ein neues mit dem Wappen des zum Reichsgrafen erhobenen Christian Rantzau, durch eine Inschrifttafel auf das Jahr 1651 datiert. Es hat eine ionische Säulenumrahmung in den Formen der Spätrenaissance mit zum Teil schon barockem Charakter.

Von der Einrichtung der Kapelle aus dieser Zeit blieb nur das Altarbild von 1581 erhalten mit einem neuen architektonischen Holzrahmen mit Knorpelwerk und allegorischen Figuren von dem Bildschnitzer Johann Goetgen. Ein Gemälde zeigt Johann Rantzau in ganzer Figur, es besteht aus vier zusammengenieteten Kupferplatten mit der Signatur J. M. für Jakob Mores, der die Einritzung der Figur vornahm, die dann von Johann von Lunden farbig gefaßt wurde. Das Bild stammt aus der Zeit von Heinrich Rantzau.

Der Giebel der ersten Kapelle unter Heinrich Rantzau war im Gegensatz zu den anderen Giebeln des Hauptgebäudes reich gegliedert. Er wurde durch mehrere horizontale Profile aus Sandstein unterbrochen. In der Mitte des Daches saß ein kleiner Dachreiter. Bei der Wiederherstellung der Kapelle ab 1634 verzichtete man auf jegliche Gliederung des Giebels, der Turm erhielt eine Turmuhr.

Um 1650 wird von einem Verbindungsgang zwischen der Kapelle und dem Haupthaus berichtet, von dem danach auch nach der Plünderung durch Wallenstein und einer weiteren durch schwedische Truppen Teile des Mittelbaus bewohnt wurden.

1653 wurde auf dem Boden der Kapelle ein Atelier eingerichtet, in dem der Maler Franz Wuffhagen bis 1657 eine große Anzahl von Porträts schuf. 1656 wurden zwei schmale Fenster mit Spitzbögen, die neben dem Turm saßen, zugemauert.

Als Hauptwohntrakt wurde der nördliche Seitenbau hergerichtet. Hier lebte der Reichsgraf Christian bis zu seinem Tod 1663. Aus seiner Zeit stand noch 1762 auf dem Hof neben der Zugbrücke ein mit 1649 durch Eisenanker und seinen Namen zu datierendes Wirtschaftsgebäude. Da die Familie nach 1663 ihren Wohnsitz nach Drage verlegte, verfielen die Gebäude in Breitenburg sehr schnell. Erst nach dem zwangsläufigen Verkauf von Drage durch die Gräfin zu Castell-Rüdenhausen, eine geborene Rantzau, zog die Familie 1728 wieder nach Breitenburg. Aus der Zeit von Christian Rantzau ist noch zu erwähnen, daß man 1653 beabsichtigte, ein neues Pforthaus zu bauen. Hierzu wurden drei Ent-

Breitenburg im Jahre 1762. Kupferstich von Vecin

würfe vorgelegt, einer von dem holländischen Baumeister Finkenbaum, ein zweiter von örtlichen Handwerkern und ein dritter, nach Vorschlägen der Gräfin, auch von Handwerkern. Zu diesem Bau kam es aber nicht. Zwischen 1670 und 1728 war der Hauptbau, da er nicht bewohnt wurde, derart verfallen, daß er 1747 schließlich durch den Baumeister W. Bardewiek völlig abgerissen wurde, wie man auf dem Bild von 1762 erkennen kann. 1761 heiratete die Tochter der Gräfin zu Castell-Rüdenhausen den Grafen Friedrich Rantzau aus der Linie Ahrensburg. Insofern ist der Stich von Vecin von 1762 von besonderer Bedeutung. Bereits ab 1728 befaßte man sich mit Neubauplänen. Ein erster großzügiger Neubauplan wurde 1747 von J. Chr. Böhme gezeichnet. Er kam ebensowenig zur Ausführung wie ein Entwurf von J. G. Rosenberg von 1763. Statt dessen wurde zunächst auf den Fundamenten des nördlichen Flügelbaus von 1743 bis 1761 ein schlichter Neubau errichtet. Er wurde schon 1761 wieder abgetragen. Es entstand das auf dem Stich von 1762 sichtbare Gebäude, das erst unter Graf Kuno im 19. Jh. nach eigenen Entwürfen äußerlich umgestaltet wurde, wobei es zwei Türme erhielt. Durch Graf Friedrich wurde auch die Kapelle wieder eingerichtet. 1771 wurde sie wieder geweiht.
Der Neubau an Stelle des Haupthauses begann 1805 mit dem Bau eines zweistöckigen Hauses in der Mitte zwischen der Kapelle und dem Bau von 1762. Eine Mauer schloß diesen Teil beiderseits an die vorhandenen Gebäude an. Hinter ihr wurden 1871 bis 1876 Wirtschaftsräume angebaut.

Die Kapelle wurde auf Empfehlung des Baumeisters Chr. Fr. Hansen 1810 durch seinen Neffen, den Altonaer Baumeister F. M. Hansen, restauriert. Hierbei wurden die Fenster der darüber liegenden Bibliothek verändert. Die von Chr. Fr. Hansen empfohlene Deckenmalerei wurde erneuert. Zwischenzeitlich wurden aus der ehemaligen Rantzaugruft in der Kirche in Itzehoe eine große Inschrifttafel für Heinrich Rantzau und sein Sandsteinsarkophag, 1612 angefertigt von dem Kieler Bildhauer H. Heidtrieder, überführt sowie der Sarkophag von Paul Rantzau, der von 1569 bis 1570 in Kiel als Amtmann lebte. Auch die Sandsteinbüsten von Johann Rantzau und seiner Gemahlin geb. von Walstorp, Reste der Liegefiguren eines Tumbengrabes sowie die Liegefigur des Cai Rantzau (gest. 1591) fanden hier Platz. In der Familiengruft unter der Kapelle stehen mehrere reich geschmückte Metallsärge.
Die letzten Baumaßnahmen wurden 1898 bis 1900 durch den Architekten A. Petersen aus Altona durchgeführt. Er errichtete die Anschlußbauten an den Bau von 1805. Sie enthalten im Obergeschoß die neue Bibliothek, die Gemäldegalerie und den Rittersaal mit den Ahnenbildern. Erwähnenswert ist die Thorvaldsengalerie, die der Freundschaft des Grafen Conrad mit dem Bildhauer zu verdanken ist.
Nach der Niederlegung der Befestigungsanlagen wurde der sich um das Haupthaus ziehende Park zunächst in strengen Formen gestaltet. Unter Leitung des Gartenbaudirektors Jürgens aus Altona wurde der heutige Park von 1882 bis 1884 geschaffen.

4. Die Rantzauischen Kleinodien und die Rantzau-Humpen

Unter den Kunstschätzen, die mit Breitenburg in enger Verbindung stehen, spielen zwei Gruppen von Werken ganz besonderen Ranges ihre Rolle, das eine sind die Rantzauischen Kleinodien, das andere die Rantzau-Humpen.
Die Rantzauischen Kleinodien umfassen drei Gegenstände aus Edelmetall, sehr hohen Alters, wahrscheinlich auf das Jahr 1571 zurückzuführen, alle drei gebettet in ein Rankenwerk aus Sage und Geschichte. Die drei Teile sind eine Spindel, dann eine Büchse mit 50 Rechenpfennigen, diese beiden Stücke anscheinend aus einer Mischung von Zink und Kupfer, auf Dänisch Prinsmetal genannt, endlich ein massiv goldener oder zumindest stark vergoldeter Hering. Die Entstehung dieser drei

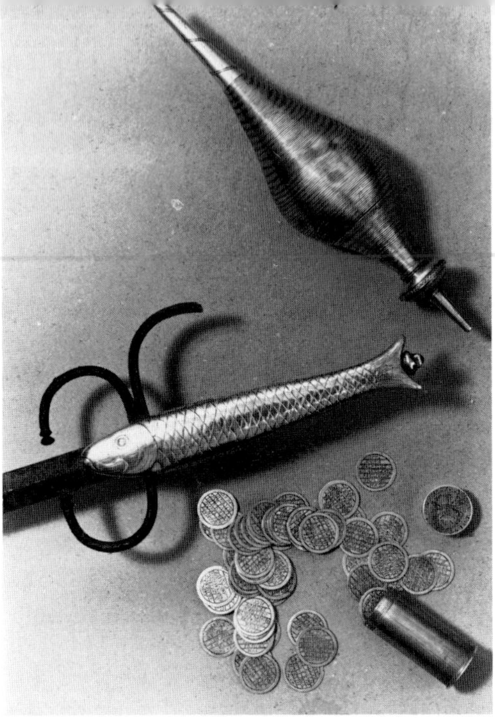

Die Rantzauischen Kleinodien

Wertstücke ist seit alters her mit einer Sage verknüpft. Sie ist dem Verfasser seit Jahrzehnten bekannt und existiert in mehreren Varianten. Die geläufigste Fassung ist die folgende. 1565 war der Feldherr Johann Rantzau verstorben. 1571 liegt die Witwe, Frau Anna geb. Walstorp des Nachts im Bett, als plötzlich ein kleines Männlein mit langem Bart und einem Licht in der Hand vor ihr steht und ihr zusetzt, sie möge aufstehen und mit hinunter in den Burgberg zu den Unterirdischen kommen, dort läge eine der Ihren in Kindesnot und sie müsse ihr helfen. Frau Anna weigert sich, wie solle sie da hinein kommen, und was überhaupt seien die Unterirdischen. Das kleine Männlein beharrt auf seinem Begehren, sie lebten allesamt da unten und Frau Anna werde ohne Schaden zu nehmen nach unten hineinkommen und genauso wieder nach oben zurückkehren, er werde sie nach oben geleiten.

Feldherr Johann Rantzau, 1492–1565, auf Breitenburg. Ölgemälde auf Kupfer von Jacob von Lunden nach Jacob Mörs, Kapelle Breitenburg ▶

KATLOW
MAGDALENA
HVMMELS BVTTEL
EFFIGIES IOHANNIS RANTZAVI EQVITIS AVRATI QVI TRIBVS REGIBVS SEPTENTRIONALIBVS
CVM CETERIS REGIBVS DANICIS AC CIMBRICIS NEMPE FREDERICO I CHRISTIANO III ET FREDERICO II
DIADEMA REGIVM VICTRICI MANV SINGVLARIQVE PRVDENTIA IMPOSVIT E CONTRA CHRISTIERNVM II
FREDERICI AVSPICIS TRIBVS REGNIS DANICO SVETICO AC NORVEGICO AVERTIT ORAMQVE CIMBRICAM
LVBICENSIBVS DVCE ALBERTO MEGALOPOLITANO ET COM CHRISTOPHORO OLDENBVRGENCI IN
LIBERTATEM VINDICAVIT EPISCOPOS IN DANIA NONNVLLOS DITIONIBVS EORVM AD REGNVM TRANS
LATIS IN ORDINEM REDEGIT DITMARSIAM CVM REGE AC PRINCIPIBVS SVIS HOLSATICIS VLTI
MO DVX ISTIVS BELLI SVBEGIT IAM AGENS ANNVM LXX ANNO DNI 1563 CVM TAMEN CANI
IMPORTVNI NON SVNT SVPERST ILLI ANIMI VIGOR CORPORIS ROBVR CELERIS INGENII MOTVS
HABET ET ADHVC PERTINACEM ET AMPLAM RERVM PRETERITARVM MEMORIAM ET EX HIS FVTV
RARVM SVMMAM PROVIDENTIAM
OBIIT ANNO DNI 1565 DIE 12 DEC CVM VIXISSET ANNOS LXXIII ET MENS

Jahrhundert noch anders gewesen sein. Sagen gerade dieser Art waren fast stets Wandersagen. Das Motiv der Hilfe der Gräfin für eine in Kindesnot befindliche Frau kehrt häufig wieder, so zum Beispiel in der Simmerschen Chronik der Grafen von Zimmern aus den Jahren von 1564 bis 1566.

Auch die Beschriftung der drei Stücke gibt zu denken. Auf der Spindel steht nur der Name des Ritters Johann Rantzau, mit anderen Worten könnte die Spindel das älteste Stück sein und noch zu Lebzeiten von Johann Rantzau, also vor 1565, geschaffen sein. Der goldene Hering steht in der Mitte, er trägt zu den Seiten seines Körpers die Wappen der beiden Familien Rantzau und Walstorp, während die 50 Rechenpfennige als alleiniges Werk der Frau Anna gedeutet werden können, aber interessanterweise nicht für den Sohn Hinrich oder Heinrich allein, sondern für ihre beiden Söhne Heinrich und Paul, vielleicht aus der Erkenntnis heraus, daß sie nicht wissen könne, wer von den beiden Breitenburg dereinst besitzen werde.

Die wahrscheinlichste Deutung läuft letzten Endes darauf hinaus, daß Frau Anna als die eigentliche Schöpferin der Kleinodien angesehen werden kann. Es gibt von ihr ein Portraitrelief auf einer Medaille, die den Deckel einer Silberkanne auf Krengerup, dem alten Rantzauischen Besitz auf Fünen, schmückt und die das einprägsame Antlitz einer älteren Frau mit beherrschten und zielbewußten Zügen darstellt.

Wenn es wahr ist, daß das kleine Männlein die Mahnung ausgesprochen hatte, die drei Wertstücke dürften nicht voneinander getrennt werden, so vergingen doch nur wenige Jahrzehnte, bis ein Nachkomme diese Warnung in den Wind schlug. Ein Enkel des Bruders Paul Rantzau, Josias, kam als junger Mann zu einem Besuch nach Breitenburg, etwa um 1625. Voller Stolz zeigten die Breitenburger Verwandten die Kleinodien vor und erzählten ihm die Sage. Josias nahm prüfend den goldenen Hering in die Hand und erklärte dann, den nähme er mit, der passe gut in seine Faust, er werde einen Degen daran schmieden und damit in den Krieg ziehen. Vergebens protestierten die Verwandten, die drei Gegenstände dürften nicht voneinander getrennt werden. Er erklärte lachend, das sei ein närrischer Aberglaube und nahm in der Tat den Hering mit und ließ am Maul des Fisches befestigt einen Degen anschmieden. Dieser befindet sich noch heute an dem Hering, so wie ihn Josias Rantzau anfertigen ließ.

Mit diesem Degen zog er in den Krieg, diente verschiedenen Herrschern und stieg auf bis zum Marschall von Frankreich. In den vielen

Schlachten, in denen er mit größter Tapferkeit focht, verlor er von jedem seiner Körperteile den einen, ein Bein, einen Arm, ein Auge und ein Ohr. Der französische Dichter Niclas Boileau schrieb auf ihn die Verse:

„il dispersa partout
ses membres et sa gloire",

also auf deutsch:

„Er verstreute überall
seine Glieder und seinen Ruhm".

Aber der Degen blieb ihm treu, bis er in Straßburg in Quartier lag und hier eines Abends mit einem holsteinischen Edelmann zusammentraf, Claus v. Buchwaldt. Dieser verhöhnte ihn, er habe es leicht, stets zu siegen, er sei mit einem verzauberten Degen ausgerüstet. Josias war empört über diese Schmähung, forderte Claus v. Buchwaldt zum Duell und warf noch in der gleichen Nacht den Degen mit dem goldenen Hering in den Rhein. Damit war er für Jahrhunderte verschwunden.
Über seine Wiederauffindung und seine Rückkehr nach Breitenburg gibt es wiederum verschiedene Versionen. Die wahrscheinlichste ist die folgende.
In den ersten Jahrzehnten des 19. Jahrhunderts, anscheinend noch vor 1830, fanden Fischer in den Altwässern des Oberrheins den Degen auf und entdeckten sofort, daß er ein wertvolles Stück sein müsse, so eindeutig wies der goldene Hering auf etwas Besonderes hin. Sie brachten den Degen ihrem Landesherrn, dem Großherzog von Baden, der die Fischer fürstlich belohnte und den Degen den großherzoglichen Sammlungen des Schlosses Salem am Bodensee einverleibte. Dann beauftragte der Großherzog wissenschaftlich geschulte Experten mit der Erforschung des Ursprungs dieses kostbaren Degens und kam auf diese Weise auf die Spur der Grafen Rantzau auf Breitenburg. Diese Ermittlung war vielleicht nicht einmal so schwierig, da ja der Fisch eingeprägt die Wappen Rantzau und Walstorp trug.
Als die Ermittlungen so weit gediehen waren, schickte der Großherzog den Degen an das Haus Breitenburg zurück. Seitdem sind alle drei Stücke wieder vereinigt, und so ist in der Tat die alte Weissagung des kleinen Männleins in Erfüllung gegangen. Nach den vielen Nöten des 17. und 18. Jahrhunderts um den Bestand der Herrschaft Breitenburg hat seitdem Breitenburg wieder seinen festen Standpunkt in der Geschichte unserer Heimat gefunden.

Die Rantzau-Humpen

Auch die Geschichte der Rantzau-Humpen ist in vieler Hinsicht bemerkenswert. Man hatte seit jeher gemutmaßt, daß der Statthalter Heinrich Rantzau, † 1598, jeder seiner Töchter einen silbernen Humpen geschenkt habe. Man glaubte sich in dieser Annahme dadurch bestätigt, daß noch im 20. Jahrhundert zwei dieser Humpen vorhanden waren, der eine der Tochter Ölgard, der andere der Tochter Magdalene geschenkt. Aber völlige Sicherheit bestand nicht.
Friedrich Posselt hat diese beiden Humpen noch gesehen und über sie eine wissenschaftlich fundierte und gründliche Studie im Jahre 1917 verfaßt unter dem Titel:

> Friedrich Posselt in Preetz
> Silberne Bildnisse Heinrich Rantzaus und
> der hamburgische Goldschmied Jakob Mores. 1917.
>
> Diese Studie ist auch veröffentlicht in Band 47 der Zeitschrift der Gesellschaft für Schleswig-Holsteinische Geschichte.

Der eine für Ölgard bestimmte Humpen befand sich zu dieser Zeit im Besitz der Grafen zu Rantzau auf Oppendorf, der Humpen für die Tochter Magdalene im Besitz des Oberregierungsrates Hermann v. Rumohr in Kiel. Die Arbeit von Friedrich Posselt behandelt nicht nur diese beiden Humpen, sondern auch die Vorlage, die er sicher zu Recht in einem Silberstich des Hamburger Goldschmiedes Jakob Mores oder richtiger Jakob aus Moers findet. Beide Humpen waren im wesentlichen völlig gleich, der Oppendorfer freilich nicht annähernd so gut erhalten wie der Rumohrsche. Die Männerköpfe auf dem Deckel fehlten, auch ein Teil der Engelsköpfe im unteren Teil dieses Humpens war verlorengegangen, vor allem hatte dieser Humpen durch allzu starkes Putzen sehr gelitten, so daß viele Schmuckelemente nicht mehr erkennbar waren.
Schon Friedrich Posselt hatte die Vermutung ausgesprochen, daß es mehr Humpen als diese zwei gegeben haben müsse, Heinrich Rantzau hatte 5 Töchter, Magdalene, Catharine, Ölgard, Elisabeth und Margarethe. Vier von ihnen hatten einen Ahlefeldt geheiratet, Elisabeth ihren Vetter Cai Rantzau auf Hanerau. Völlige Klarheit bringt das Testament

Heinrich Rantzaus vom 18. Oktober 1594, niedergeschrieben in Segeberg. Hier schreibt er:

> „Den Töchtern, ider (=jeder) eine Kanne, alss ich sie von Silber habe machen lassen, wie auch den Söhnen, mit ihren Nahmen, welche alle fertig, und soll einem jeden, Sohn und Tochter, die seine zugestellet werden, sambt dem Conterfey uff Papier, wie es dabey ist und auf Holtz gemachet."

Heinrich Rantzau hatte für seine Töchter vorzüglich gesorgt, abgesehen davon, daß sie alle fünf in reiche Verhältnisse heirateten, erhielt eine jede einen Brautschatz von 25000 oder 30000 Talern, vielerlei an Schmuck und Kleinodien, wie der Statthalter schreibt, endlich jede ein Fünftel des „Antorffischen Geldes", das war ein Darlehen Heinrich Rantzaus an die Stadt Antwerpen gewesen, anscheinend in der Höhe von 75000 Talern. Es ist übrigens nie zurückbezahlt worden.

Nun kommen die Söhne. Heinrich Rantzau hatte sieben Söhne gehabt, aber von ihnen waren vier schon vor dem Vater verstorben, Friedrich hatte durch Meuchelmord auf dem Feldzug in Frankreich sein Leben beendet, Dietrich starb als Junge von 11 Jahren, Cai war viele Jahre lang in Gefangenschaft von brabantischen Räubern und starb krank und unvermählt mit 29 Jahren in Breitenburg, Johann als junger Student mit 16 Jahren in Heidelberg.

Daher können nur die drei Söhne, die den Vater überlebten und die auch alle Nachkommen hatten, einen silbernen Humpen erhalten haben, Franz, Breide und Gert.

Danach hätte es ursprünglich acht dieser Prachtstücke gegeben, offenbar alle in Krempe angefertigt, wie das Beschauzeichen der Stadt Krempe ausweist, das am Boden der Humpen eingeschlagen ist, in der Mitte ein kleiner Bärenkopf über einem schmalen Wasser, auf dem drei schräggestellte Fische zusammenstoßen. Hinter dem Beschauzeichen sind links und rechts die Buchstaben I und K angebracht, sicherlich die Anfangsbuchstaben des Namens des Meisters. Da es in jener Zeit zwei Bürgermeister namens Koll in Krempe gegeben hat, könnte der Goldschmied zu dieser Familie gehören.

Beide Humpen, die nach der Beschriftung 1582 hergestellt sind, haben ihre eigenen Schicksale gehabt, keiner der beiden ist im Erbgang von Heinrich Rantzaus Töchtern auf die späteren Besitzer übergegangen. Der Oppendorfer Humpen wurde erst kurz vor 1900 von der verwitweten Gräfin Marie zu Rantzau geb. v. Lilienfeld aus Privatbesitz angekauft. Er ist auch nicht lange in den Händen der Familie geblieben. Der Sohn, Heinrich Graf zu Rantzau auf Oppendorf, übergab den Humpen als Leihgabe dem Thaulow-Museum in Kiel. Als 1943 die Bombenstürme über Kiel ihr Zerstörungswerk anrichteten, lagerte er den Humpen aus Vorsicht wieder aus und verbrachte ihn auf ein Gut von Freunden in der Nähe von Magdeburg. Seit dem Kriegsende ist er verschollen, und es erscheint fraglich, ob er jemals wieder auftauchen wird.

Aber auch bei dem Rumohrschen Humpen verliefen die Dinge nicht so glatt. Die Herren v. Rumohr auf Rundhof stammen wohl, sogar über zwei Töchter, von Heinrich Rantzau ab, jedoch nicht von der Tochter Magdalene, die laut Inschrift diesen Humpen erhalten hatte. Sie heiratete Claus v. Ahlefeldt auf Gelting, daher dürfte der Humpen zunächst nach Gelting gekommen sein. Da man aus alten Inventarlisten weiß, daß sich der Humpen spätestens seit der Mitte des 18. Jahrhunderts in Rundhof befunden hat, ist die wahrscheinliche Lösung dieses Rätsels die, daß die benachbarten und damals sehr wohlhabenden Herren v. Rumohr auf Rundhof bei dem Zusammenbruch der Familie v. Ahlefeldt nach 1720 den Humpen aus der Konkursmasse angekauft haben.

Als bald nach 1800 die drei Brüder in Rundhof zur Teilung des väterlichen Nachlasses schritten, stellte sich heraus, daß es drei wertvolle alte Humpen gab. Jeder der Brüder erhielt einen, der älteste August, † 1839, den eigentlich Rumohrschen Humpen von 1597, auch ein Meisterwerk unserer einheimischen Goldschmiedekunst; der zweite Sohn, Friedrich v. Rumohr, † 1833, erhielt den Rantzau-Humpen; der dritte Bruder, Cai Wilhelm Georg, † 1878, erhielt einen schweren barocken Humpen, etwa aus der ersten Hälfte des 17. Jahrhunderts. Als dieser Bruder mit seinem Vermögen Konkurs machte, kauften die Rundhofer Vettern diesen Pokal aus der Konkursmasse an. In diesem Humpen finden sich eingeritzt die Buchstaben C. V. B., vielleicht Caspar v. Buchwaldt, der mit Magdalene v. Rumohr a. d. H. Rundhof verheiratet war.

Und auch das Schicksal des Rantzau-Humpens war lange Zeit bedroht. Der älteste Sohn von Friedrich v. Rumohr, Wulf August v. Rumohr, † 1888, konnte weder das adelige Gut Toestorf noch das Gut Drült halten, Toestorf mußte er verkaufen, Drült dem jüngeren Bruder Henning v. Rumohr, † 1902, überlassen. Er zog nach Schleswig und lebte

hier in dürftigen Verhältnissen. In diesen Jahren ist der Rantzau-Humpen oft zum Pfandleiher gewandert, aber immer wieder wußte dieser gewiß nicht mit Glücksgütern gesegnete Mann es zu erreichen, daß er die Mittel aufbrachte, um das Pfand rechtzeitig wieder einzulösen, so sehr hing er und mit ihm seine ganze Familie an diesem Stück.
Man fragt sich, wo die übrigen sechs Humpen geblieben sind. Aus alten Inventarverzeichnissen weiß man, daß Elisabeth Rantzau, eine der Töchter Heinrich Rantzaus, ihren Vetter Cai Rantzau auf Hanerau geheiratet hat und als Mitgift außer dem Fünftel des Antwerpener Geldes einen silbernen Humpen mitbekam. Dadurch ist der ursprüngliche Verbleib von wenigstens drei Humpen geklärt, und man kann daher mit Sicherheit als zutreffend annehmen, daß es wirklich zunächst acht Humpen gegeben hat. Es gab einen Hinweis, daß sich in Kopenhagen noch ein weiterer Humpen befinden soll, Anfragen, die der Verfasser dorthin gerichtet hat, sind aber negativ geblieben. Das Nationalmuseum in Kopenhagen besitzt keinen derartigen Humpen und weiß auch nichts von einem solchen Wertstück überhaupt. Das einzige, was sich in Kopenhagen befindet, sind zwei Reisealtäre Heinrich Rantzaus, ferner hat die Münzen- und Medaillensammlung des Nationalmuseums eine Rantzau-Medaille zur Verfügung gestellt, die den Deckel einer Kanne bildet und die die portraitähnlichen Gesichter von Johann Rantzau und seiner Gemahlin Anna geb. Walstorp zeigt. Das Nationalmuseum weist hierbei noch hin auf die Schrift des früheren dänischen Ordenshistoriographen Albert Fabritius, der sich 1938 eingehend mit Rantzauischen Wertstücken aller Art beschäftigt hat. Die Ausarbeitung von Albert

Brunnen im Schloßhof

Fabritius ist erschienen unter der Überschrift „Rantzau-Sagn", Kopenhagen 1938, als Sonderdruck der Dänischen Studien von 1937.
Albert Fabritius führt hier die eingangs erwähnte Sage mit der Entstehung der Rantzauischen Kleinodien dank der Mithilfe der Anna Walstorp bei den Unterirdischen an, gibt ferner zwei Portraitmedaillen von Johann Rantzau und Anna geb. Walstorp wieder, die nicht identisch sind mit der hier gezeigten und fügt weitere Rantzauische Kleinodien aus dem Besitze der Grafen zu Rantzau auf Rastorf und auf Krengerup hinzu.

Herrschaft (Adeliges Gut) Breitenburg
Besitzer: Breido Graf zu Rantzau
Baugeschichte s. Teil 3 dieses Beitrages

altes Haus Breitenburg

1526 Johann Rantzau
1565 Heinrich Rantzau
1599 Gert Rantzau
1627 Christian Rantzau seit 1650 Reichsgraf zu Rantzau
1663 Detlev Reichsgraf zu Rantzau
1697 Christian Detlev Reichsgraf zu Rantzau
1721 Wilhelm Adolph Reichsgraf zu Rantzau
1726 Catharine Hedwig Reichsgräfin zu Rantzau, verm. mit Johann Friedrich Graf zu Castell-Rüdenhausen
1743 Friederike Eleonore Gräfin zu Castell-Rüdenhausen, verm. mit Carl Friedrich Gottlieb Graf zu Castell-Remlingen
1760 Amoene Gräfin zu Castell-Remlingen verm. mit Friedrich Graf zu Rantzau a. d. H. Ahrensburg

neues Haus Breitenburg

1760 Friedrich Graf zu Rantzau verm. mit Amoene Gräfin zu Castell-Remlingen
1802 Conrad Graf zu Rantzau
1845 Carl Graf zu Rantzau
1847 August Graf zu Rantzau
1849 Friedrich Graf zu Rantzau
1871 Kuno Graf zu Rantzau
1895 Otto Graf zu Rantzau
1910 Hans-Caspar Graf zu Rantzau
1952 Otto Graf zu Rantzau geb. 1922 jetzt dessen Sohn (Übergabe unter Lebenden)
1977 Breido Graf zu Rantzau

20 Gross Colmar

Kirchspiel Kollmar Kreis Steinburg

Als der Ritter Hans v. Ahlefeldt im Jahre 1494 die Elbmarsch erwarb, gab es in ihr noch keine Güter. Die Gruppe der adeligen Marschgüter in diesem Raume hat sich erst im Laufe des 16. und 17. Jahrhunderts gebildet, noch 1716 entstand als letztes der Reihe das adelige Marschgut Klein Colmar. Alle diese Güter unterscheiden sich in wesentlichen Punkten von den Gütern der Ostküste. Sie waren nicht mit eigener Gerichtsbarkeit ausgestattet, wenn freilich es nicht an Versuchen der adeligen Grundherren gefehlt hat, um sich hierbei den Gutsherren des holsteinischen Ostens anzugleichen. Nur wenige von ihnen besaßen eigenes Hofland, entsprechend sind auch nur wenige mit eigenen Herrenhäusern und Wirtschaftshöfen versehen gewesen.

Die Urkunde, durch die Hans v. Ahlefeldt die Elbmarsch erwarb, ist ausgestellt in Flensburg im Jahre 1494 am Donnerstag nach Simon und Juda (28. Oktober) und nennt nur eine Burg in diesem großen Gebiet, die Burg Haseldorf, außerdem nur Kirchspiele, fünf an der Zahl, Haseldorf, Haselau, Bishorst, Colmar und Neuendorf. Früher vorhandene Kirch-

spiele wie Asfleth, Ceestermunde (das spätere Seestermühe) und Ceester (heute Seester) bestanden damals nicht mehr, sie waren von den Fluten der Elbe verschlungen.
Auch dem Kirchspiel Bishorst blieb kein langes Leben beschieden. Heute erinnert nur noch der Name einer kleinen Kate an das alte Kirchspiel. In der Mitte des vorigen Jahrhunderts gab es bei Bishorst noch eine Außendeichstrecke mit einer kleinen Erlenhölzung an der Elbe, damals schon im Gute Haselau. Bei starkem Ostwind wurden damals noch auf dem Bishorster Sand die Überreste des Kirchhofs und des Fundaments der Kirche sichtbar.
Die oben genannte Urkunde ist auf plattdeutsch abgefaßt und lautet in ihrem entscheidenden Teile folgendermaßen:

> „Daß Wir dem gestrengen Herrn Hans v. Ahlefeldt, Ritter, unserem Rate und lieben Getreuen, Sohn von Benedict v. Ahlefeldt zu einem ewigen Erbkauf unsere Burg Haseldorf auf dieser Seite der Elbe im Stifte zu Bremen belegen, unwiderruflich mit allen unseren erblichen Gütern, die dazu gehören, nämlich: das Kirchspiel Bishorst, das Kirchspiel Haseldorf, das Kirchspiel Haselau, das Kirchspiel Zum Colmar und das Kirchspiel Zum Neuendorf innerhalb und außerhalb des Deiches belegen ... recht und redlich verkauft und übertragen haben."

In den nächsten Generationen werden demzufolge nicht Güter vererbt, sondern Kirchspiele, zunächst alle in den Händen der Nachkommen aus der Familie v. Ahlefeldt. Hierbei ergab sich alsbald, daß die Kirchspiele Colmar und Neuendorf nicht säuberlich getrennt waren, sondern, wie schon der Justitiar P. F. C. Matthiessen in seiner Schrift über diese Güter im Jahre 1836 bemerkt, „waren beide diese Kirchspiele von jeher sehr eng miteinander verbunden gewesen, hatten gleichmäßige Rechte und Verfassung gehabt und ihre inneren Verhältnisse waren sich gegenseitig so ähnlich und schmolzen durch ihre Nachbarschaft so ineinander, daß sie gewissermaßen ein Ganzes bildeten. Gleiche Interessen bilden gewöhnlich gleiches äußeres Verhalten, und so kündigt sich dieses auch bei den jetzigen wichtigen Veränderungen ihrer politischen Lage an. So wie der Ritter durch neue Auflagen die Einkünfte seines neuerworbenen Eigentums zu vermehren suchte, widersetzten sich ihm seine Untergehörigen, hielten nach altem Brauche ihre Volksversammlungen ab, in Colmar auf der Kreuzstraße, in Neuendorf auf dem Langen Wege in

Langenbrook und beschlossen sich zu weigern. Es kam zu einem Vergleich, die Untergehörigen stimmten 1495 zu, dem Ritter für den Morgen Landes 8 Schillinge Lübsch in zwei Terminen zu zahlen, von jedem Pflug einen halben Wispel Hafer (eine alte Bezeichnung in der Wilstermarsch für eine Maßeinheit), eine fette Gans, zwei Hühner, außerdem zur Mastzeit ein fettes Schwein zu liefern, ,,als Steuer und Zehnten". Dafür sollten sie zu ewigen Zeiten von allen ferneren Abgaben und Diensten befreit sein.
Es nimmt nicht wunder, daß bei einer so durcheinanderlaufenden Streuung der Besitzverhältnisse auch unter den nachfolgenden Generationen eine völlige Verwirrung der Zustände und Eigentumsrechte eintrat. Man unterließ es, wenigstens in dem Gebiet westlich der Krückau geschlossene Distrikte als Grundlage von Gütern zu bilden, sicherlich auf Grund des Widerstandes der Bauern, die auf ihren alten Zugehörigkeiten zu den Kirchspielen pochten. Vielmehr waren bei jeder Erbteilung ohne Rücksicht auf räumliche Zusammengehörigkeit Höfe, Hufen, Bauernstellen dem jeweiligen Erben zugeschlagen, bis die Erbteile der Berechtigten gleich groß waren.
In dem letzten Viertel des 16. Jahrhunderts war Balthasar v. Ahlefeldt Miteigentümer von Teilen von Colmar und Neuendorf und hatte als Hauptgut sein adeliges Marschgut Heiligenstedten. Balthasar v. Ahlefeldt erwies sich als besonders hartnäckig. Er war zu keinem Vergleich zu bewegen, sondern verfolgte unbekümmert um jede Opposition hartnäkkig sein Recht auf Versteuerung der angeblichen Übermaße der Ländereien. Er hatte ausrechnen lassen, daß seine Untergehörigen 200 Morgen unversteuert besäßen und forderte 500 Mark Lübsch je Morgen mit Zinsen seit 1494 oder auch die Ländereien selbst.
Balthasar v. Ahlefeldt hatte bereits als junger Mann im Jahre 1583 auf Heiligenstedten ein großes Schloß erbauen lassen und zwar durch einen italienischen Baumeister, Franz de Roncha. Balthasar hatte jetzt die Absicht, im Jahre 1586 ein entsprechend großes Schloß in Colmar zu

Schloß Oevelgönne um 1618

erbauen. Auch hierzu wurde Franz de Roncha berufen. Das Schloß wurde von den Bauern vom ersten Tage an als Zwingburg empfunden, sie nagelten an die Torflügel des Schlosses die höhnische Inschrift:

„Wer Cölmer und Niendörp nicht up de Krütze gahn,
so hätte Oevelgönne hier nicht stahn."

Mit Krütze ist der obengenannte Kreuzweg gemeint. Zu dem Worte Oevelgönne ist zu sagen, daß das Schloß wohl unter diesem Namen stets in der Literatur behandelt worden ist, daß aber die Besitzer des Gutes Gross Colmar diese Bezeichnung für das neue Schloß nie benutzt haben. Bei dem Worte Oevelgönne handelt es sich nach Mitteilung unseres Ortsnamenforschers Wolfgang Laur ursprünglich um eine abstrakte Bezeichnung in der Bedeutung „Mißgunst", zu niederdeutsch öwel = übel und günne = Gunst, zu günnen = gönnen. Sie gilt im Mittelniederdeutschen und Mittelniederländischen auch für Hölle und bezieht sich bei Ortsnamen auf Landstücke und Burgen und Schlösser, die bei den Anwohnern in „übler Gunst" standen, abgelegene Ländereien, die von übel angesehenen Leuten bewohnt werden, Burgen, Güter und Vorwerke, die als Herrschaftssitze in keinem guten Ansehen stehen. Alle diese Erklärungen treffen für dieses Schloß in Gross Colmar eindeutig zu, sie beweisen uns, wie die Bauern über die Errichtung dieses Schlosses dachten. Es ist 1815 abgetragen worden, wir wissen daher nicht genau, wie es ausgesehen hat, sondern sind auf einen alten Stich angewiesen und zwei etwas primitive Wandmalereien auf Höfen in Gehlensiel und in Moorhusen. Die Malerei auf dem Hof Bahlmann in Moorhusen dürfte inzwischen in den Kunsthandel gekommen sein.
Aus den vorliegenden Abbildungen kann man sich nur in etwa ein Bild machen, wie das Schloß ausgesehen hat. Die Abbildungen zeigen einen langgestreckten zweigeschossigen Bau mit einem schmalen Mittelrisalit, links abgeschlossen durch einen pavillonartigen viergeschossigen Turm mit Kuppeldach.
Aus den noch erhaltenen Archivalien von Gross Colmar ergibt sich immerhin einiges über die weiteren Schicksale dieses Schlosses. Ob es überhaupt lange Zeiten bewohnt war, ist sehr ungewiß. Man weiß hierüber eigentlich nur über die letzten Jahrzehnte etwas mehr. Nach den erhaltenen Akten wurde in den Jahren 1783–84 eine Hauptreparatur des Schlosses und der Nebengebäude in Angriff genommen, hierüber gibt es einen Schlußbericht vom 9. Januar 1785 aus der Feder des Inspektors Koopmann in Breitenburg. Wahrscheinlich hing diese Reparatur damit zusammen, daß die Witwe des letzten Besitzers aus

dem Hause der Grafen v. Holstein, Heinrich Lehnsgraf v. Holstein-Holsteinborg, nach seinem Tode zunächst mit ihren drei Söhnen die Erbschaft übernahm. Einige Jahre später teilten die drei Brüder den Nachlaß, der älteste, Friedrich-Adolph Lehnsgraf v. Holstein, erbte die Lehnsgrafschaft Holsteinborg in Dänemark, der zweite, Heinrich Christoph Graf v. Holstein, erbte Waterneverstorff und Farve, der dritte, Andreas Graf v. Holstein, erbte Gross Colmar.

Die Mutter, Friederika Gräfin v. Holstein geb. Gräfin zu Rantzau-Breitenburg, blieb in Waterneverstorff wohnen, bis der zweite Sohn den Hof übernahm und zog dann mit dem dritten, dem jüngsten, nach Gross Colmar.

Aus diesem Anlaß dürfte die Reparatur des Schlosses erfolgt sein.

Bereits wenige Jahre später, in den Jahren 1803–04, entschied man sich für einen teilweisen Abbruch des Schlosses. Hierüber gibt es eine Vereinbarung mit dem H. Balthasar Andreas Hämel. Aus ihr ergibt sich, daß zwei Flügel nach vorne und die beiden Pavillons nach hinten sowie die Altane samt Fliesen und eisernen Gittern abgebrochen werden sollten.

1815 hatte man sich zu einem völligen Abbruch des Schlosses und einem Verkauf der Gebäude entschlossen. Der Brandkassenwert für das Schloß von 7300 und für die Scheune von 1500 Reichsbankthaler, zusammen 8800 Reichsbankthaler, wurde bei weitem nicht erreicht, der Verkaufserlös belief sich nur auf 1156 Reichsbankthaler.

Am 13. März 1815 kam das Ende, die Fliesen auf der Diele und in den übrigen Zimmern wurden eigens bewertet, das Schloß verschwand damit endgültig.

Bei dem späteren Verkauf der Grafen v. Kielmansegg im Jahre 1862 an zwei Hofbesitzer in Gross Colmar blieb die Familie von Drathen (nicht adelig) im Besitze der Hofstelle, wo das Schloß gestanden hatte und blieb auch Inhaber des Patronats, bis auch dieses im Jahre 1918 aufgehoben wurde.

Eigentümlich war auch das Schicksal des adeligen Marschgutes Klein Colmar. Die Geschichte dieses Gutes beginnt erst im Jahre 1716, der damalige Besitzer, der Kammerjunker Christian v. Ahlefeldt, nannte sein Gut Colmar, weil es in dem Kirchspiele Kollmar größtenteils zerstreut lag und in mancher Hinsicht sehr eng mit ihm verbunden war. Da nun hierdurch zwei Güter gleichen Namens entstanden und dieses zu manchen Irrtümern Veranlassung gab, so strengte der Besitzer des alten Gutes Colmar gegen den Besitzer des neuen Colmars bei dem

Holsteinischen Landgericht einen Prozeß an. Das Landgericht gab im Jahre 1725 Christoph v. Ahlefeldt auf, falls er den Namen Colmar beibehalten wolle, sich eines unterscheidenden Wortes von dem bereits vorhandenen Gute Colmar zu bedienen. Auf diese Weise entstanden die Benennungen der beiden Güter Gross Colmar und Klein Colmar.

Christian v. Ahlefeldt, später Verbitter des adeligen Klosters Itzehoe, verkaufte im Jahre 1764 sein Gut an seinen Neffen Hans Adolf v. Ahlefeldt und seine Nichte Sophie Ernestine v. Ahlefeldt. Weil kein herrschaftliches Gebäude auf dem Gute vorhanden war, so wurde das Haus des Besitzers in Glückstadt anstelle eines eigenen Gutsgebäudes verwandt. Sophie Ernestine v. Ahlefeldt verkaufte schon 1771 ihre Hälfte wieder an ihren Bruder und dieser das ganze Gut im Jahre 1776 an den hannoverschen Staatsminister Carl Rudolph August Graf v. Kielmansegg. Dieser erwarb bald darauf das Gut Seestermühe von seinem Vater, so daß hierdurch beide Güter von einem Herrn wieder besessen wurden, jedoch ohne eine Verbindung zu einem gemeinschaftlichen Gute.

In Gross Colmar verliefen die Dinge noch etwas anders. Balthasar v. Ahlefeldt hatte noch Gross Colmar und Neuendorf besessen. Er hinterließ eine einzige Tochter, die mit Detlev Rantzau verheiratet war und die diesem Manne ihre beiden Güter Colmar und Neuendorf zubrachte. Unter den Töchtern wurden die Besitze geteilt, Margaretha Rantzau heiratete wieder einen Ahlefeldt, Dorothea Rantzau den Grafen Rantzau in Breitenburg. Jetzt blieben die beiden Güter für eine Reihe von Generationen getrennt, Colmar ging von den Ahlefeldt auf die Grafen von Reventlow über, von diesen wieder auf einen Rantzau, von diesem wieder auf den Landmarschall Friedrich v. Hahn, von diesem auf die Grafen v. Holstein, von denen eingangs die Rede gewesen ist. Neuendorf hatte noch andere Schicksale, von den Grafen Rantzau in Breitenburg ging es über auf die Grafen zu Castell, unter den Nachkommen wurde das Gut sogar in vier Viertel zerlegt, zwei Viertel hatten die Grafen Stolberg, ein Viertel ein Herr v. Bülow, ein Viertel verblieb bei den Grafen zu Castell. Im Verlaufe des 19. Jahrhunderts wurden die Dinge etwas bereinigt, drei Viertel verblieben bei den Erben Stolberg, in diesem Falle den Grafen v. Bernstorff, von diesen ging es wiederum über auf die Grafen Reventlow in Altenhof, 1907 verkaufte der Graf Theodor v. Reventlow auf Altenhof seine Anteile in Neuendorf, die Grafen Castell haben sich diesem Schritte bald darauf angeschlossen.

Das adelige Marschgut Gross Colmar verblieb bei den Grafen Holstein bis 1820, wurde dann gleichfalls an die Grafen Kielmansegg verkauft, in diesem Falle an den General Friedrich Graf v. Kielmansegg. 1862 verkaufte der Erbe Graf Kielmansegg seine Anrechte in Gross Colmar für 420000 Mark an zunächst zwei Hofbesitzer Albert Greve und Claus von Drathen. Nach dem Tode des letzteren hat sich das Gut auf die Nachkommen vererbt, welche sich die Ländereien vor einigen Jahren geteilt haben, so daß von dem früheren Gut nur noch der Platz des Schlosses Oevelgönne übriggeblieben ist, welcher als letztem Besitzer Johann von Drathen gehörte.

Gross Colmar

früher adeliges Marschgut

Besitzer

a) Gross Colmar	
1494–1647	v. Ahlefeldt deren Erben (v.) Rantzau v. Ahlefeldt Grafen v. Reventlow (v.) Rantzau
1782	Friedrich v. Hahn
1782–1820	Grafen v. Holstein
1820–1862	Grafen v. Kielmansegg
seit 1862	von Drathen
b) Klein Colmar	
1494–1776	v. Ahlefeldt
1776–1862	Grafen v. Kielmansegg dann wie bei Gross Colmar
c) Neuendorf	
1494–1647	v. Ahlefeldt dann Grafen zu Rantzau Grafen zu Castell Grafen zu Stolberg Grafen v. Bernstorff
bis 1907	Grafen v. Reventlow

Bauten

nach 1494	Bildung der adeligen Güter Gross Colmar und Neuendorf
1586	Bau des Schlosses mit dem Namen Oevelgönne
1716	Bildung des adeligen Marschgutes Klein Colmar
1783–84	Hauptreparatur des Schlosses
1803–04	teilweiser Abbruch des Schlosses
1815	endgültiger Verkauf der Gebäude und Abbruch des Schlosses und Nebengebäude

21 Seestermühe

Kirchspiel Seester   Kreis Pinneberg

Das große adelige Gut Seestermühe besteht seit fast einem halben Jahrtausend und hat in dieser langen Zeitspanne nur zwei Geschlechtern gehört, erst den Herren v. Ahlefeldt für rund 250 Jahre, seitdem den Grafen v. Kielmansegg, die es bis zum heutigen Tage besitzen. Aber auch der Übergang von der einen zur anderen Familie, wenn auch durch gehörigen Kaufkontrakt besiegelt, vollzieht sich innerhalb der Verwandtschaft. Die Verkäuferin bzw. deren Nachlaßgläubiger, Frau Mette v. Ahlefeldt geb. Freiin v. Kielmansegg, überträgt das Gut dem Neffen, dem Grafen Georg Ludwig v. Kielmansegg für die stattliche Summe von 195 000 Rthlr.

Die Geschichte des Gutes beginnt mit dem Erwerb der Haseldorfer Marsch durch den Ritter Hans v. Ahlefeldt im Jahre 1494. Damals rechnete man zur Haseldorfer Marsch die gesamte Marsch an der Unterelbe, von Wedel bis Herzhorn. Erst unter den Besitznachfolgern von Hans v. Ahlefeldt wird die Seestermüher Marsch als selbständiger Besitz und als Grundlage eines eigenen adeligen Gutes ausgeschieden, in der Erbteilung von 1551 übernimmt der Enkel Hans v. Ahlefeldt, † 1559, diesen Distrikt.

Die Zeit des Mittelalters bleibt weithin im Dunkel verborgen. Offensichtlich war die Seestermüher Marsch lange Zeit hindurch noch nicht oder nur unzulänglich bedeicht, noch aus dem 16. Jahrhundert gibt es Streitigkeiten zwischen Gutsherrschaft und Bauern um die Eindeichung. Völlig menschenleer ist die Marsch nicht gewesen, sie gehört mit der gesamten Elbmarsch zur linkselbischen Grafschaft Stade und untersteht damit der Oberhoheit des Erzbischofs von Bremen.

Dessen Suffragan, Bischof Johann von Lübeck, kaufte im Jahre 1286 in Seestermühe ein Haus und ein Landgut, wohl kaum als Gut im heutigen Sinne anzusprechen, sondern wohl eher ein Kastell mit einigen Ländereien zur Versorgung der bischöflichen Tafel. Bischof Burchard von Lübeck soll das Haus 1289 erweitert haben. Schon 1224 hatten der Bischof von Lübeck und das Kloster in Segeberg hier Zehnten. Aus dem Jahre 1223 werden zwei Kirchspiele nachgewiesen, Seestermühe und Seester. Später wurden die beiden Kirchspiele zusammengelegt, die Kirche in Seester ist 1428 erbaut worden, bei der Sturmflut von 1357 verschwand alles in den Wellen, 1379 wird Seestermühe eine Wildnis oder Wüstenei genannt.

Der Name Seestermühe klingt eigentümlich, ist aber aus den aus dem Mittelalter überlieferten Namensformen zu erklären. Die Seestermüher Marsch wird begrenzt von den Flüssen Pinnau und Krückau, die hier in die Elbe münden. Die Krückau hieß im Mittelalter Seester, ebenso wie das Kirchspiel, daher kam für dieses Marschgebiet der Name Seestermünde auf, der schon frühzeitig als Seestermu vorkommt, woraus das heutige Seestermühe entstanden ist.

Der erste selbständige Besitzer, der oben genannte Hans v. Ahlefeldt, dürfte auch ein erstes, vielleicht burgartiges Haus erbaut haben, wir wissen von einer Enkeltochter Anna v. Ahlefeldt, die 1583 in Seestermühe geboren wurde. Aber im übrigen scheint Seestermühe nicht als Hauptwohnsitz gedient zu haben, der Sohn Friedrich hatte durch seine Mutter die Hälfte des ungeheuer großen Besitzes in Nordschleswig geerbt und nahm seinen Aufenthalt lieber hier als in der kalten und feuchten Marsch, dessen Sohn Cai ist freilich 1652 in Seestermühe verstorben. Unter den vielen Herren v. Ahlefeldt auf Seestermühe ragen mehrere Mitglieder des Geschlechts hervor durch ihre bedeutenden Stellungen im öffentlichen Leben, bis das Gut auf die hochgelehrte Anna Catharine v. Ahlefeldt, †1727, übergeht, über deren intrigenreiche Mutter im Artikel Gaarz (s. Ostholstein Seite 321 ff) ausführlich berichtet ist.

Anna Catharine v. Ahlefeldt übergab Seestermühe 1682 ihrem Vetter Hans Hinrich v. Ahlefeldt auf Deutsch-Nienhof. Er ist von allen den vielen Herren v. Ahlefeldt auf Seestermühe der einzige, über dessen Tätigkeit für das Gut vieles zu berichten ist. Nicht, als ob er nicht auch im Staatsdienst wichtige Stellungen erlangt hätte, er war Oberkammerherr des Kronprinzen, Geheimer Rat, Gesandter erst in Berlin, später im Haag und trug den höchsten dänischen Orden, den Orden eines Ritters vom Elefanten. Er hatte den Entschluß gefaßt, in Seestermühe ein stattliches schloßartiges Herrenhaus zu errichten. Im Jahre 1713 brannte es wieder ab, noch kaum fertig, angeblich durch die Brandstiftung eines italienischen Marquese, der als Gast dort weilte und dem Erbauer dieses stolze Bauwerk nicht gönnte. Es heißt aber auch, daß es ein Diener getan habe wegen angeblich schlechter Behandlung. Ahlefeldt war damals Gesandter im Haag und saß in seiner Residenz vor einem lodernden Kaminfeuer, mit der Ordnung der Abrechnungen über den Bau beschäftigt. Als seine Ehefrau hereintrat und ihm die Schreckensnachricht überbrachte, warf er voller Gleichmut die Papiere ins Feuer, nun solle keiner erfahren, was der Bau ihn gekostet habe.
Noch Jahrzehnte später standen erhebliche Teile des Baues, noch in der Kielmanseggschen Zeit erwog man ernstlich den Wiederaufbau und hatte schon nach Plänen des berühmten Architekten Ernst Georg Sonnin den Baumeister Johann Laves mit der Aufstellung eines Entwurfes beauftragt. 1761 besuchte der Publicist Johann Friedrich Camerer Seestermühe und gab eine ausführliche Beschreibung der Örtlichkeit.
Es gibt bis zum heutigen Tag zwei dicht nebeneinander liegende etwa rechteckige Burginseln, beide von breiten Hausgräben umschlossen. Auf dem einen Plateau steht das heutige Herrenhaus nebst mehreren Nebengebäuden, auf der anderen stand der palastähnliche Bau von Hans Hinrich v. Ahlefeldt. Auffallend bleibt, daß, als gleichzeitig der großartige französische Garten angelegt wurde, dessen Achse nicht auf das große Herrenhaus zuführte, sondern auf die heutige bescheidenere Hofanlage. Das läßt nur den Schluß zu, daß schon damals hier Gebäude standen, die Ahlefeldt aus diesem jenem Grunde nicht abbrechen wollte.
Peter Hirschfeld hat den Standpunkt vertreten, daß die von Johann Laves angefertigte Zeichnung nicht den tatsächlichen Baubestand wiedergegeben habe, sondern mehr als ein Märchenschloß anzusehen sei. Ob das zutrifft, erscheint zweifelhaft. Die Angaben bei Camerer sind so detailliert, daß man eigentlich keinen Grund hat, ihnen keinen Glauben zu schenken. Höchstens die Brandreste des dritten Geschosses mögen

Teehaus

voller Einfallsreichtum hinzugefügt sein, sonst entsprechen seine sehr sorgfältigen Angaben bezüglich des Gartens weitgehend der Wirklichkeit. Dieser Garten erstreckt sich um eine vierzeilige Lindenallee vom heutigen Herrenhaus nach Süden und gehört zu den schönsten und bedeutendsten Gartenanlagen, die wir in Holstein besitzen. Zwischen den fast 700 m langen Alleen sind oder waren mehrere Wasserbassins angelegt, die übrigen Teile trugen Rasen. An den Ufern der Wasserbekken standen barocke Sandstein- oder Bleifiguren, von denen heute nur noch vereinzelte Reste übriggeblieben sind. Camerer beschreibt sehr naiv die eine Allee von Süden nach Norden wie folgt:

> „Auf der linken Seite, wenn ich herunter gehe, sind Irrgärten, und allerley niedliche Spaziergänge, welche Verliebten besonders angenehm seyn können."

Sie heißt auch heute noch Liebesallee.
Am Ende der beiden Alleen steht ein reizender kleiner Baukörper, heute

als Teehäuschen bezeichnet. Nach Camerers Beschreibung sah dieses Häuschen folgendermaßen aus:

> „Dieses Lusthaus rund von Ziegelsteinen aufgebaut. Enthält zwei Gemächer und lange Fenster, davon die Gläser entzwey und das hängende Holz die Verwüstung zeigend. Das erste Gemach ist rund, das zweyte in die Breite angelegt. Das erste Gemach ist artig ausgemalet gewesen und habe ich noch soviel sehen können. Über der Thür des Einganges, welche nach Süden liegt, siehet man noch das berühmte Ahlefeldische Wappen."

Das Teehaus ist nicht von Ernst Georg Sonnin gebaut worden, er war aber in Seestermühe tätig und hat Teile des Herrenhauses und ein heute noch stehendes Wirtschaftsgebäude errichtet.
Heute ist der Pavillon am Ende des Parks ein verputzter Backsteinbau über quer-rechteckigem Grundriß mit breit abgeschrägten Ecken. Das Gebäude hat eine lebhafte Gliederung durch gebrochene Eckpilaster, hoch-rechteckige Fenster an den sechs Schmalseiten und quer-rechteckige Blenden unter den Fenstern und gleichfalls darüber. Die breitere Vorderfront hat ein rechteckiges Portal zwischen schmalen Pilastern und Fenstern, die entsprechende Rückseite ist ungegliedert. Das Häuschen hat eine Windfahne mit ausgestanzter Inschrift: FCvK 1818, danach zu urteilen ist dieses heutige Gebäude in diesem Jahre erbaut worden. Die Wandgliederung des nicht unterteilten Raumes ist stark zerstört, die Flachkuppel in Resten erhalten. Das Teehaus ist 1984 ausgebaut und restauriert worden und soll als Atelierwohnung vermietet werden, um so eine dauerhafte Erhaltung des Gebäudes zu gewährleisten.
Das heutige Herrenhaus, das der Überlieferung nach aus dem Steinmaterial der Flügelbauten des 1713 abgebrannten Hauses errichtet worden ist, dürfte zunächst als Verwalterhaus gedient haben und ist erst allmählich durch Anbauten und Erweiterungsbauten zu dem heutigen Zustand vergrößert worden. Auf der Rückseite ist ein zweigeschossiger Anbau vorgenommen, an der Vorderfront ein neuer Giebel. Nach Umbauten im 19. und 20. Jahrhundert stellt sich jetzt ein eingeschossiger Bau mit zweigeschossigem Mittelteil dar, an der Rückseite zwei Anbauten. Der zweigeschossige Anbau an der Rückseite des Herrenhauses ist 1984 abgerissen worden. Somit ist das Haus in seiner ursprünglichen Größe wiederum hergestellt worden.
Im Inneren ist bemerkenswert die Gemäldegalerie, die Portraits aus fast allen Generationen des Geschlechts Kielmansegg enthält, angefangen

mit dem lebensgroßen Portrait des Kanzlers Johann Adolph Kielmann v. Kielmannseck von Jürgen Ovens bis hin zur Gegenwart.
Außen vor der Brücke steht das später als Schule benutzte Armenhaus, eine eingeschossige Dreiflügelanlage im Backsteinrohbau mit großen Rundbogenfenstern aus dem Jahre 1645. Nach der Inschrift auf zwei Erinnerungstafeln im Flur ist es von Cai v. Ahlefeldt, † 1652, auf Seestermühe und Schinkel gestiftet worden, von dessen Sohne, dem Rittmeister Otto, † gleichfalls 1652, um milde Gaben bereichert, sodann von dem Klosterprobsten von Uetersen, Friedrich v. Ahlefeldt; † 1664, im Jahre 1653 vollendet worden. Dazu der Spruch:

„Laß die von Ahlefeldt
Ihr Gut, dies Häuselein,
in deinem Schutz, o Gott
Dir stets befohlen sein."

Nach der zweiten Tafel ist das Gebäude im Jahre 1835 von dem Grafen Friedrich O. G. v. Kielmansegg neu erbaut worden. 1952 wurde das Gebäude unter Beibehaltung der äußeren Form renoviert und für die Schulklassen zu einer modernen Volksschule ausgebaut. Der Trakt, der bisher die Wohnungen der Bedürftigen enthielt, wurde in den Schulbau einbezogen.

Zimmer mit Ahnenbildern

Die Kielmanseggsche Zeit zerfällt in zwei Abschnitte. Der erste reicht von dem Erwerb des Gutes bis 1866, dem Zeitpunkt der Einverleibung des Königreiches Hannover in Preußen, der zweite von diesem Zeitpunkt an. Während der erstgenannten Zeitspanne waren die Beziehungen zum Kurfürstlichen, seit 1814 Königlichen Hannoverschen Haus so eng geknüpft, daß ausnahmslos alle Generationen es zu hohen Stellungen im hannoverschen Staatsdienst gebracht haben. Der Erwerber von Seestermühe, der General Georg Ludwig, * 1705, war im Jahr 1723 gemeinsam mit seinen Brüdern in den Reichsgrafenstand erhoben worden. Er wurde 1776 mit der Charge eines kgl. Großbritannischen und Kurfürstlich Braunschweig-Lüneburgischen Generals der Infanterie verabschiedet. Offensichtlich schied er aus persönlicher Verärgerung aus dem Militärdienst aus. Er fühlte sich übergangen, als gleichzeitig sein eigener Schwager, der General v. Spörcken, zum Generalfeldmarschall ernannt wurde.

Während seiner Lebenszeit gingen die Verbindungen nach Schleswig-Holstein in erster Linie nach dem neu erworbenen großen Gute Gülzow im Herzogtum Lauenburg. Aber noch währenddessen wurde für den zweiten Sohn und späteren Erben von Seestermühe, August Kielmansegg, im Jahre 1776 das jenseits der Krückau gelegene adel. Marschgut Klein Colmar angekauft, ein Gut, das weder ein geschlossenes Gutsareal noch ein Herrenhaus besaß, solange das Gut den Herren v. Ahlefeldt gehört hatte, diente ein Haus in Glückstadt stattdessen.

Dieser zweite Sohn August Kielmansegg, 1731–1810, ist als Begründer der Linie Seestermühe anzusprechen. Später trennte sich noch die sog. III. Linie, zu der der bekannte Vier-Sterne-General Johann Adolf Graf von Kielmansegg, * 1906, gehört. August Kielmansegg war kgl. Großbritannischer Konsistorialpräsident, Geheimer Rat und Staatsminister und verbrachte seine letzten Lebensjahre seit 1806 teils in Hannover, zur Hauptsache indessen auf Seestermühe, das damit erstmals einen eigentlichen Herrn erhielt. Da er nicht verheiratet war, vererbte er Seestermühe mit Klein Colmar seinem Neffen Friedrich O. G. Graf von Kielmansegg, der den Besitz im Jahre 1820 in sehr zweckmäßiger Weise durch den Ankauf des adel. Marschgutes Groß Colmar abrundete.

Friedrich O. G. Graf v. Kielmansegg, 1768–1851, war kgl. hannoverscher General der Infanterie und schied als hochdekorierter Offizier aus dem Dienst. Er trug den höchsten Orden, den das Königshaus Hannover zu vergeben hatte, den Guelphen-Orden, außerdem den schwedischen

Schwertorden 1. Klasse, den dänischen Dannebrog-Orden 1. Kl., den russischen St. Annen-Orden und den russischen Wladimir-Orden, alles Auszeichnungen für seine Teilnahme in den Befreiungskriegen von 1813.

Besitznachfolger in allen drei Gütern wurde sein Sohn Adolf A. F. Kielmansegg, 1796–1866, der kgl. Hannoverscher Wirklicher Geheimer Rat mit dem Titel Excellenz wurde. Er hat einmal im Jahre 1835 den Vater in Seestermühe besucht, ein Zeichen dafür, daß damals das Haus schon bewohnt war. Da er nur eine Tochter hinterließ, die nach England geheiratet hatte, setzte er seinen Bruder Karl E. A. F. Graf v. Kielmansegg, 1816–1899, zum Erben ein. Dieser hatte gleichfalls keine Söhne, nur drei Töchter. Er hinterließ das Gut seinem Neffen William, 1894–1920, der es noch 1899 zum Fideikommiss mit landesherrlicher Genehmigung machte.

Karl Kielmansegg stand ebenso wie seine Vorfahren im hannoverschen Staatsdienst und brachte es hier zum Forstmeister mit der besonderen Aufgabe der Pflege der um die Residenzstadt Hannover gelegenen Waldungen. Als Hannover preußisch geworden war, nahm er 1866 seinen Abschied und zog sich ganz nach Seestermühe zurück, von jetzt an stets und ständig mit der Verbesserung des ererbten Besitzes beschäftigt.

Die nächsten Generationen hatten ihren Frieden mit Preußen geschlossen, William wurde kgl. preußischer Oberstleutnant, sein Sohn Alexander, 1889–1956, preußischer Rittmeister. Dessen Sohn Friedrich Christian Graf v. Kielmansegg (1916–1982) war Verbitter des adeligen Klosters Itzehohe und damit erster Prälat der Schleswig-Holsteinischen Ritterschaft, außerdem Kommendator der Schleswig-Holsteinischen Genossenschaft des Johanniter-Ordens.

Die beiden adeligen Marschgüter Klein und Groß Collmar bestehen nur mehr dem Namen nach. Seestermühe hatte noch um 1900 eine Fläche von 1180 ha. Nach der großen Sturmflut von 1962 wurden die Seedeiche seitens der schleswig-holsteinischen Landesregierung mit verkürzter Deichlinie neu erbaut und wesentlich auf 8 m Deichhöhe verstärkt. Das Gutsareal, heute in Größe von etwa 850 ha war über lange Zeit durch Verpachtung an benachbarte Bauern genutzt worden. Der heutige Besitzer Georg Ludwig Graf v. Kielmansegg bewirtschaftet 550 ha als geschlossenen Hof. Das seiner Zeit von Sonin erbaute Wirtschaftsgebäude „Meierhaus" hatte eine Dienstwohnung. Diese wird nun vom Besitzer des Gutes benutzt.

Adeliges Gut Seestermühe

Besitzer: Georg Ludwig Graf v. Kielmansegg

Besitzer		*Gut und Bauten*	
im Mittelalter Teil der Grafschaft Stade, rechtselbische Vogtei unter dem Erzbischof von Bremen		im 13. Jh.	Burgen der Bischöfe Johann und Burchard von Lübeck
1494	Erwerb der gesamten Haseldorfer Marsch durch den Ritter Hans v. Ahlefeldt	1357	alles durch Sturmflut verschwunden
1551	Erbteilung, der Enkel Hans v. Ahlefeldt Besitzer von Seestermühe	nach 1551	Bau einer ersten Burg durch Hans v. Ahlefeldt
seitdem bis 1752	Herren v. Ahlefeldt	1645–1653	Bau des Armenhauses
seit 1681 bis 1720	Hans-Hinrich v. Ahlefeldt	um 1700	Bau des großen Schlosses durch Hans Hinrich v. Ahlefeldt und Anlage des barocken Gartens
dann	dessen Witwe Mette v. Ahlefeldt, geb. Freiin v. Kielmansegg, † 1748	1713	Brand des Schlosses
1752	Erwerb von Seestermühe durch den Grafen Georg Ludwig v. Kielmansegg	um 1750	Bau des Teehauses
seitdem	Grafen v. Kielmansegg	um 1765	Aufbaupläne des Schlosses
		1818	Neubau des Teehauses
		1835	Umbau des Armenhauses
		im 18. Jh.	Bau des jetzigen Herrenhauses mit Erweiterungsbauten im 19. und 20. Jahrhundert
		1904	Bau eines Mausoleums in der Nähe des Hofes.

Rekonstruktion des Herrenhauses

22 Haselau

Kirchspiel Haselau   Kreis Pinneberg

Haselau gehört zu den alten Besitzen unseres Landes, auch wenn heute Herrenhaus und Hofgebäude nicht mehr stehen, das Gut besteht auch heute noch als landwirtschaftlicher Betrieb, freilich zum größten Teil als Pachtland genutzt. Seine Entstehung reicht bis in den Anfang des 13. Jahrhunderts zurück, wahrscheinlich gleichzeitig mit dem Bau der ersten Kirche. Die Flurkarte zeigt deutlich die enge Verbindung zwischen Rittersitz und Kirche, ähnlich wie in dem unweit gelegenen Haseldorf. Die Kirche ist urkundlich erstmalig im Jahre 1251 bezeugt, dürfte aber älteren Ursprungs sein und bereits im Anfang des Jahrhunderts erbaut worden sein. Gleichzeitig, im Jahre 1224, erscheinen Arnold und Barthold v. Haselau. Das Geschlecht ist nicht von langer Dauer, 1271 wird noch ein Hinrich v. Haselau als Kanoniker in Ratzeburg genannt. Auch das Patronatsrecht, das sicherlich anfänglich den Rittern von Haselau zugestanden haben wird, geht jetzt auf den Dompropst in Hamburg über und kehrt erst um 1500, als sich das eigentliche Gut Haselau bildet, an dessen Besitzer zurück, es ist ihnen auch bis zur Gegenwart verblieben.

Jahrhunderte hindurch hören wir nichts von Haselau, es dürfte wie die gesamte Elbmarsch während dieser langen Zeitspanne ein schwer zugängliches Gebiet gewesen sein, kaum eingedeicht, mit fruchtbarer Erde, aber schwer nutzbar, durchzogen von breiten Flüssen und Prielen. Auf den erhöhten Inseln oder Wurten sitzen trotzige Bauern und mühen sich um ihr Vieh, Raubritter lassen sich auf den wenigen befestigten Plätzen nieder. Erst als im Jahre 1494 der Ritter Hans v. Ahlefeldt die ganze Elbmarsch von Wedel bis Glückstadt vom König ankauft, wird der Grund für stabilere Verhältnisse gelegt. Der Kauf scheint für Hans v. Ahlefeldt sehr günstig zu sein. Er verkaufte in einer Verhandlung in Flensburg das große Törninglehn im nördlichen Nordschleswig für die stattliche Summe von 102 000 Mark Lübsch an den König, brauchte aber für die Elbmarsch nicht mehr als 30000 Mark Lübsch aufzuwenden. Gewissermaßen als Zugabe und ohne Anrechnung auf den Kaufpreis erhielt er dazu noch das große adelige Gut Gelting im östlichen Angeln, im Jahre darauf auch noch das unweit der Elbmarschen gelegene adelige Gut Kaden, das alsbald von seinem Sohne Friedrich ein langgestrecktes, aus Fachwerk bestehendes Haus erhielt und von da ab durch viele Jahrzehnte hindurch als Witwensitz der Witwen von Haselau benutzt wurde.

Der Ritter Hans v. Ahlefeldt konnte sich nicht lange des neuen großen Besitzes erfreuen, er fiel im Jahre 1500 in der Schlacht von Hemmingstedt als Bannerführer des königlichen Heeres im Kriege gegen Dithmarschen und hat sich noch im Sterben die geheiligte Fahne um den Leib gewickelt.

Aber schon zu seinen Lebzeiten zeigten sich die Schwierigkeiten mit den störrischen Bauern, die bis dahin frei und unbeschwert ihre Ländereien gegen Fluten und Stürme verteidigt hatten. Hans v. Ahlefeldt verlangte jetzt von ihnen Abgaben und Leistungen an den neuen Gutsherrn. Im Jahre 1495 gelang ein Vergleich, aber in ihm wurde verbrieft, daß die Bauern wohl zu diesen und jenen Leistungen bereit seien, daß aber für alle Zeiten ihnen keine neuen Steuern und Abgaben aufgebürdet werden dürften. Die Erben von Hans v. Ahlefeldt zeigten sich nicht geneigt, sich an die Übereinkunft zu halten, so entstanden Streitigkeiten, die sich durch viele Generationen hinzogen.

Aber des Streites war ohnehin kein Ende. Die Söhne von Hans v. Ahlefeldt teilten den großen Besitz, Friedrich, †1541, erhielt den wertvollsten Teil östlich der Pinnau mit Haseldorf, Haselau und Seestermühe, die Brüder Steffen und Christopher Colmar und Neuen-

dorf. Zu Haseldorf hatte sich außerdem das kleine adelige Gut Hetlingen gebildet, das seit jeher mit Haseldorf vereinigt blieb.
Friedrich begann sein Leben alsbald mit Streit, er war offenbar der Meinung, daß eine einzige Kirche und zwar die Kirche in Haseldorf für seine Güter genüge, trachtete danach, die Kirche in Haselau veröden zu lassen, ließ die Kinder des Kirchspiels die Kirche von Uetersen besuchen, nahm die heiligen Weihrauchgefäße an sich, ließ den Fußboden der Kirche, der aus Fliesen bestand, abbrechen und in seine Burg in Haseldorf hinschaffen.
1592 heißt es, daß die Kirche in Haselau seit 44 Jahren geschlossen gewesen sei. Das brachte alsbald Streit auch mit den benachbarten Grafen v. Schauenburg in Pinneberg mit sich, da drei zur Grafschaft gehörende Dörfer, die zu Haselau eingepfarrt waren, nun plötzlich ohne geistliche Betreuung dastanden.
Im übrigen darf man auch nicht seine Verdienste um die Verbesserung des Deichwesens verkennen, er nahm umfangreiche Eindeichungen vor, freilich mit der unmittelbaren Folge, daß er jetzt die Bauern zu erhöhten Abgaben heranzog, weil sie jetzt ihr Vieh im Schutze der Deiche gräsen könnten.
Schlimmer wurde der Streit in der nächsten Generation, jetzt erhielt der älteste Sohn Bendix Haseldorf, der jüngste, Wolf, Haselau. Dem mittleren namens Hans fiel Seestermühe zu, und da dessen Besitz durch die beiden großen Flüsse der Pinnau nach Osten, der Krückau nach Westen von den Besitzungen der feindlichen Brüder und Vettern deutlich geschieden war, schied dieser Bruder aus den furchtbaren Streitigkeiten der nächsten Jahrzehnte praktisch aus. Es kam hinzu, daß seine Nachkommen das sehr bedeutende Seegaard in Nordschleswig erwerben konnten und sich daher für lange Zeiten von der Elbmarsch trennten.
Um so heftiger begann jetzt der Streit zwischen den Brüdern auf Haseldorf und Haselau, Bendix, † 1586, brachte im Grunde einen sehr guten Ruf mit, er hatte sich in vielen öffentlichen Ämtern bewährt, neigte aber im Persönlichen, insbesondere in seinem Verhältnis zu seinem Bruder Wolf auf Haselau, zu schwersten Streitigkeiten. Übergriffe der beiden Brüder gegeneinander wurden zur Regel, mal brach Bendix mit seinen Knechten auf dem Hofe Winsen, der zu Kaden gehörte, feindselig ein, vertrieb den dort wohnenden Vogt und verjagte das Vieh, mal nahm der andere Bruder Wolf feindlich Rache an dem Vieh, das Bendix gehörte und auf dem Butendiek, den Außendeichslän-

dereien, weidete. Der Kern des Streites ging wahrscheinlich darum, daß der jeweilige Besitzer von Haseldorf die Kosten des Deichbaues im wesentlichen allein zu tragen hatte, während die weiter landeinwärts wohnenden, die Herren von Haselau und die Bauern, den Nutzen der Eindeichung für sich in Anspruch nehmen konnten.

Auf Bendix folgte Detlev, auf Wolf Marquardt. Jetzt zeigte sich mit voller Wucht, daß es nicht klug gewesen war, das riesige Areal unter nahen Verwandten aufzuteilen. Was einander fremde Gutsherren an Streitigkeiten auch haben mögen, so lassen sie sich im allgemeinen ohne große Feindschaft aus der Welt bringen. Kommen aber verwandtschaftliche Beziehungen hinzu, die ohnehin von Generation zu Generation weiter auseinanderklaffen, ohne doch ihren inneren Zusammenhang zu verlieren, so wird es gefährlich. Detlev, † 1599, scheint der streitbarere Teil gewesen zu sein, Marquardt, † 1608, war erst 1 Jahr alt, als sein Vater starb – ausgerechnet durch einen Sturz vom Pferde auf dem Butendiek, als Kommissare von König und Herzog erschienen waren, um den Streit zu schlichten. Wolf v. Ahlefeldt wollte sein Pferd vor den Herren tummeln, und dabei ist er gestürzt. Er hinterließ außer seinem Sohne Marquardt und einer Reihe von weiteren Kindern seine Witwe Oelgard geb. v. Buchwaldt, † 1618, die den kleinen Marquardt von vorneherein in dem Hasse gegen den feindlichen Schwager Bendix und den Vetter Detlev großzog. Sie hat alle überlebt, Mann und Schwager und Sohn und Vetter starben vor ihr, sie starb erst 1618 nach siebenundvierzigjährigem Witwenstand. Sie verstand es, mit eiserner Hand nicht nur den Sohn, sondern auch die Güter zu regieren. Als sie verstorben war, rechnete man ihr nach, daß sie während dieser langen Jahre fast eine Million Reichsthaler vereinnahmt hatte, natürlich nicht zum eigenen Wohlle-

Detlev von Ahlefeldt auf Haseldorf, Haselau und Kaden, 1617–1686, Geheimrat, Gesandter, Ritter des Elefantenordens

ben, sie hat umfangreiche wohltätige Stiftungen gemacht, bedeutende Erbteile an die übrigen Kinder ausgesetzt und sich durch ihr soziales Wirken ein bleibendes Andenken bewahrt.

Als Marquardt erwachsen war, er war jetzt 26 Jahre alt, und ihm das Gut Haselau übergeben war, suchte er mit seinem Vetter Detlev auf Haseldorf zu einem gütlichen Ausgleich zu gelangen. Er lud ihn förmlich auf den Herrentag in Augsburg, schloß mit ihm einen Vergleich, daß sie fortan in Ruhe und Frieden leben wollten und lud Detlev v. Ahlefeldt zu einem Gastmahl nach Haselau ein. Dieses Gastmahl fand am 21. August 1598 auf Haselau statt. Teilnehmer waren von Marquardts Seite sein Freund Jürgen v. Zarnow, ein Junker aus Pommern (das Landesdenkmalsamt gibt irrtümlich den Namen mit Zabnow an), Detlev kam zusammen mit seinem Hofmeister.

Es heißt, daß die Gäste so gut bewirtet wurden, als es sich machen ließ, und daß bei Tisch kein böses Wort fiel. Als Detlev spät am Abend nach Hause reiten wollte, ließ Marquardt Pferde für alle satteln, weil er meinte, daß Detlev, der etwas getrunken hatte, alleine nicht nach Hause finden würde. So machten sich die vier Reiter auf den Weg, im vorderen Gliede die beiden Vettern, hinter ihnen Jürgen v. Zarnow und der Hofmeister von Haseldorf. Die Reiter ritten in tiefes, dumpfes Schweigen versunken über den weiten Vorplatz der Hauptburg und überquerten dann die Zugbrücke zwischen Hauptburg und Vorburg. Hier brach zum ersten Mal Detlev das Schweigen, lauernd fragte er den Vetter, warum er die Zugbrücke während des ganzen Abends habe aufziehen lassen, er habe sie wohl als seine Gefangene innerhalb der Burg behalten wollen. Marquardt gab sicherlich wahrheitsgemäß zur Antwort, daß das seine Gepflogenheit sei, die Brücke am Abend aufzuziehen.

Die Reiter setzten dann schweigend ihren Weg fort über die langgestreckte Vorburg bis zu der Abzweigung der Wege, wo es rechts nach Haseldorf abgeht. Hier kehrte Detlev ohne weitere Warnung mit seinem Pferd brüsk um und schoß zweimal auf den neben ihm reitenden Marquardt, der sofort vom Pferde herunterfiel. Gleichzeitig schoß der Hofmeister von Detlev v. Ahlefeldt dem Jürgen v. Zarnow mit einer Kugel in den Rücken, so daß dieser tot vom Pferde sank. Die beiden Mörder setzten daraufhin eiligst ihren Weg nach Haseldorf zurück fort.

Vorübergehende fanden die beiden am Wege liegen, brachten den toten Jürgen v. Zarnow nach Haselau und bahrten ihn in der Halle von Haselau auf, Marquardt v. Ahlefeldt war nicht tot, aber schwer verletzt, er wurde schnellstens ärztlich versorgt. Es wurde sogar, wie es heißt, ein besonders kundiger Arzt hinzugezogen, dem es gelang, Marquardt ein silbernes Röhrchen so einzupassen, daß er Nahrung zu sich nehmen konnte und am Leben blieb. Er hat auch in der Tat noch zehn Jahre lang gelebt nach dieser schweren Untat, hat aber, wie er selber sagt, zeitlebens unter schweren Schmerzen gelitten.

In den nächsten Tagen erschien eine Kommission von Adeligen, Hamburger Bürgern und Ärzten an Ort und Stelle, um ein Protokoll über die Geschehnisse des Abends aufzunehmen. Man muß mit Staunen feststellen, wie es in alter Zeit möglich war, trotz fehlender Kommunikationsmittel mit derartiger Geschwindigkeit große Untersuchungskommissionen zur Stelle zu schaffen.

Seitdem war naturgemäß auch bei Marquardt jegliche Neigung zu einem gütlichen Ausgleich vorbei. Es scheint allerdings, daß eine Reihe von Freunden und Vettern ihm zugeredet haben, sich zu vergleichen, und daß er vielleicht auch nicht abgeneigt gewesen wäre, darauf einzugehen. Als aber Detlev von der Kanzel der Kirche in Haseldorf einen Fehdebrief gegen den Vetter verlesen ließ und gleichzeitig die Bauern seines Distriktes aufforderte, nur noch mit geladenen Büchsen zu gehen, war es für Marquardt klar, daß eine Aussöhnung nicht mehr möglich war.

Die Folge waren die furchtbaren Vorgänge vom März 1599. Beide Vettern nahmen im Frühjahr 1599 an einem Begräbnis in der Nähe von Neumünster teil, daher wußte jeder vom anderen, daß er in der Nähe würde übernachten müssen. Detlev hatte sich in dem kleinen Dorfe Braak bei Neumünster bei einem Ehepaare Wittorp einquartiert und hier Unterschlupf gefunden mit Freunden und seinen Knechten. In der Nacht wurde das Haus umstellt von Marquardt und dessen Freunden, es kam zu grausamen Untaten, denen Detlev v. Ahlefeldt, sein Vetter Hans Brockdorff und Hans Pogwisch zum Opfer fielen. Zur Erinnerung an diese furchtbaren Geschehnisse der beiden Jahre steht heute noch in der Kirche von Haselau ein Grabstein für den 1598 ermordeten Jürgen v. Zarnow, für Detlev v. Ahlefeldt und dessen Freunde sind in der Kirche von Haseldorf am Giebel der Kirche die entsprechenden Epitaphien eingemauert, über diese wird im Rahmen von Haseldorf die Rede sein.

Kein Wunder, wenn die Beziehungen zwischen den beiden Linien aufs äußerste gespannt blieben. Erst dem Enkel gelang es Frieden zu stiften, der Geheime Rath Detlev v. Ahlefeldt, † 1686, als erfahrener Diplomat vielfach bewährt, heiratete die Erbtochter von Haselau. Marquardt selber war 1608 verstorben, seine Witwe Magdalene Pogwisch heiratete nach dem Tode des ersten Mannes einen entfernten Vetter Sievert Pogwisch wieder. Sievert fiel in der Schlacht von Lutter am Barenberge im Jahre 1626, einer Schlacht, die praktisch den Dreißigjährigen Krieg zu Ungunsten von Dänemark entschieden hat. Wenige Jahre später mußte Dänemark sich verpflichten, aus dem Kriegsgeschehnis völlig auszuscheiden.

Detlev v. Ahlefeldt heiratete die Tochter aus der zweiten Ehe von Magdalene Pogwisch, Ida Pogwisch, und war dadurch in der Lage, schon als junger Mann die bittere Fehde zwischen den beiden Häusern zu beendigen. Nach der Heirat nannte Detlev v. Ahlefeldt einen Meierhof im adeligen Gute Hetlingen zu Ehren seiner Frau Ida Idenburg. Der Hof gehört heute nicht mehr zu Haseldorf.

Detlev v. Ahlefeldt war auch der Mann, der die Fähigkeiten besaß, Haselau zu einem stattlichen und bedeutenden Herrensitz umzugestalten. Man nimmt an, daß ein erstes Herrenhaus durch den ersten selbständigen Besitzer von Haselau, Wolf v. Ahlefeldt, um 1550 errichtet sein dürfte, aber wohl nur als einfaches Haus aus Fachwerk. Detlev v. Ahlefeldt erbaute 1651 ein stattliches Herrenhaus, vielleicht unter Verwendung von Teilen des ersten Baues, da man annehmen muß, daß Teile des späteren Herrenhauses aus Fachwerk bestanden. Aber als dieses neue Herrenhaus eben fertiggeworden war, wurde es 1657 im Schwedenkrieg niedergebrannt. Jetzt entschloß sich Detlev v. Ahlefeldt zu einem Neubau, wieder unter Verwendung noch stehender Teile des ersten Herrenhauses. Er schloß mit dem Baumeister Gregor Höncke aus Plön einen Vertrag ab über den Neubau eines Schlosses und die Reparatur des abgebrannten. Man kann den Vertrag nicht kumulativ auslegen, sondern nur wechselseitig, mit anderen Worten wollte der Bauherr nicht zwei Gebäude errichten, sondern je nach Lage, Beschaffenheit und technischen Möglichkeiten entweder das zerstörte Haus wieder aufbauen oder ein ganz neues Haus errichten.

In der Tat scheint ein Kompromiß zwischen beiden Möglichkeiten entstanden zu sein, nach den uns erhalten gebliebenen Bauzeichnungen ergibt sich, daß mindestens ein Teil der Außenmauern noch aus Fachwerk bestand, daher mit großer Wahrscheinlichkeit dem Vorgängerbau zuzuordnen ist. Die Fassade des Neubaus erinnert schon sehr deutlich an den Stil der Herrenhäuser in unserem Lande seit der Mitte des 17. Jahrhunderts. Die Vorderfront ist belebt durch den stattlichen Treppenturm in der Mitte, die Längsfront endet beiderseits um einige Meter vorgezogen in Eckrisaliten. Die Rückfront war nicht gegliedert,

Herrenhaus, Photomontage

besaß aber in ihrer Mitte eine doppelläufige Treppe zum Hauptgeschoß, unter ihr befand sich der Eingang zum Keller. Von der inneren Einteilung weiß man, daß man von der Halle, die anscheinend quer durch das ganze Haus verlief, zur Rechten in den großen Rittersaal hineingelangte. Erst später wurde dieser Saal, jetzt durch Einbeziehung des in den Eckrisaliten vorhandenen Raumes, in kleinere Zimmer abgeteilt. Insgesamt gesehen ist es dem Herrenhaus von Hagen, das 1649 erbaut wurde, vergleichbar. Auffallend ist die Anordnung von je zwei übereinanderstehender Dachgauben links und rechts des Turmes. Sie läßt nur den Schluß zu, daß das Dach verhältnismäßig sehr hoch war, vielleicht allerdings in der hier wiedergegebenen Fotomontage überhöht dargestellt ist.

Als beide Güter nach der Ahlefeldtschen Zeit sich in der Familie v. Schilden ständig vererbt hatten, bestand für ein Herrenhaus auf Haselau kein Bedürfnis mehr. Es wurde 1803 abgebrochen, nur eine Reihe von Grundrissen und Plänen sind erhalten geblieben. Vor allem ist die alte Burganlage vollständig unverändert geblieben, wenn auch heute ohne Gebäude und mit Obstbäumen bepflanzt. Die Zugbrücke, über die in

jener düsteren Nacht die vier Reiter hinwegritten, hat noch bis in das 20. Jahrhundert hinein bestanden, sie ist heute durch einen schmalen Damm ersetzt worden, der Haupt- und Vorburg verbindet.
Das Gut Haselau ist im Laufe der Zeiten erheblich verkleinert worden, insbesondere durch die Ablösung der Reallasten auf Grund des Preußischen Gesetzes von 1873, durch das die Bauern in die Lage versetzt wurden, durch die Zahlung einer einmaligen Ablösungssumme freies Eigentum zu erlangen. Aber auch die Bodenreform nach 1948 hat starke Eingriffe in die Substanz zur Folge gehabt.
Heute besteht Haselau mit Flächenanteilen im Dorfe Haselau und in Heist aus über 250 ha Acker und Grünland, die durchweg im Wege der Parzellenpacht genutzt sind.
Wenn ein einsamer Wanderer zu später Stunde an den kleinen Damm gelangt, der Haupt- und Vorburg verbindet, denkt er mit Schaudern zurück an die dunkle Nacht des Jahres 1598, als die vier Reiter diese Brücke überquerten, zwei von ihnen mit bösen Mordgedanken im Herzen, die sie nur allzubald in die Wirklichkeit umsetzen sollten.

Lageplan des Gutshofes

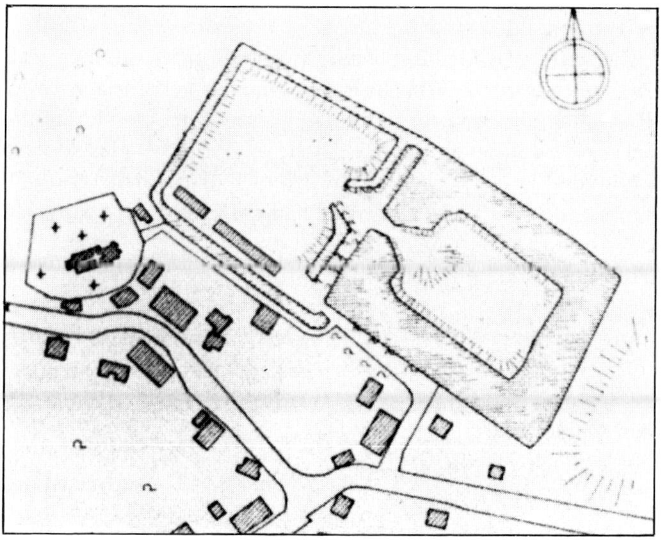

23 Haseldorf

Kirchspiel Haseldorf   Kreis Pinneberg

Die Geschichte Haseldorfs reicht in sehr frühe Zeiten zurück, bis hin zu Jahrtausendwende. Die beiden adeligen Güter Haseldorf und Haselau, so stattlich sie waren und noch sind, stellen dabei nur einen kleinen Teil der Haseldorfer Marsch dar und diese wiederum nur einen kleinen Teil dessen, was im Mittelalter zur Haseldorfer Marsch gerechnet wurde, nämlich ursprünglich die gesamte Elbmarsch von Wedel bis Herzhorn. Viel später erst wurde sie aufgeteilt in die eigentliche Haseldorfer Marsch, anschließend in die Seestermüher Marsch, dann die Bielenberger Distrikte mit Groß und Klein Colmar. Die gesamte Marsch umfaßte nicht weniger als fünf Kirchspiele, und als von etwa 1500 an sich die adeligen Marschgüter bildeten, gab es hiervon sechs, Haseldorf, mit ihm vereinigt das kleine Dorf Hetlingen, auf dem Außendeich, das gleichfalls den Status eines adeligen Gutes erhielt, dann Haselau, Seestermühe, Colmar und Neuendorf. Später, erst nach 1700 wurde Colmar wiederum geteilt in Groß Colmar und Klein Colmar, beide erhielten gleichfalls den Status adeliger Marschgüter.
Schon vor dem Jahr 1000 ist die Grafschaft Stade begründet worden, von der es in den Urkunden ausdrücklich heißt, daß sie zu beiden Ufern der Elbe gelegen sei.

Im Jahre 1062 schenkt Kaiser Heinrich IV. diese Grafschaft dem Erzbischof von Bremen und schafft damit gleichzeitig eine staatspolitisch wirksame Oberhoheit über die Grafschaft als auch die kirchliche Zugehörigkeit. Noch lange nach 1376, als die Territorialhoheit auf die Grafen von Holstein übergegangen war, blieb die kirchliche Unterstellung bestehen. In den Jahren zwischen 1485 und 1500 kommt eigens der Weihbischof von Bremen nach Haseldorf, um den Kirchhof neu zu weihen, wahrscheinlich war der bisherige einer Sturmflut zum Opfer gefallen.

Schon sehr früh, etwa seit der Mitte des 12. Jahrhunderts, tauchen die ersten Rittergeschlechter auf, die Ritter de Haselthorpe mit ihren Nachfolgern, den Herren v. Barmstede, wahrscheinlich auch Verwandten. Sie sitzen auf der Burg in Haseldorf, man erkennt noch heute deutlich den Burgplatz mit Wall und Graben, aber sicherlich saßen sie dort nicht als Gutsherren, sondern mehr als Vögte. So ist es auch zu erklären, daß beide Geschlechter sich freiwillig in die Ministerialität des Erzbischofs von Bremen begeben und ausdrücklich auf die Ritterwürde verzichten. Die Urkunden über diesen in unserem Lande einmaligen Vorgang sind erhalten. Dagegen stand ohne allen Zweifel der Anspruch auf erbliche Belehnung mit dem Amt des Vogtes über die Elbmarsch.

Aber als diese beiden Geschlechter 1259 ausgestorben sind, wird die Elbmarsch für über zwei Jahrhunderte Tummelplatz räuberischer Ritter. Die damals wohl noch amphibische Landschaft, durch Deichbauten nur unzulänglich geschützt, bot sich geradezu an als Schlupfwinkel eigensüchtiger Herren. Wir kennen viele Namen von kurzlebigen Rittergeschlechtern, wir hören aber auch von Raubzügen weit in das holsteinische Land hinein, ja sogar von Geiselnahmen verbunden mit Erpressungen. Vergebens bemüht sich der allzuweit entfernte und politisch schwache Erzbischof von Bremen, Ruhe und Ordnung zu stiften, und auch als nach 1376 den Grafen von Holstein die Elbmarsch zufällt, wird es nicht besser. Die Haseldorfer Marsch wird als willkürliches Pfandobjekt beutegieriger Ritter betrachtet, geht eine Pfandherrschaft zu Ende, löst ein Nachfolger das Pfand ein, ohne sich um den Landesherrn zu kümmern.

Erst als seit dem Jahre 1460 Holstein in der Person des Königs von Dänemark einen starken und zielbewußten Herrscher über die Herzogtümer erhalten hat, gelingt es, diese wahrhaft chaotischen Verhältnisse zu beruhigen. So kommt es zu dem berühmten Landtausch von 1494, dem größten Landtausch, den es in der Geschichte der Herzogtümer gegeben hat. Seit mehreren Generationen sitzt das Geschlecht v. Ahlefeldt im nördlichen Schleswig, im sogenannten Törninglehn westlich von Hadersleben, inmitten eines Besitztums von geradezu fürstlich großem Ausmaß. Beide Teile konnten mit dem Tausch zufrieden sein. Dem König gelang es hierdurch, sein Herrschaftsgebiet in Nordschleswig wesentlich zu vergrößern, der Ritter Hans v. Ahlefeldt verkaufte das Törninglehn für 102000 Mark Lübsch in feierlicher Verhandlung in Flensburg, dafür erhielt er die fruchtbaren Elbmarschen. Er brauchte nur 30000 Mark Lübsch hierfür anzulegen und erhielt gewissermaßen als Zugabe und ohne Wertansatz das große adelige Gut Gelting hinzu, im Jahre darauf noch das adelige Gut Kaden bei Kaltenkirchen, das für Generationen Wohnsitz der Witwe von Haselau wurde.

Wir wissen im allgemeinen sehr wenig über die Lebensführung des Ritters im Mittelalter. Im Falle von Haseldorf sind wir in der glücklichen Lage, das Rechnungsbuch des Schreibers Joachim Hagen von 1495 bis 1501 zu besitzen, das weitgehende Schlüsse auf die Art des täglichen Lebens auf einer holsteinischen Burg des Mittelalters zuläßt.

Zunächst einmal: der Haushalt war im Grunde ein städtischer. Irgendeine Art von Landwirtschaft wurde nicht betrieben. Was man zum Haushalt bedurfte, wurde eingekauft und zwar auf dem Markt von Stade, das wohl besser erreichbar war als Hamburg. Aus Hamburg bezog man bei festlichen Gelegenheiten Feigen, Rosinen, Honig, aus Bremen Lachs und Steinbutt. Auch die Abgaben der untergehörigen Bauern wurden fast durchweg in Geld entrichtet, nur gelegentlich kommen Naturalabgaben vor.

Dann: das Personal war äußerst umfangreich. Wenn damals noch die alte Turmburg gestanden haben sollte, so bot sie sicherlich nur Platz für den Ritter selber und seine Familie, die aus seiner Ehefrau, deren Mutter und zwei Söhnen bestand. Nach Osten hin gab es Häuser, die „die Stadt" hießen, nach Westen die Vorburg, wohl auf dem heutigen Hofplatz. Der Schreiber nennt sogar die Stätte seiner Wirksamkeit:

„vor dem Slote tom Kontor".

Das Personal wird etwa 30 Menschen betragen haben, genannt werden ein Koch, ein Unterkoch, Knechte, Mägde, Beschließer, ein Schäfer und ein Trompeter.

Zum Dritten: Der Ritter trug niemals Geld bei sich. Wenn er sich auf

Reisen befand, etwa zum Amtshaus in Segeberg, wo er Amtmann war, oder zum Umschlag nach Kiel, nahm er den Schreiber mit, der alles zu bezahlen hatte. Wie unbefangen man damals in sexuellen Dingen dachte, verrät eine Eintragung: an 2 Dirnen in Hamburg 6 Mark. Die Gutsherrin wird als Hausfrau bezeichnet. Der Schreiber fährt eines Tages mit ihr nach Stade, erhebt erst von den Kehdinger Bauern fällige Abgaben und übergibt dann der Hausfrau die stattliche Summe von 600 Mark und bemerkt dazu: „Das wird nicht abgerechnet".

Der Verbrauch an Nahrungsmitteln war bei einem so großen Gefolge naturgemäß sehr hoch, Wein wird selten eingekauft, dafür enorme Mengen an Bier, vor allem aber an Fisch. Wittlinge, das sind wohl Heringe, pro Jahr 18–19000 Stück, dazu riesige Mengen an Käse, selten einmal Schönbrod, wahrscheinlich Weißbrot.

Dem Ritter Hans v. Ahlefeldt war kein langes Leben beschieden. In der furchtbaren Schlacht von Hemmingstedt am 17. Februar 1500 ritt er dem Heer voran als Feldherr und Bannerträger der geheiligten Fahne des Danebrog. Von dem tödlichen Schlag getroffen, wickelte er sich im Sterben die Fahne um seinen Leib. Die siegestrunkenen Bauern rissen ihm die Fahne vom Körper und hängten sie als Siegestrophäe in der Kirche von Wöhrden auf.

Die folgenden Generationen brachten schweres Unheil über das Geschlecht v. Ahlefeldt mit sich. Zunächst wurde der Besitz unter den zwei Söhnen geteilt, der jüngere – Christoph – erhielt den westlichen Teil der Elbmarschen mit den späteren Gütern Groß und Klein Colmar sowie Neuendorf, der ältere – Friedrich – die eigentliche Haseldorfer Marsch mit Hetlingen und der Seestermüher Marsch.

Zweifellos entwickelten sich die Dinge in der Haseldorfer Marsch nicht so, wie sich der Ritter Hans v. Ahlefeldt bei dem Erwerbe des Besitzes die Dinge vorgestellt hatte. So bedeutende Männer diese Linie auch hervorgebracht hat, wie vor allem Bendix v. Ahlefeldt, * ca. 1525, † 1586, erster Amtmann von Colmar, später Klosterprobst von Preetz, vom Herzog zu vielen diplomatischen und militärischen Missionen eingesetzt. Friedrich v. Ahlefeldt, † 1541, war der ältere Sohn von Hans v. Ahlefeldt, und hatte drei Söhne, den obengenannten Bendix, dann Hans und Wolf. Der älteste erhielt Haseldorf, Hans Seestermühe und Wolf Haselau mit Kaden. Schon unter den Brüdern begannen die Streitigkeiten vor allem um den Besitz und die Nutzung des Außendeichlandes und um die Frage der Eindeichungen. Von welch entscheidender Wichtigkeit diese Frage der Eindeichungen der Marsch bis zur

Gegenwart hin geblieben ist, beweist die furchtbare Sturmflut aus dem Januar 1976, als die gesamte Haseldorfer Marsch wieder unter Wasser gesetzt wurde.
Die Streitigkeiten wurden in der nächsten Generation noch bedeutend schärfer und führten schließlich zu Mord und Totschlag. Hier soll nur der äußere Rahmen skizziert werden, die Einzelheiten sind bei dem Artikel Haselau ausführlich dargestellt worden. Jetzt sitzt auf Haseldorf Detlev v. Ahlefeldt, auf Haselau Marquardt v. Ahlefeldt, beide rechte Vettern. Seit Marquardt, der 1571 geboren war, erwachsen wurde, versuchte er zu einem Ausgleich mit dem streitbaren Detlev zu kommen, lud ihn auf den Herrentag in Augsburg im Jahre 1598 förmlich vor, veranstaltete später ein großes Gastmahl in Haselau, das schon mit Mord endigte und dann die weiteren Mordtaten aus dem Jahre 1599 nach sich zog. In diesem letzteren Jahre wurden Detlev zusammen mit seinem Vetter Hans Brockdorff ermordet und später in der Kirche von Haseldorf beigesetzt. Am Ostgiebel der Kirche von Haseldorf wurde ein riesiges steinernes Epitaph angebracht mit Namen und Wappen der in diesem Jahr verstorbenen Mitglieder der Familie. Unter den als Votivtafeln gestalteten Schildern von Detlev v. Ahlefeldt und Hans Brockdorff steht die auf Plattdeutsch gehaltene Inschrift, die auf Hochdeutsch etwa folgendermaßen lautet:

> „Anno 1599 am 9. März zur Schlafenszeit ist der edle und ehrenfeste Detlev von Ahlefeldt erbgesessen auf Haseldorf in dem Dorfe Braak von seinem eigenen Vetter Marquardt von Ahlefeldt und Knechten, Bauern und anderen Mithelfern überfallen und ganz unchristlich, tyrannisch und erbärmlich ermordet worden. Seiner Seele sei Gott gnädig."

Kein Wunder, wenn die Beziehungen zwischen den beiden Linien auf das äußerste gespannt blieben. Erst dem Enkel gelang es Frieden zu stiften, der Geheime Rat Detlev v. Ahlefeldt, † 1686, als erfahrener Diplomat vielfach bewährt, heiratete die Erbtochter von Haselau, Ida Pogwisch. Ihr zuliebe nannte er den sogenannten Meierhof von Hetlingen, der in Wahrheit aus zwei Wurten im Außendeichsvorland bei Hetlingen bestand, Idenburg. Als später wiederum die beiden Güter auf die Söhne von Detlev v. Ahlefeldt verteilt wurden, kam es nicht mehr zu Streitigkeiten, wiederum hat ein Enkel die Enkeltochter vom anderen Gut geheiratet.

Mausoleum

Jetzt traten andere Sorgen in den Vordergrund, schlechte Ernten, Deichbrüche, hohe Kosten der Neueindeichungen, kurzum, bald nach 1700 war es jedem Einsichtigen klar, daß die Familie v. Ahlefeldt die beiden Güter nicht würde halten können. Im Jahre 1731 wurde Haseldorf verkauft, Haselau folgte ein Jahr später. So endete eine ruhmreiche und gleichzeitig furchtbare Geschichte von fast zweieinhalb Jahrhunderten.

Käufer waren die beiden Brüder Johann Erich und Heinrich Andreas v. Schilden. Sie kauften anscheinend schon auf Grund eines Vertrages vom 24. 4. 1731 zunächst Haseldorf aus dem Nachlaßkonkurs von Detlev v. Ahlefeldt, † 1718, im Jahre darauf auch Haselau von Bendix v. Ahlefeldt, † 1739.

Seitdem sind bis zur Gegenwart hin die beiden Güter Haseldorf und Haselau vereinigt geblieben, auch in der gleichen Familie v. Schilden.

Die Schilden, ursprünglich nur Schild geheißen, stammen aus Osterrode am Harz und gehen später nach Hannover. Karl Ludwig, kurbraunschweigischer Oberst a. D., wird unter dem 22. Januar 1755 in den

Reichsadelsstand erhoben. Seitdem führen die Schilden auf Haseldorf den Adelstitel. Der ältere Bruder – Johann Erich – wird durch Teilungsvertrag von 1742 für seinen Drittel-Anteil in Haseldorf mit der Elbinsel, genannt der alte Koog, dem Giesensand und anderen Liegenschaften abgefunden, Heinrich Andreas kann seinen Besitz noch erweitern durch den Ankauf von Heustaken und Idenburg, auch Haselau scheint erst 1755 endgültig mit Haseldorf vereinigt worden zu sein.
Heinrich Andreas bewegt eine Sorge, er ist nicht verheiratet und hat nur eine einzige natürliche Tochter. Die Frage, aus welcher Verbindung sie stammt, hat die Gemüter lange Zeit hindurch geplagt. Heinrich Andreas hatte eine langjährige Hausdame, ein Fräulein v. Monjou, die auch in seinem Testament als Miterbin eingesetzt war und die in Haseldorf beigesetzt worden ist. So dürfte man wohl in ihr die leibliche Mutter der schönen Anna Henriette sehen. Heinrich Andreas erreichte sogar, daß sie 1751 in den Reichsadelsstand erhoben wurde und damit als seine rechtmäßige Erbin angesehen werden konnte.
Seitdem hat sich Haseldorf fast stets in der weiblichen Linie vererbt, nach dänischem Adelsrecht mit ständig wechselnden Namen. Anna Henriette v. Schilden heiratete den Landkanzler Friedrich Carl v. Friccius. Das Ehepaar führte seitdem den Namen Friccius v. Schilden. Der älteste Sohn, Hans Heinrich Friccius v. Schilden, vermählte sich mit Friederike Juliane v. Huitfeldt, infolgedessen erhielt das Ehepaar den Namen v. Schilden-Huitfeldt. Da es kinderlos blieb, ging das Fideikommiß Haseldorf über auf seinen Bruder Christian Friedrich Friccius-v. Schilden, der nacheinander mit zwei Gräfinnen Rantzau aus den Häusern Ahrensburg und Breitenburg verheiratet war. Von seinen Nachkommen erhielt zunächst die ältere Tochter Emilie die Güter, sie war mit einem Vetter v. Schilden verheiratet, hatte aber auch keine Kinder. Daher ging Haseldorf nach ihrem Tode 1859 auf die zweite Tochter Rosalie, †1864, über, die in zweiter Ehe mit Karl v. Oppen vermählt war. Wiederum wurde der Name geändert, durch preußische Kabinettsorder von 1833 in v. Oppen-Schilden. Die älteste Tochter aus dieser Ehe heiratete 1848 den Prinzen Karl v. Schönaich-Carolath, 1899 erhielt der Sohn Emil den Namen eines Prinzen v. Schönaich-Carolath-Schilden. Bei diesem Namen ist es bis heute geblieben, freilich mit der Einschränkung, daß, nachdem der Bruder im Zweiten Weltkrieg gefallen ist, die jetzige Besitzerin auf Grund ihrer Ehe mit Wolfgang Dallwitz-Wegener jetzt diesen Namen trägt mit dem Zusatz: Prinzessin v. Schönaich-Carolath-Schilden.

Gartensaal

Salon

Lehnsgrafen v. Ahlefeldt auf Tranekjær auf Langeland eine Geschichte des Geschlechts v. Ahlefeldt zu schreiben, die dann in 6 Bänden von 1897 bis 1912 erschienen ist, führte ihn sein Weg zunächst nach Haseldorf. Der Gutsherr, damals der Kammerherr v. Oppen-Schilden, empfing ihn freundlich, erklärte ihm aber, er müsse zunächst das Archiv ordnen. Bobé machte sich ans Werk, eine Arbeit, die ihn zwei Jahre lang beschäftigen sollte und bei der ihm so beglückende Funde gelangen wie die Memoiren des Geheimen Raths Detlev v. Ahlefeldt, die er alsbald sowohl auf Dänisch wie auf Deutsch herausgab.

Das Dachgeschoß des Herrenhauses wurde gegen Ende des 19. Jahrhunderts mit großen und kleinen Dachgauben ausgebaut, die Freitreppe erst um diese Zeit angelegt.

Heute besteht Haseldorf mit Haselau zusammen aus einem Areal von 685 ha, hiervon entfallen auf Haseldorf mit den zugehörigen Landanteilen in Hetlingen und umliegenden Dörfern rund 150 ha.

Nach der furchtbaren Sturmflut von 1976 wurden neue Seedeiche seitens der Landesregierung des Landes Schleswig-Holstein erbaut mit

verkürzter Deichlinie. Die Kosten dieser Deichneubauten trug das Land Schleswig-Holstein, dafür mußten die Güter die Außendeichsländereien, die in früheren Jahrhunderten so viel Streit verursacht hatten, an das Land abtreten.
Freilich geschah dieser Landverkauf bereits im Jahre 1972, aber Planung und Neubau des Seedeiches kamen so langsam voran, daß bei der großen Sturmflut von 1976 die Haseldorfer Marsch noch genauso ungeschützt dalag wie vorher und in vollem Umfang unter Wasser gesetzt wurde. Nur der Hof Haseldorf selber, der wenige Meter höher liegt als das umgebende Land, blieb verschont.
Von älteren Gebäuden steht nur mehr ein Fachwerkhaus aus dem Anfang des 18. Jahrhunderts auf dem Hofe, ursprünglich diente es als Schankstube, später als Gesindehaus. 1980 ist es vorzüglich restauriert worden.

Adeliges Gut Haseldorf
Besitzerin: Renata Dallwitz-Wegner
Prinzessin v. Schönaich-Carolath-Schilden

Besitzer

im 12. und 13. Jh.	Ritter v. Haselthorpe und Ritter v. Barmstede
1494–1731	v. Ahlefeldt
seit 1731	v. Schilden
dann deren Nachkommen	v. Schilden-Huitfeldt Friccius-v. Schilden v. Oppen-Schilden Prinzen v. Schönaich-Carolath-Schilden

Gut und Bauten

um 1220	Bau einer ersten Burg
vor 1259	Zerstörung dieser Burg
1317	Bau einer neuen Burg durch das Erzstift Bremen
vor 1744	Reste dieser Burg abgebrochen
um 1500	Neubau eines Herrenhauses
1657	durch Feuer vernichtet
1677	Neubau eines Hauses und Reparatur des alten Hauses
1770	neues Wohnhaus erwähnt
1804	Bau des jetzigen Herrenhauses mit Umbauten gegen Ende des 19. Jahrhunderts

24 Kaden

Kirchspiel Kaltenkirchen   Kreis Segeberg

Das Wort Kaden ist alt, kann aber nicht als Ortsname aufgefaßt werden, dazu sind auch die häufig vorkommenden voneinander stark abweichenden Formen zu auffällig. Die älteste bekannte Nennung findet sich in einer Urkunde von 1377: tho Caden. 1384 heißt es: tho der Køden, 1385: Koden, 1447 van Coden, 1490 to Caden. Auf der Landtafel von Daniel Frese von 1588 findet man Cain, in der Topographie von Johannes v. Schröder und Hermann Biernatzki von 1855 gibt es Caden, Coden, Cayn. Im Danckwerth von 1652 heißt es: Kayn oder Kaden.
Wahrscheinlich handelt es sich bei dem Wort um die Bezeichnung einer landschaftlichen Lage. Der bekannte Ortsnamenforscher Dr. Wolfgang Laur stellt es zusammen mit dem Worte Köhn, dem Namen eines Meierhofes im adeligen Gut Neuhaus bei Lütjenburg, das 1404 unter dem Namen Koden vorkommt und vergleicht es mit dem englischen Wort cod, das etwa die Bedeutung von Sack oder Hülse hat.
Man muß dieses Wort in Beziehung setzen zu dem nahebei gelegenen

und schon im Mittelalter bedeutenden Dorfe Alveslohe. Im Jahre 1286 und 1292 wird ein Knappe Hinrich v. Alverslohe erwähnt, 1377 verkaufen die Gebrüder Otto und Timmo v. Alveslohe den dritten Teil des Gutes an ihren Vetter Henning v. Alveslo genannt von Caden. Bis zur Auflösung des Gutes gehört Alveslohe mit dem Alvesloher Hof zu Kaden, außerdem der Meierhof Beckershof mit der Kronskate, das Dorf Ellerau mit Meierhof und Schafshörn und vielen weiteren Einzelstellen in einer Gesamtgröße von 2642 ha, freilich mit mageren Böden.
Nach den Rittern v. Alverslo treten zwei Brüder Reventlow als Besitzer von Kaden in Erscheinung, Hinrich und Gotzik (=Gottschalk). Hinrich hat den Beinamen: de grove (der Grobe). Sie werden zwischen 1359 und 1430 wiederholt genannt, selbst noch die Witwe des Ritters Hinrich Reventlow bezeichnet sich als Herrn groven Reventlow wedewe. Schon damals mußte Kaden verpfändet werden nebst Grundstücken in den Kirchspielen Kaltenkirchen und Rellingen und zwar an das Lübecker Domkapitel. Und so geht es weiter bei den nächsten Besitznachfolgern, ein Beweis dafür, wie schwach die wirtschaftliche Kraft des doch ansehnlichen Gutes gewesen sein muß. Hans Breide, der nächste in der Reihe, verpfändet 1446 für ein Kapital von 1400 Mark wiederum an das Domkapitel, 1479 überläßt Jürgen Krummendieck das Gut an den König Christian I. gegen eine lebenslängliche Rente, ebenso 1494 Bendix v. Ahlefeldt.
Aber jetzt kommt der riesige Landtausch zustande. Der Ritter Hans v. Ahlefeldt übergibt dem König Johann das sogenannte Törning Lehn in Nordschleswig und erhält dafür die gesamte Elbmarsch, in der sich nicht weniger als 6 große adelige Güter bilden, Haseldorf, Haselau, Seestermühe, Gr. und Kl. Colmar, sowie Neuendorf. Jetzt wird Kaden kurzerhand von dem König im Jahre 1496 für 1000 Rhein. Gulden mitverkauft und verbleibt für über 250 Jahre bei der Familie v. Ahlefeldt. Hans v. Ahlefeldt fiel in der Schlacht von Hemmingstedt im Februar 1500 gegen die Dithmarscher als Bannerführer des dänischen Heeres, die geheiligte Danebrogfahne in der Faust. Noch im Sterben wickelte er die Fahne sich um den Leib und stürzte dann zu Boden.
Nach seinem Tode teilten sich die Söhne die Güter, bei dem Sohne Friedrich, † 1541, verbleiben Haselau und Kaden. Seit diesem Zeitpunkt ist Kaden anscheinend immer als Witwensitz benutzt worden, Haselau war das bedeutend größere und wertvollere Gut, verfügte auch über ein stattliches eigenes Herrenhaus, während auf Kaden zunächst wohl kaum etwas Nennenswertes gewesen sein mag.

1532 führte Friedrich v. Ahlefeldt auf Kaden ein Wohnhaus auf von 18 Fach Länge und übergab es gleichzeitig seiner Ehefrau Catharine geb. Pogwisch als Leibgeding, das heißt als Altenteil. Ein Haus von 18 Fach Länge war nicht klein, selbst wenn es einstöckig gewesen sein wird und mit Strohdach gedeckt. Frau Katharine überlebte ihren Mann um 20 Jahre, sie starb erst 1561 auf Kaden.

In der nächsten Generation setzten sich diese Verhältnisse fort. Von Friedrich v. Ahlefeldt erbte der Sohn Wolf v. Ahlefeldt, †1572, die beiden Güter Haselau und Kaden. In zweiter Ehe hatte er sich vermählt mit Frau Ölgard geb. v. Buchwaldt, die ihren Mann um nicht weniger als 47 Jahre überlebte. Sie kam schon mit großem Reichtum in die Ehe, brachte ihrem Manne 5000 Mark Lübsch mit außer den üblichen Truhen mit Kleidung, ferner Tausend Mark für ihre Kleidung, 14 Unzen Perlen, 3 samtene Kleider und 2 aus Damast, ferner einen prächtigen samtenen Teppich.

Als ihr Mann 1572 gestorben war, hat sie zunächst mit fester Hand alle Güter regiert, seit 1580 Kaden alleine bis zum Jahre 1610. Dann übergab sie auch Kaden an die nächste Generation.

Als sie gestorben war, wurde ihr nachgerechnet, daß sie während des langen Witwenstandes 945656 Rthlr. von den Gütern in Geld bezogen hatte. Das soll aber nicht heißen, daß sie diesen riesigen Betrag zu einem Wohlleben verwandt hätte, sie hatte schon in früheren Jahren eine große Summe Geld für die Restauration der Kirche von Haselau zur Verfügung gestellt. Als sie tot war, gab es noch bedeutende Nachlaßsummen an die Söhne Schack, Friedrich und Marquard, außerdem erhielt der letztgenannte eine prächtige Kette mit Gehänge mit einem Wert von 900 Rthlr. Auch die beiden Töchter Catharine und Emerentia erhielten Geld, die anderen hatten schon große Summen zur Aussteuer empfangen.

Jetzt geht Kaden für wenige Jahre an die Pogwisch, aber nicht im Wege des Verkaufs. Marquard Ahlefeldt war mit Magdalene Pogwisch verheiratet. Nach dem Tode ihres Mannes heiratete sie in zweiter Ehe einen entfernt verwandten Vetter, Sievert Pogwisch, der 1626 in der Schlacht von Lutter am Barenberge fiel, in der für Dänemark äußerst verlustreichen Schlacht, die praktisch Dänemarks Schicksal während des ganzen Dreißigjährigen Krieges zu seinen Ungunsten entschied. Das Ehepaar Pogwisch hatte eine Tochter Ida, die den berühmten Geheimen Rath Detlev v. Ahlefeldt auf Haselau heiratete und ihm das Gut Kaden mit in die Ehe einbrachte. So war Kaden wieder bei den Ahlefeldt.

Über die bösen Untaten von Marquard v. Ahlefeldt ist in dem Abschnitt Haseldorf und Haselau ausführlich berichtet.
Auf Detlev v. Ahlefeldt, † 1686, folgen Sohn Wilhelm und Enkel Bendix Wilhelm, letzterer † 1748. Er hat sich einen Namen gemacht in der Agrargeschichte unseres Landes durch einen frühzeitigen Versuch, die Hofdienste abzuschaffen und die Leibeigenschaft aufzuheben. Er wandelte die bis dahin zum Gute gehörigen Landbesitzungen der Untergehörigen in freies Eigentum oder Erbpacht um. Die Stellen wurden je nach Größe und nach dem Verhältnis zur Gutsherrschaft eingeteilt in große und kleine Pflügerstellen, in große und kleine Eggerstellen, in Katen und in Geldgeberstellen. Bei den letztgenannten dürfte es sich um Häuser gehandelt haben, die Miete bezahlen mußten und kein Land besaßen.
So anerkennenswert dieser Versuch einer Aufhebung alter Frondienste auch ist, so wenig erfolgreich blieb diese Regulierung. Sie führte praktisch zu einer Auflösung des Gutes und schmälerte die wirtschaftliche Kraft entscheidend. 1746 sah sich Bendix Wilhelm v. Ahlefeldt genötigt, ein Proklam über Kaden für seine Gläubiger zu beantragen. 1754 verkaufte die Witwe Magdalene geb. Rantzau das Gut an Heinrich Andreas v. Schilden auf Haseldorf.
Heinrich Andreas v. Schilden war ein tüchtiger und weitschauender Mann, der das von den Eltern überkommene Vermögen durch geschickte kaufmännische Geschäfte, in erster Linie im Lüneburger Salzhandel, zu vergrößern wußte. Zunächst lebte er in Amsterdam und Hamburg, als aber im Jahre 1731 er gemeinsam mit seinem Bruder Johann Erich die großen adeligen Güter Haseldorf, Haselau und Hetlingen aus dem Ahlefeldtschen Konkurs erwarb, zog er nach Haseldorf.
Kaden hat er nur kurze Zeit besessen, er starb ein Jahr nach dem Ankauf, schon im Jahre 1755. Aber in dieser kurzen Zeit seines Besitzes hat er das heute noch stehende Herrenhaus erbaut, angeblich durch den berühmten Architekten Ernst Georg Sonnin. Die äußere Lage des Gutshofes ergab sich durch die natürliche Lage wie von selber. An der Nord- und Ostseite des großen Hofes fließt die Pinnau. Früher war der Hof gegen Westen und Süden mit einem Burggraben umgeben. Dieser wurde 1927 und 1968 völlig zugeschüttet. Über die älteren Bauten ist nur wenig bekannt. Das jetzige Herrenhaus steht sicherlich auf der Stelle der Vorgängerbauten, ein schlichtes Gebäude mit hohen Kellern unter einer verhältnismäßig hoch liegenden Hauptetage. Die Keller sind gewölbt, sind aber sicherlich nicht älter als das Haus selber, also aus der Mitte des

18. Jahrhunderts. Ursprünglich war das Gebäude ein charakteristisches Landhaus mit Mansardendach und einem Frontispice, wahrscheinlich von drei Achsen. Aus dieser Zeit der Erbauung gibt es noch einige Räume, die reich mit Rocaillestuck ausgeschmückt sind. Auch die Raumeinteilung des Hauses ist sicherlich noch die ursprüngliche, regelmäßig mit Eingangshalle und Gartensaal in der Mitte und Kabinetten in den Giebelseiten. Auch die alten Türen mit geschnitztem Füllungswerk sind erhalten. In der nordwestlichen Ecke gibt es ein Kabinett mit durchgeführtem Rokokostuck mit Rocaille und Blumenranken an der Decke und in der Ofennische. In dieser Nische steht ein etwas jüngerer runder Fayenceofen mit gelben Kacheln.
Der Gartensaal ging zur Zeit seiner Erbauung durch zwei Stockwerke, man kann es heute noch erkennen an der Stuckornamentik im Flur des später eingebauten Obergeschosses.
1760 geht Kaden über an Johann Daniel Baur, † 1774, der zu der bekannten und weitverzweigten Familie Baur in Hamburg gehört. Johann Daniel Baur war Kaufmann, Reeder und Bürgermeister in Hamburg, Gründer der 1729 gegründeten Firma Neuhaus und Baur in Altona, 1761 Firma Baur und Rohde. 1753 wurde er kgl. dänischer Justizrat, 1765 kgl. dänischer Etatsrat.
Johann Daniel Baur hinterließ aus zwei Ehen sechs Kinder, eine Tochter erwarb durch ihre Heirat mit dem Major Georg Nicolaus v. Lübbers das Lübsche Gut Stockelsdorf. Dieses Ehepaar begründete dort die durch ihre Erzeugnisse berühmt gewordenen Fayence-Manufakturen, vor allem Öfen, die noch heute in vielen Gutshäusern stehen.
Die jüngste Tochter Johanna Antoinette Maria Baur, 1758–1827, erbte Kaden. Sie war verheiratet mit Polycarp August Leisching, der sich dem Buch- und Zeitungsdruck zuwandte. Er war Gründer und Eigentümer des „Hamburgischen Adress-Comtoirs" und der „Hamburgischen Neuen Zeitung", 1775 übernahm er die Privilegien für den Druck und Verlag des Dänischen Staatskalenders, des Holsteinischen Kalenders und des „Altonaischen Mercurius". Er fügte seinen akademischen Rängen als Magister theol. und Dr. jur. den Titel eines kurfürstl. Sächsischen Geheimen Legationsraths hinzu.
Nach seinem Tode 1793 blieb die Witwe noch bis 1808 im Besitz von Kaden und verkaufte es dann an den Major Lars v. Benzon. Die Benzon stammen aus Dänemark, es gibt heute noch auf der Halbinsel Djursland in Jütland das Stammhaus Benzon, ein stattliches altes Schloß. Lars v. Benzon hatte zunächst zwei Güter in Mecklenburg erworben, dann das

Scheune

kleine Gut Tolkschuby in Angeln, Maasleben in Schwansen, endlich Mönkenhagen im Amte Reinfeld. Als er jetzt Kaden kaufen konnte, besaß er nur noch Mönkenhagen und gab dieses auf, um dafür Kaden zu erwerben. Er war zweimal verheiratet, erst mit Catharine Hedwig Fabritius-Tengnagel aus einer 1778 geadelten dänischen Familie, in zweiter Ehe mit Margarethe Ölgard Dorothea v. Rumohr a. d. H. Seegalendorf. Ihr reizendes Jugendbildnis von der Hand Friedrich Carl Grögers und ihr Altersbildnis von Conrad Friedrich Blunck befinden sich in Drült.

Kaden ging über an den ältesten Sohn Friedrich Wilhelm Caspar v. Benzon, 1791–1832. Dieser entwickelte sich zu einem hervorragenden Genealogen, Verfasser des wertvollen handschriftlich vorhandenen fünfbändigen Werkes über „Stammtafeln der dänischen Adelsgeschlechter". Manche Teile seiner Arbeiten sind gedruckt, aber längst nicht alles. Erst vor wenigen Jahren tauchte unter ungeklärten Umständen in Eckernförde eine Handschrift von ihm auf, mit zahlreichen handgemalten Wappen versehen, die die erst in neuerer Zeit geadelten Familien anführt.

Im Besitz von Kaden folgte sein Sohn Eduard v. Benzon, † 1868, nach. Enkelin von ihm war Erna v. Benzon, langjährige Priörin des adeligen St.

Johannisklosters vor Schleswig, † 1968. 1860 entschloß sich das Ehepaar v. Benzon zum Verkauf von Kaden. Käufer war Graf Georg v. Platen Hallermund, 1827–1881, der zu der geradezu legendären 21 Kinder umfassenden Geschwisterreihe der Platen auf Weissenhaus gehört. Er war vermählt mit Elise v. Warnstedt. Deren Mutter war die Gräfin Susanne v. Baudissin, die in ihrer ersten Ehe mit Adolf v. Bülow verheiratet gewesen war, dem Großvater des Reichskanzlers Fürst Bernhard v. Bülow. Dadurch ergaben sich enge verwandtschaftliche und freundschaftliche Verbindungen zu dem Baudissinschen und Bülowschen Familienkreis; auch ein gutes Portrait des Fürsten Bülow hing in Kaden.

Georg Platen ließ das Herrenhaus umbauen, es wurde jetzt auf zwei vollständige Stockwerke erhöht mit einem durchgehenden Flur im oberen Stockwerk, der Mittelrisalit wurde von drei Achsen auf fünf Achsen erweitert, an allen vier Ecken entstanden kleine Türmchen in den Richtungen der Windrose. Die Fassade wurde in Zement verputzt, das Portal mit Kannelierung versehen, – alles im Geschmack der Neugotik. Insgesamt gesehen ist dieser Umbau nicht besonders gut gelungen. Aus älterer Zeit ist noch das schöne Portal an der Rückfront im Stil des Rococo erhalten geblieben.

Auf dem Hofe stehen einige schöne Fachwerkscheunen aus alter Zeit, eine von ihnen trägt ein Storchennest, das Jahr für Jahr bewohnt wird von einem Storchenpaar mit jungen Störchen.

Nach dem Tode von Georg Platen folgte ihm sein Sohn gleichen Namens im Besitze nach, Georg 1858–1927. Er kam in sehr jungen Jahren mit der Landespolitik in enge Verbindung, mit 27 Jahren war er bereits Mitglied des Kreistages, wenige Jahre später Mitglied des Kreisausschusses, dann Angehöriger des Provinziallandtages und des Provinzialausschusses. Von 1907 bis 1924 war er Klosterprobst des adeligen Klosters Preetz, außerdem Kommendator des Johanniterordens. 1901 wurde er zum Komtur des mecklenburg-schwerinschen Greifenordens ernannt, 1904 erhielt er den preußischen Roten Adlerorden. Sein ältester Sohn, Graf George, 1881–1961, übernahm nach seinem Tode den Besitz, von diesem wieder sein gleichnamiger Sohn Georg, * 1927, der ihn 1981 an Dr. Eckhard Thiem aus Hamburg verkaufte. 1985 ging das Gut in den Besitz der Gut Kaden KG über, die auf dem Gelände einen Golfclub betreibt. Über Unterbeteiligungen an der KG erwerben die Golfer anteiliges Eigentum am Gesamtbetrieb und spielen damit sozusagen auf eigenem Grund und Boden. Von den jetzigen rd. 180 ha Gesamtfläche wurden

Clubraum des Golfclubs auf Gut Kaden

bereits 80 ha hierfür ausgelegt. Mit dem geplanten Ausbau auf weitere 18 Löcher soll hier dann eine der größten Golfanlagen in Deutschland entstehen. Die Gebäude werden nach und nach renoviert; das Herrenhaus dient als elegantes Clubheim und der alte Kuhstall beherbergt moderne Büro- und Nebenräume in rustikalem Rahmen.

Adeliges Gut Kaden

Besitzer: Gut Kaden KG (Golfclub)

Besitzer

13. und 14. Jh.	Ritter v. Alveslo
um 1400	Brüder Reventlow
15. Jh.	Hans Breide
von 1496–1754	v. Ahlefeldt
dazwischen	(v.) Pogwisch
1754	v. Schilden
1760–1808	erst Baur dann Leisching
1808–1860	v. Benzon
1860–1981	Grafen v. Platen Hallermund
1981–1985	Dr. E. Thiem
seit 1985	Gut Kaden KG

Gut und Bauten

1532	Bau eines Witwenhauses
1754	Bau des jetzigen Herrenhauses und der älteren Wirtschaftsgebäude
nach 1860	Umbau des Herrenhauses
1982	Renovierung Herrenhaus
1986	Umbau Kuhstall

25 Bramstedt

Kirchspiel Bad Bramstedt   Kreis Segeberg

Bramstedt hat durch Jahrhunderte hindurch den Status eines adeligen Gutes besessen. Aber sowohl die Entstehung wie auch die Auflösung des Gutes weichen in vieler Beziehung von der Struktur unserer adeligen Güter im Lande ab.
Die Bildung des Gutes erfolgt im Laufe des 16. Jahrhunderts, aber sie ist nicht durch eine unserer einheimischen Adelsgeschlechter vorgenommen, wie sonst ausnahmslos bei allen übrigen Gütern. Als erster Besitzer erscheint Dirik Vaget, ein sicherlich reicher und angesehener Mann, aber ebenso sicher dem Stande der Großbauern zugehörig. Was er besaß, war nicht wenig, er hatte elfeinhalb Hufen im Besitz, später sogar 15, freilich zerstreut in der Umgebung von Bramstedt, in den Dörfern Borstel, Wiemersdorf, Hagen, Hitzhusen, Weddelbrook und Bramstedt selber. Das Kunststück, das weder ihm noch seinen vielen Besitznachfolgern gelang, aus diesem zerstreuten Besitz ein zusammenhängendes Areal zu schaffen, gab den Anlaß zu Streitigkeiten, die Jahrhunderte lang andauerten, zwischen Amtsbauern und Gutsbauern, wobei die letzteren stets die benachteiligten waren, weil sie vom Gutshof

aus zu Gespanntagen herangezogen wurden. Dirik Vaget starb mit jungen Jahren schon 1538. Seine Witwe Elisabeth geb. Koep aus Hamburg heiratete 1540 Caspar Fuchs, der viele Jahre lang Sekretär erst des Königs Friedrich I., später des Königs Christian III. gewesen war und zweifellos Jurist, aber kein Einheimischer. Der König hatte gewünscht, daß er sich in seinen Erblanden seßhaft machen solle. Nachdem Caspar Fuchs sich verheiratet hatte, bestätigte König Christian III. seinem Sekretär am 28. Dezember 1540 den erblichen Besitz von Dirik Vagets Gütern mit den ins Neuhochdeutsche übertragenen Formeln: „auch das Gericht mit Hals und Hand und aller Herrlichkeit und Freiheit, so Quitt und Frei als andere vom Adel ihre Güter in unserem Fürstentum Schleswig Holstein inne haben, darin zu gebrauchen."

Diese Urkunde, die nur als die Bestätigung der schon bestehenden Herrlichkeiten und Freiheiten zu verstehen ist, beweist, daß mindestens von jetzt an Bramstedt den Charakter eines adeligen Gutes besaß. So steht es auch in der Landesmatrikel von 1636, damals wird Bramstedt mit 11 Pflügen verzeichnet, dazu kommen weitere 7 Pflüge, die vom Amte Segeberg zugelegt wurden, so daß es insgesamt die stattliche Größe von 18 Pflügen besaß.

Freilich, weder Dirik Vaget noch Caspar Fuchs gehörten dem Adel an, vielleicht mögen sie beide sich Hoffnung auf Aufnahme in die Ritterschaft gemacht haben, aber dazu ist es nicht gekommen.

Erst der dritte Besitzer Bramstedts gehörte dem Adel an, wenn auch nicht dem holsteinischen, sondern dem Bremischen. Die einzige Tochter und Erbin von Caspar Fuchs, † 1571, Elisabeth heiratete um 1575 den holstein-gottorpischen Vicekanzler und späteren Präsidenten des Weichbildes von Husum Gerhard Steding.

Steding machte sich alsbald ans Werk, Bramstedt zu einem adeligen Gut auszubauen, er gab dem Gut einen eigenen Namen, Stedingshof und konnte innerhalb der Feldmark von Bramstedt weitere 5 Hufen hinzuerwerben und dürfte wohl als der Erbauer der älteren Gebäude auf dem neu eingerichteten Gutshof mitten in dem damaligen Flecken Bramstedt, unmittelbar am Bleek gelegen, gelten.

Steding ist 1604 gestorben, die Witwe hatte offenbar Schwierigkeiten mit der Verwaltung und trat das Gut im Jahre 1611 an ihren Sohn Arend Steding ab. Er übernahm Bramstedt für den sehr geringen Preis von 6300 Mark und wurde im Prozeß mit den Geschwistern 1631 vom Landgericht verurteilt, noch 6000 Mark zuzulegen. Im gleichen Jahre kaufte König Christian IV. das Gut für 19000 Mark an. Arend Steding

geriet in Konkurs, verließ das Land und kam wenig später in Magdeburg jämmerlich ums Leben. Er hinterließ seine Ehefrau Margarethe geb. v. Stralendorff, eine Tochter aus der Ehe namens Elisabeth ist 1635 als Kind gestorben.
Als der König Bramstedt kaufte, tat er es höchstwahrscheinlich gleich im Hinblick auf Wiebke Kruse. Der Überlieferung nach hatte der König Wiebke Kruse entdeckt, als er sich mit seiner Kavalkade bei der Annäherung nach Bramstedt anschickte, die Au zu durchreiten und hier eine Gruppe von jungen Frauen und Mädchen antraf, die ihre Wäsche im Wasser der Au wuschen. Eine von ihnen war Wiebke Kruse, auf die das Auge des Königs fiel. Sie war seit 1629 zu ihm in ein enges Liebesverhältnis getreten, das mit unverminderter Zuneigung zu einander 19 Jahre lang dauern sollte und erst durch den Tod, der beide im gleichen Jahre 1648 traf, aufgelöst wurde.
Der König starb im Februar 1648, Wiebke Kruse kurz nach ihm. Es hält sich eine hartnäckige Überlieferung, daß die legitimen Verwandten des Königshauses sie durch Gift ums Leben gebracht hätten, sie starb mit nur 45 Jahren.
Wiebke Kruse stammte aus dem Kirchspiel Bramstedt, aus dem Dorfe Föhrden-Barl und hat sich bis zum heutigen Tage ein gutes Andenken in Bramstedt bewahrt. Als das Schlößchen, von dem noch die Rede sein wird und das für sie erbaut worden war, 1751 abgebrochen wurde, blieb noch lange Zeit hindurch der Fliesenboden des Kellers erhalten. Auf der leeren Stätte knallten die jungen Burschen, vor allem die Hütejungen beim Aus- und Eintreiben morgens und abends trotz Klagen, Drohungen und Beschwerden mit ihren Peitschen hervorragend geschickt, kräftig und taktfest, weil Frau Wiebke ehedem das Peitschenknallen so geliebt und dafür an Belohnungen nicht gespart hatte.
Während ihrer Lebenszeit dürfte der gesamte Gutshof neu erbaut worden sein. 1628 hatte ein Großfeuer den ganzen Flecken Bramstedt zerstört, dabei dürften auch die sicherlich einfachen Gebäude des Gutshofes in den Flammen aufgegangen sein. Für das heute noch stehende überaus stattliche Torhaus am Bleek ist die Zahl von 1647 überliefert, aus einer alten Flurkarte von 1782 erkennt man die Lage der übrigen Gebäude. Wie auf holsteinischen Gutshöfen üblich standen hinter dem Torhaus links und rechts zwei große Wirtschaftsgebäude, außerdem ein Reitstall. Über eine Holzbrücke, die das Flüßchen Hudau überspannte, kam man in den inneren Schloßbezirk, der durch ein kleines Torhaus von der Außenwelt abgeschlossen war. Rechts von dem

Fahrweg und nicht in der Achse des Hofes stand das sogenannte Schloß, mehr ein Schlößchen, es wird in seiner Länge auf 38 Fuß=ca. 13 m angegeben, ringsum lagen Teiche und Niederungen, so daß hier in alter Zeit sicherlich der übliche Hausgraben vorhanden gewesen sein dürfte. Gegenüber lag ein erhöhtes Grundstück, der Baumhof genannt, also der Park oder Obstgarten.
Aus der Verbindung mit König Christian IV. gab es zwei Kinder, den Sohn Ulrich Christian * 1630, der in großzügigster Weise vom König abgefunden wurde, und die Tochter Elisabeth Sophie. Beide Kinder erhielten einen im dänischen Königshaus üblichen stolzen Namen für die Seitensprossen, in diesem Falle hießen sie beide Gyldenløve. Elisabeth Sophie heiratete den späteren Feldmarschall Claus v. Ahlefeldt aus der Linie Gelting dieses weitverzweigten Geschlechtes.
Ahlefeldt dürfte Bramstedt nicht sonderlich viel bedeutet haben, er zog, wenn er nicht auf Kriegszügen war, das Gut Klein Nordsee als Wohnsitz vor. Bramstedt ging über auf die einzige Tochter aus dieser Ehe,

Elisabeth Gyldenløve verm. Ahlefeldt, † 1654

Christine Sophie Amalie, die ein abenteuerliches Leben führte. Sie war erst verheiratet gewesen mit dem mecklenburgischen Rittmeister Claus v. Oertzen, wurde aber 1682 von ihm geschieden. 1683 trat der aus Österreich stammende holsteinische Oberstleutnant Johann Gottfried v. Kielmansegg in ihr Leben ein. Kielmansegg gehörte nicht dem holsteinischen Geschlechte an, das von dem Kanzler Johann Adolf Kielmann von Kielmannseck abstammt, sondern einer namensgleichen aber nicht verwandten Familie v. Kielmansegg. Johann Gottfried Kielmansegg hatte keinen guten Ruf, daher ließ Christine, bevor sie in die Verbindung mit ihm eintrat, ihn ein Dokument unterschreiben, in dem er, der katholisch war, ihre Ehe für rechtlich ungültig erklärte und bekannte, keinerlei Ansprüche auf ihr Vermögen zu haben. Trotzdem wurde in Holstein ihre Ehe allgemein als rechtmäßig abgeschlossen angesehen.

Während der Kielmanseggschen Zeit ereignete sich eine sehr wesentliche Angelegenheit, die bis in unsere Tage hinein nachwirkt. Es gab Streitigkeiten zwischen dem Flecken Bramstedt und dem damaligen Besitzer, dem Grafen Johann Gottfried v. Kielmansegg. Dieser letztere hatte durch König Friedrich III. zwei größere Pfandbriefe in der Hand, über 6000 und 8000 zusammen 14000 Thaler, die sich offensichtlich auf den Flecken Bramstedt bezogen. Kielmansegg versuchte, den Besitz dieser Pfandbriefe dadurch zu seinem Nutzen auszuwerten, daß er die Bramstedter Einwohner zu Leibeigenen machen wollte. Unter Führung ihres Fleckenvorstehers Jürgen Fuhlendorf gelang es den Bramstedtern im Jahre 1685, die Pfandbriefe einzulösen. Dabei vollbrachte Fuhlendorf eine große geschichtliche Tat: jeder opferte seinen gesamten Besitz dem Flecken Bramstedt. Dieser wurde auf alle Bramstedter (69 Feuerstellen = Haushaltungen) zu gleichen Teilen aufgeteilt. Jeder Haushalt verpflichtete sich, die Schuld von 14000 Thalern zu gleichen Teilen zu tilgen. So gab es jetzt keine Armen und Reichen, keine Großen und Kleinen mehr, es gab jetzt nur noch Gleiche, aber: alle blieben frei, sie wurden nicht Leibeigene. Die Leibeigenschaft wurde durch eine große soziale Tat abgewendet. Mutig und trotzig, zäh und umsichtig hatten die Bramstedter ihr Ziel erreicht: „Einer für alle – alle für einen“ war die Losung. Die Fleckensgilde in Bramstedt, die bereits seit 1677 bestand, erhielt jetzt ihren wahren inneren Gehalt. Sie war eine Bruderschaft in Not und Tod und gab damals das ungeschriebene Gesetz heraus, das zur Erinnerung an den Kampf und Sieg des Fleckens Bramstedt für alle Zeiten wachgehalten werden soll:

„Solang de Wind weiht und de Hahn kreiht,
schall de Gill an Dingsdag na pingsten
um'n Roland danzen, wenn de Sünn ünnergeiht!"

Diese Tradition hält die „Bramstedter Fleckensgilde von 1677" heute noch wach. An jedem Dienstag nach Pfingsten feiert sie ihr Gildefest und tanzt bei Sonnenuntergang um den Roland.
1691 erhielten sie beide die königliche Erlaubnis, das Gut Bramstedt zu verkaufen. 1695 verließ Kielmansegg seine Ehefrau und kehrte nach Österreich zurück, um sich dort 1696 mit einer adeligen Dame aus Österreich zu verheiraten. Dessen ungeachtet gab er seine Ansprüche auf Christines Vermögen nicht auf, kehrte nach Bramstedt zurück, beide Ehegatten, ob rechtmäßig verheiratet oder nicht, verkauften am 9. November 1696 Bramstedt an Johann Hugo v. Lente. Johann Hugo v. Lente war Vicekanzler und Geheimer Rath, trat aber vom Vertrage alsbald zurück, als er erfuhr, daß der König nicht bereit sei, diesen Vertrag zu genehmigen. Er kaufte anstelle dessen das adelige Gut Fresenburg bei Bad Oldesloe.
Jetzt kam endlich ein gültiger Kaufvertrag zustande, 1697 oder 1698 verkauften die beiden Bramstedt an den Oberstleutnant und Hessen-Casselschen Oberberghauptmann Johann Ernst v. Grote.
Der Kaufvertrag wurde seltsamerweise in Wetzlar abgeschlossen, möglich, daß beide Parteien wegen anderweitiger Prozesse gerade zu der Zeit beim Reichskammergericht zugegen sein mußten. Grote kaufte, ohne bis dahin Bramstedt gesehen zu haben. Mit diesem Vertrage erwarb er ein adeliges Gut in Holstein mit dem Zubehör, das man gemeinhin von einem solchen erwarten mußte, mit Untertanen und – wie es weiter heißt – auf denselben haftenden ungemessenen Frondiensten, mit allen leibeigenen Untertanen, Hufnern und Kätnern, sie befinden sich jetzt daselbst oder nicht. Das waren die üblichen, das Recht zur Verfolgung und Rückforderung entwichener Leibeigener einschließenden Klauseln.
Als aber Grote seinen neu angekauften Besitz antreten wollte, traf er auf den Widerstand seiner Gutsuntertanen. Sie leugneten sowohl die Leibeigenschaft als auch die Verpflichtung zu ungemessenen Diensten und klagten bei der Glückstadter Regierung.
Dann begann der Streit um die Kontribution an den Landesherrn, beide Seiten weigerten sich zu bezahlen, mehrfach wurde durch Militär eine Exekution nach Bramstedt gelegt, um die Zahlung der Rückstände zu erzwingen.

Mit dem wirtschaftlichen Stande des Gutes sah es unter diesen Umständen nicht zum Besten aus. 1705 waren fünfeinhalb Hufen in Wiemersdorf und in Hitzhusen wüst; als später noch 2 Hufen in Hagen wüst wurden, fand sich kein Mann, der diese Hufen übernommen hätte, als freie Leute fürchteten sie, damit in die Leibeigenschaft zu geraten.
Grote und noch mehr seine Ehefrau, eine geb. v. Bülow, waren nicht die rechten Leute, um den Verfall des Gutes aufzuhalten. Der Ehemann lebte in Streit mit jedermann, prozessierte gegen seine Lehensvettern in Niedersachsen, gegen die Landesherren in Holstein, gegen das Amt Segeberg, gegen den Flecken Bramstedt und gegen die eigenen Untertanen. Seine Projekte führten zu nichts. 1704 stand er sogar im Verdacht der Falschmünzerei. Der König ließ das Gut zwangsverwalten und stellte es unter die Verwaltung des Kirchspielvogts. Daraus erwuchsen neue Auseinandersetzungen um die Stellung des Gutes innerhalb der Landesverfassung.
Und der Frau ging ein böser Ruf nach, sie soll in einen finsteren Keller die widerspenstigen Mägde und die aufsässigen Untertanen eingesperrt haben, noch heute geht sie als weißes Gespenst im Hause herum.
Es nimmt daher nicht wunder, wenn die Grote die Lust am Besitz verloren und ihn verkaufen wollten. Schon von 1741 wird ein sonst nicht bekannter Herr v. Prinzen genannt.
Seit 1744 war Amtmann des Amtes Segeberg der Graf Christian Günther zu Stolberg-Stolberg geworden, damals befand sich auch die Wohnung des Amtmanns in Bramstedt. Daher sind auch seine ersten Kinder schon in Bramstedt geboren, noch bevor er das Gut gekauft hatte. 1750 wird er als Besitzer des adeligen Gutes Bramstedt genannt und hat es dann noch 5 Jahre lang besessen bis 1755, dann ging er nach Kopenhagen als Oberhofmeister der Königin-Mutter.
1747 wurde ihm hier seine älteste Tochter geboren, die den Namen Henriette erhielt, im Familienkreise wurde sie wegen ihres zierlichen Körperbaus Pouletchen (=Hühnchen) genannt. Sie heiratete später den großen dänischen Staatsmann Andreas Peter Graf v. Bernstorff. Auch der Dichter Friedrich Leopold Stolberg ist 1750 in Bramstedt geboren, jedoch nicht der Bruder Christian, der auch als Dichter bekannt geworden ist und von dem es immer wieder heißt, daß auch er in Bramstedt geboren sei, in Wirklichkeit ist er in Hamburg geboren.
Zwei weitere Schwestern, die alle beide nicht aus dem geistigen Leben Holsteins wegzudenken sind, sind in Bramstedt geboren, Catharine genannt Käthchen und Auguste genannt Gustchen. Käthchen Stolberg

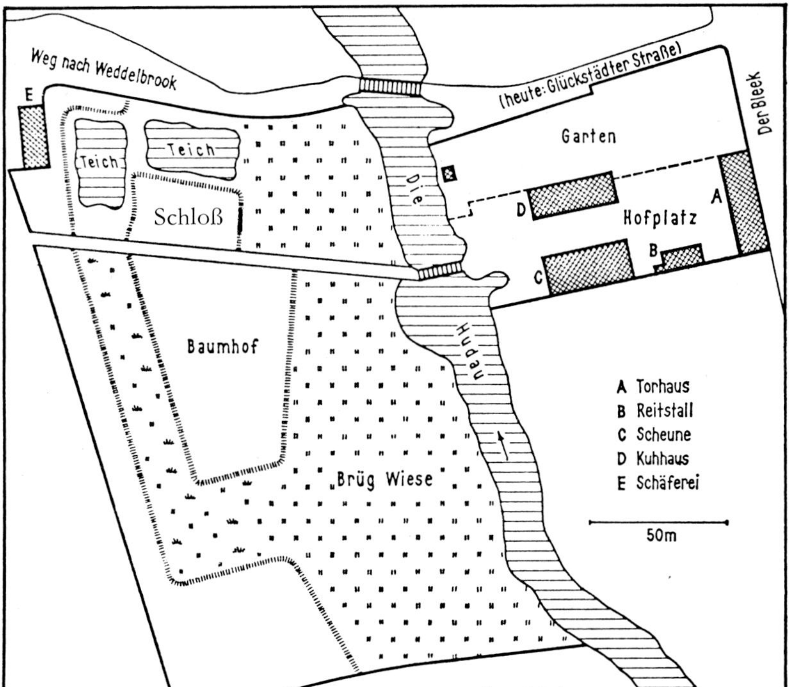

Der Bramstedter Hof 1782

lebte unverheiratet in Emkendorf und ist ganz diesem hochgeistigen Milieu verhaftet, ihre Schwester Gustchen führte einen häufig veröffentlichten Briefwechsel mit Goethe.

Mit Christian Günther Stolberg zog in Bramstedt ein neuer Geist ein. Er war ein Vetter des Grafen Christian Ernst zu Stolberg-Wernigerode, den man als den Hauptwortführer des Pietismus in Norddeutschland ansehen darf. Er hat zweifellos Christian Günther Stolberg bewogen, sich in Holstein anzukaufen, um auch nach dem Norden die moralischen, geistigen und religiösen Kräfte der pietistischen Lebensanschauung zu bringen.

Stolberg hat für das Gut sehr viel getan. Er sorgte dafür, daß sich die Bauern allesamt nicht mehr als Leibeigene zu fühlen brauchten und überließ den Bauern ihre Höfe gegen Zahlung von Reallasten, freilich ohne damals ahnen zu können, daß damit die Axt an die Existenz des Gutes gelegt war. Denn als in der preußischen Zeit nach 1873 die Reallasten durch einmalige Zahlungen des 25-fachen Betrages der

jährlichen Reallast abgelöst werden konnten, verschwand das Gut geradezu über Nacht von der Bildfläche.
Stolberg ließ in den Jahren von 1751 bis 53 das Schlößchen aus der Zeit von Wiebke Kruse abreißen, wenig später folgten die jetzt nicht mehr benötigten Wirtschaftsgebäude auf dem Bauhof. Dafür ließ er im nördlichen Teil des großen Torhauses eine elegante und herrschaftliche Behausung herrichten.
Von der flachgedeckten Durchfahrt durch das Torhaus führt nach rechts eine Tür mit einem Rokoko-Oberlicht. Über eine Treppe kommt man in den ausgebauten und wohl von C. D. Martini mit Rokoko-Stuck ausgezierten Nordteil. Hier im Treppenhaus befindet sich eine zweiläufige, spätbarocke Treppe mit flachen Balustraden, daneben im Erdgeschoß ein Zimmer mit Kaminwand, Bekrönungsrest und Stuckdecke mit sparsamer Rand- und Mittelzier. Im Nachbarzimmer ist eine Ofennische mit reichem Rokoko-Dekor. In der Mitte des Obergeschosses am Vorsaal findet sich ein Zimmer mit Rocaille bekrönter Ofennische und reicher Stuckdecke mit Mittelmuschel. In der Nordhälfte folgt ein Raum mit stuckgeziertem Eckkamin, dort ist auch das Königsmonogramm König Christians IV. angebracht, früher sollen hier auch Portraits des Königs und von Wiebke Kruse gehangen haben.
Der anschließende Eckraum ist mit gerahmten Eckfeldern und Flachdekke mit Rand- und Mittelzier ausgestaltet. Die beiden Zimmer an der Nordseite haben gerahmte Korbbogenfenster.

Ofennische mit Monogramm König Christian IV.

Das Gut Bramstedt ging 1755 an den Obergerichts-Advocaten M. N. Holst über, von diesem im Jahre 1774 an den Justizrat Ferdinand Otto Vollrath Lawätz. Dieser gehörte einer bedeutenden und angesehenen Familie an, seine Mutter stammte aus der Kaufmannsfamilie Otte aus Eckernförde, die durch ihre Fayence-Fabrik in Krieseby berühmt wurde. Sein Bruder Christian Otto Lawätz war Deputierter im Öconomie- und Commerce-Kollegium, ein anderer, Johann Daniel Lawätz, war Kaufmann in Altona, seit 1778 Direktor der Girobank. Er machte sich einen Namen als Stifter der „Patriotischen Gesellschaft".
Als Ferdinand Lawätz, erst 23 Jahre alt, 1774 Bramstedt kaufte, hob er sofort die letzten Reste von Leibeigenschaft auf. Er veröffentlichte auch Beiträge in den Schleswig-Holsteinischen Provincialberichten zu diesem Thema. Mit den Jahren wurde er zu einem scharfen Widersacher der Ritterschaft, er fand, daß die adeligen Herren sich allzu sehr befleißigten, die Herren nicht zu erzürnen, die das Ruder des Staates führten. Ihm gelang es auch, eine Art von Gegenbewegung gegen die Bemühungen der Ritterschaft ins Leben zu rufen. Auf sein Betreiben hin fanden Besprechungen der nicht recipierten Gutsbesitzer statt, bei denen Lawätz ohne Frage die führende Rolle spielte. Mit ihm zusammen fanden sich einige andere nicht rezipierte Gutsbesitzer, zum Beispiel der Justizrat G. H. Hagemann auf Osterrade und einige andere mehr, insgesamt wuchs die Gruppe auf nicht mehr als zehn Persönlichkeiten an. Die Ritterschaft antwortete sofort auf diese Strömungen durch Bildung einer Gegenvereinigung und rief ihrerseits eine Konferenz von drei Mitgliedern der Ritterschaft ins Leben zur Konferenz mit den non recepti. Diese Konferenz hat noch bis in das 20. Jahrhundert hinein bestanden, ohne mehr in Erscheinung zu treten, die Gesinnungsgenossen um Lawätz hatten sich mit den Jahren wieder verflüchtigt.
1796 wurde Lawätz gezwungen, den Besitz von Bramstedt aufzugeben auf Grund einer Bürgschaft, die er für einen Freund geleistet hatte, der aber zahlungsunfähig wurde.
Von den nachfolgenden Besitzern ist nicht vieles zu berichten, zunächst ging Bramstedt über an den Professor F. L. W. Meyer, nach dessen Tode 1840 wurde es von den Erben verkauft im Jahre 1842 an den Landdrosten v. Lütken, jetzt für 48000 Rthlr., ihm folgte einige Jahre später der Graf L. v. Kielmansegg. Dieser letztere kommt in der Kielmanseggschen Familienchronik nicht vor, es kann sich nur um den Landdrosten Ludwig Graf v. Kielmansegg handeln, † 1873. Er verkaufte 1863 nach dem Tode seiner Gemahlin das wenige, was noch von dem Gute übrig war, an den

Mühlenbesitzer N. F. Paustian, der als der letzte Besitzer des alten Gutes angesehen werden kann. 1873 erwarb die Bramstedter Sparkasse den Rest, nachdem Paustian alles das, was noch an Areal vorhanden war, parzelliert hatte. Rechtsnachfolger der Bramstedter Sparkasse wurde die heutige Stadt Bad Bramstedt.

Als Zeichen der alten Fleckengerechtigkeit steht vor dem Schlosse die Figur des Roland, 1693 aus Sandstein errichtet. Angeblich hat bis dahin schon eine hölzerne Rolandsfigur dort gestanden. Die Errichtung dieser sandsteinernen Säule dürfte in Verbindung gestanden haben mit dem Erwerbe des adeligen Gutes erst durch den König, dann durch die Nachkommen von Wiebke Kruse, also gewissermaßen um die Abtrennung des Fleckens von dem adeligen Gute zu dokumentieren. Das Schloß selber enthält heute zur Linken Räume für Behörden, zur Rechten befindet sich der schöne, von Stolberg ausgebaute zweigeschossige schloßartige Bau. Die Räume werden heute öffentlich gezeigt und bei kulturellen Veranstaltungen genutzt.

Im 20. Jahrhundert hatte das Marstallgebäude verschiedenen Zwecken zu dienen. So wurde es in der Zeit zwischen 1934 und 1940 als BDM-Lager verwendet, später diente es als Kriegslazarett. Nach 1945 wurden vorübergehend Heimatvertriebene im Bramstedter „Schloß" untergebracht. Hierdurch verschlechterte sich der bauliche Zustand derart, daß mehrfach ein Abriß des Gebäudes ernsthaft erwogen worden ist, um Platz für die Neuansiedlung von Gewerbebetrieben bzw. die Bundesgrenzschutzverwaltung zu schaffen. In der Zeit zwischen 1967 und 1969 erfolgte schließlich eine völlige Renovierung des Gebäudes durch die Stadt Bad Bramstedt, mit dem Ziel das Marstallgebäude künftig als städtisches Kommunikations- und Kulturzentrum zu nutzen. Bei diesen Renovierungsarbeiten wurden schließlich auch die durch Umbaumaßnahmen in der Vergangenheit weitgehend unbeschädigten Rokkokostuckdecken aus der Zeit des Grafen Stolberg unter Zwischendecken entdeckt.

Heute beherbergt das Marstallgebäude einen Altentreff und das Stadtarchiv. Die repräsentativ ausgestalteten Räume des Obergeschosses werden als städtische Repräsentationsräume, für Konzert- und Vortragsveranstaltungen sowie für die Sitzungen der örtlichen Gremien verwendet.

Adeliges Gut Bramstedt

heute aufgelöst

Besitzer

nach 1500	Dirik Vaget, † 1538
1540	Caspar Fuchs
1591	der Schwiegersohn Gerhard v. Steding, † 1604
	dann dessen Sohn Arend v. Steding
1633	König Christian IV von Dänemark
1635	seine Geliebte Wiebke Kruse
	dann deren Tochter Elisabeth Sophie Gräfin Gyldenløve, verh. mit dem Feldmarschall Claus v. Ahlefeldt
	dann deren Tochter Christine Sophie Amalie, verh. 1683 mit Johann Gottfried Graf v. Kielmansegg
1698	v. Grote
1750	Graf Stolberg-Stolberg
1774–1798	F. O. V. Lawätz
1842	Ludwig Graf v. Kielmansegg
1863	N. F. Paustian
1863	Erwerb durch die Sparkasse, später die Stadt Bad Bramstedt

Gut und Bauten

1628	Zerstörung des Fleckens und wahrscheinlich auch der Hofgebäude des Gutes durch ein Großfeuer
nach 1635	Bau des Schlößchens für Wiebke Kruse
1647	Torhaus am Bleek
1693	Errichtung der sandsteinernen Figur des Roland
1751–53	Abbruch des Schlößchens und Umbau des Torhauses zu dem heutigen Schlosse

Namensregister

Adolph Herzog v. Holstein-Gottorp 37, 159, 231, 281

v. Ahlefeldt, holst. Adelsgeschlecht 11, 20, 38, 42, 51, 54, 64, 66, 67, 70, 72, 73, 76, 77, 82, 85, 88, 97, 99, 100, 101, 112, 116, 124, 135, 136, 147, 149, 157, 161, 168, 171, 181, 193, 196, 206, 208, 210, 212, 214, 220, 244, 248, 252, 253, 254, 258, 259, 262, 270, 271, 274, 278, 282, 283, 285

- Adelheid (Alheit) geb. v. Ahlefeldt 118
- Adelheit Benedikte geb. Blome 214
- Amalie geb. Baronesse v. Wich 186
- Anna um 1583; 255
- Anna Catharine † 1727; 255, 256
- Anna Hedwig geb. v. Buchwaldt 87
- Augusta Elisabeth 56
- Balthasar um 1581; 119, 191, 192, 214, 249, 250, 252
- Balthasar um 1673; 203
- Bendix 285
- Bendix † 1586; 268, 275
- Bendix † 1645; 161, 172
- Bendix † 1701; 104
- Bendix † 1712; 149, 161, 162
- Bendix † 1723; 42, 178
- Bendix † 1739; 278
- Bendix Wilhelm † 1748; 287
- Bendix † 1760; 45, 204
- Benedict um 1220; 10
- Benedict † 1470; 248
- Benedict † 1579; 37
- Benedict † 1696; 44
- Burchard, Graf 202, 203
- Cai um 1619; 202
- Cai † 1652; 255, 259
- Cai Wilhelm 67, 69, 72
- Catharina 286
- Catharine geb. Rantzau 242
- Catharine Elisabeth 14
- Catharine, geb. (v.) Pogwisch 286
- Catharina Hedwig geb. Rantzau 119, 242
- Christian um 1725; 251, 252
- Christopher † 1532; 275
- Christopher † 1565, 264
- Christopher um 1587; 138
- Claus 67, 69, 87, 172, 244, 295, 303
- Claus um 1507; 116
- Claus um 1581; 116, 191
- Clemens 116
- Detlev † 1599; 265, 266, 268, 269, 276
- Detlev † 1686; 161, 266, 267, 269, 276, 282
- Detlev † 1718; 278
- Detlev um 1764; 185, 286, 287
- Elisabeth Sophie geb. Gräfin Gyldenløve 295, 303
- Emerentia 286
- Friedrich † 1541; 264, 275, 285, 286
- Friedrich † 1586; 265
- Friedrich † 1607; 255
- Friedrich † 1664; 259
- Friedrich Christian 202
- Gosche † 1475; 11, 85, 99, 116, 137
- Gosche † 1560; 69
- Gosche um 1605; 54, 116
- Hans † 1500; 247, 248, 254, 255, 262, 264, 274, 275, 285
- Hans † 1559; 254, 262, 267, 275
- Hans um 1600; 160
- Hans Adolf 252
- Hans-Hinrich † 1720; 100, 104, 256, 262
- Henneke † 1499; 85, 116, 137
- Henneke † um 1570; 137, 138
- Hinrich um 1403; 171
- Hinrich um 1472; 99
- Hinrich † um 1700; 161
- Hinrich (Heinrich) † 1749; 44, 45
- Ida geb. Pogwisch 267, 276, 286
- Ida Margarethe geb. v. Rumohr 42
- Jasper um 1561; 137
- Johann Adolph 77
- Jürgen † 1641; 54, 55, 56, 116
- Lucia 116
- Magdalene geb. Rantzau 172, 242, 244, 287

Magdalene geb. Pogwisch 267, 286
Margarethe geb. Blome 55
Margarethe geb. v. Brockdorff 162
Margarete Hedwig geb. v. Buchwaldt 14, 15
Margarethe geb. Rantzau 242
Margarethe Hedwig geb. Rantzau 208
Marquard 286, 287
Marquard †1500; 85
Marquard †1608; 265, 266, 267, 268, 269, 276
Mette geb. Freiin v. Kielmansegg 254, 262
Ölgard geb. v. Buchwaldt 286
Ölgard geb. Rantzau; 172, 202, 242
Ottilie 14, 15
Otto †1652; 259
Schack 286
Sophie Ernestine 252
Steffen †1545; 264
Wilhelm 281, 287
Wolf †1572; 286
Wulf Christian 14
v. Ahlefeldt, Lehnsgraf C. J. F. 281, 282
Alard, Lambert 192
Alba, Herzog v. 27, 28
Allers, Theodor 58
v. Alveslohe, Adelsgeschlecht 285, 291
Andersen, Dorothea Julie 238, 239
Ansgar, Erzbischof 223
v. Aspe, Ritter 191
August Kurfürst von Sachsen †1586; 231
August der Starke von Sachsen †1733; 13, 28, 29, 30, 209
August v. Oldenburg, Großherzog 218
Augusta, Herzogin v. Holstein-Gottorp 161, 168
Augustus, Römischer Kaiser †14 n. Chr., 196
Averhof, Johann 232

v. Baden, Großherzog 241
de Ball, Dr. 48
Bardewieck 215, 234
Bardenfleth, F. v.
Barmstede, Ritter 273, 283
v. Baudissin Grafen 114, 124, 253
Elsabe geb. v Buchwaldt 95
Friedrich †1921; 94
Friedrich geb. 1926; 96
Susanne 290
Theonie geb. von Mesmer-Saldern 94
Wulf Hinrich 119, 120
Bauer, A. F. 210
Baur, Johann Daniel 288, 291
v. Behr 88, 97
Bems, Albert Balthasar 28, 173
v. Benzon, Adelsgeschlecht 288, 289, 291
Catharine Hedwig geb. Fabritius-Tengnagel 289
Eduard 289
Erna 289
Friedrich Wilhelm Caspar 289
Lars 288
Margarethe Ölgard Dorothea geb. v. Rumohr 289
v. Bernstorff, Adelsgeschlecht 114, 209, 215
Andreas Hartwig Barthold 205
Andreas Peter, Graf 298
Beseler, Hartwig 157
Biernatzki, Hermann 284
Bisoldt, G. F. 216
Binge, M. W. 72
v. Bismark, Fürsten
Herbert 122
Otto †1898; 210
Marguérite, geb. Gräfin Hoyos 122
v. Bistikesee 37
Block, Rotter 137
Blome, Adelsgeschlecht 97, 112, 214, 216, 220
Adeline 121, 122
Adolf, Baron 216, 217, 218
Adolf, Baron †1937; 218
Bendix 100
Christopher 142, 214
Dietrich 85
Drude geb. Rantzau 85
Friedrich 121
Hans †1622; 87
Hans, Baron †1921; 218
Hinrich † 1500; 86

Otto †1645; 12, 100
Otto †1803; 215, 216, 217
Otto, Lehnsgraf †1849; 216, 217, 218
Otto, Lehnsgraf †1884; 121
Otto, Baron †1901; 218
Rudolf, Baron 218
Thomas †1606; 86
Blunck, Conrad Friedrich 289
Bobé, Louis 65, 66, 136, 281, 282
Boeckel, Petrus 171, 172
Böhme
Christian 194
Georg Eduard 24, 33, 35
Johann Christian 234
Boileau, Nicolas 241
v. Boineburg, Adelsgeschlecht
Adrian 161
Heidenreich †1612; 161
Ida geb. v. Buchwaldt 161
Bokelmann, Georg Ludwig 14, 15, 20
Georg Wilhelm 15, 17, 18
(v.) Bosendal 136
Bonde Jensen 137
v. Brandenburg-Culmbach, Markgraf
F. E. 140, 193, 194, 195, 196, 200, 204, 205
Christine, Markgräfin von Brandenburg-Culmbach 195
Brandt, Otto 90, 115
v. Braunschweig, Herzog 89
Breide, Hans 285, 291
s. Gensch v. Breitenau 309
Brenno, Carlo Enrico 71, 163
Brinkmann
(v.) Brockdorff, holst. Adelsgeschlecht 25, 35, 42, 45, 51, 66, 70, 72, 73, 77, 82, 118, 147, 157, 161, 168, 183
Anna Constantia 28
Anna Margarethe geb. Marselis 27, 28
Cai 149, 164
Cai Bertram 43, 45
Cai Lorenz, Lehnsgraf 43
Catharine Christine geb. v. Ahlefeldt 70
Christian Detlev 31
Christian Friedrich, Graf 44
Detlev †1732; 25, 149, 162, 164
Friedrich um 1580; 42, 118, 138
Hans †1599; 266, 276
Hans Adolph, Baron 186
Heilwig geb. Sehestedt 24
Joachim †1644; 24
Joachim †1719; 25, 26, 27, 31
Margarethe geb. Rantzau 43
Ölgard Catharine geb. Rantzau 25
Wulf Jasper 67, 69, 70, 149, 162
v. Brockdorff-Saldern, Barone 97
Christian Friedrich †1818; 84, 85, 93
Maria Sophia Charlotte geb. Gräfin von Saldern 85, 93, 96
Brockenhuus, Johann Ludwig 18
Brockmann, Heinrich 188, 189
v. Brömken 185
Buchholtz, Heinrich 97
v. Buchwaldt, holst. Adelsgeschlecht 38, 86, 94, 97, 112, 157, 168, 208, 212
Abel 160
Caspar 87, 244
Christian
Claus †1652; 87, 241
Daniel 87
Detlev Dietrich 208
Elsabe 94
Friedrich 101
Hans 149
Hedwig geb. Rantzau 86
Heinrich †nach 1626; 86, 87
Hirnich 160, 161
Ludwig Achatz 186
Magdalene geb. v. Rumohr 244
v. Bülow, Adelsgeschlecht 38, 46, 51, 124, 144, 146, 147, 252
Adolf †1816; 290
Adolf †1968; 146
Anna Oelgard geb. v. Ahlefeldt 119
Bernhard, Fürst 290
Cai †1910; 49, 145, 146
Cai-Harry 38, 50, 51
Cay-Friedrich 46, 146, 147
Christine Friederike geb. v. Rumohr 46
Conrad, †1918; 49
Conrad 50, 51
Cuno Josua, Freiherr 119, 125
Detlev †1926; 49, 145, 146

Detlev Heinrich 46, 47, 144, 145
Ernst August, Graf 119
Friedrich 49
Friedrich Gustav 47, 48, 49, 69, 145, 146
Harry 49, 50
Rosa geb. Parzevall 50
Susanne geb. v. Baudissin 290
Walter 49
Wilhelm 47, 144, 145
Bugenhagen 183
Burchard, Bischof von Lübeck 255, 262
Busch u. Busche, Ritter 191, 212
Byron, Lord 280

Camerer, Johann Friedrich 256, 257, 258
Carl Friedrich, Herzog v. Holstein-Gottorp 140
zu Castell, Grafen 194, 196, 226, 252
Carl Friedrich C.-Remlingen 228, 246
Catharine Hedwig geb. Reichsgräfin zu Rantzau 194, 228, 233, 246
Friederike Eleonore geb. Gräfin Castell-Rüdenhausen 228, 246
Johann Friedrich C.-Rüdenhausen 228, 246
Catharina II, Kaiserin von Rußland 90
Christian Albrecht, Herzog von Gottdorf 203
Christian I, König v. Dänemark 53, 273, 285
Christian III, König v. Dänemark 37, 200, 226, 293
Christian IV, König v. Dänemark 173, 184, 293, 300, 303
Christian V, von Dänemark 89
Christian VI, König v. Dänemark 194, 204
Christian VII, König v. Dänemark 84
Claudius, Matthias 114, 134
Conring, Hermann 203
Conze, Familie 186
Alexander 186
Leopold 186, 187, 188, 189
Marie-Elise geb. te Kloot 187, 188
v. Cosel, Grafen 28, 35
Anna Constantia geb. Brockdorff 28, 29, 30, 31
Christine Friederike 31
Sigismund 31
Criminil, Caroline Friederike, Marquise de geb. Gräfin v. Schimmelmann 121
Criminil, Marquis François Valentin 121
Crusius, Georgius 231

v. Dalldorf, Oberst 208
Dallin, Rudolf Matthias 14
Dallwitz-Wegner,
Renata siehe v. Schilden 271, 279, 283
Wolfgang 279
Danckwerth, Caspar 284
Degn, Christian 114
Dehmel, Richard 280
Denis, Simon 131
Denner, Balthasar 177
v. Dernath, Grafen 20
Friedrich Otto 14
Gerhard 208
v. Desmercières, Jean Henri 59, 60, 61, 64, 120, 124, 125, 132, 134
v. Dewitz 185
Dirkes, Ciriacus 36
Dörfer, Johann Friedrich August 184
v. Donner 18
(v.) Dosenrode, Ritter 158, 159, 168
v. Drage, Etheler 191, 196
von Drathen, Familie 251
Claus 253
Johann 253
v. Drieberg, Schwestern 102
Dyck, Oberförster 180, 181

Ebbrecht, Carl 34, 35
v. Eberstein, Fürstin siehe Schulenburg 119
Eberwein, Peter 81
Ebo, Erzbischof 223
v. Eck, Johann Mayer 225, 226
v. Eichendorff, Joseph 280
Eigtved, Nicolai 194
Elizabeth II, Königin v. England 84

Emike, Ritter 115
v. Emkendorf, Ritter
Doderteus 116
Thydekin 116
Erzbischof v. Bremen 255, 262, 273, 280

Fabritius, Albert 245, 246
Falke, Gustav 280
Ferdinand II, Kaiser 179, 185, 209
Fey, Karl 109
Finkenbaum 234
Francke, August Hermann 185
Franz I, Kaiser 209
Frenssen, Gustav 280
Frese, Daniel 284
Friccuis v. Schilden siehe v. Schilden 271, 283
Friedrich I, König v. Dänemark 183, 293
Friedrich II, König v. Dänemark 102, 202
Friedrich III, König v. Dänemark 185, 296
Friedrich IV, König v. Dänemark 59, 89, 194
Friedrich V, König v. Dänemark 120, 204
Friedrich VI, König v. Dänemark 178
Friedrich, Herzog v. Holstein-Gottorp 55, 76, 82, 228
Friedrich August, Fürst-Bischof 141
Friedrich August, Herzog v. Oldenburg 141
Fritze, Hans Arnold 72
Fuchs, Caspar 293, 303
Elisabeth geb. Kopp 293
Fuhlendorf, Jürgen 296

Gemperle, Tobias 281
Gensch v. Breitenau, Christoph 104, 107
Gerhard III, Graf von Holstein 171
Georg, Prinz v. Hannover 13
Georg I, König v. England 119
v. Glahn 219
v. Glahn, Frau 219
(v.) Glüsing, Ritter 75
Goetgen 233
Göttrik, König v. Dänemark 197
Greggenhofer, George 100, 128, 142, 146
Greve, Albert 253
v. Grote, Johann Ernst 297, 298, 303
(Frau) v. Grote geb. v. Bulöw 298
Gröger, Friedrich Carl 289
v. Gude, Peter Marquard d. Ä. 88, 89, 97
Peter Marquard d. J. 88, 89, 97
Gyldenløve
Elisabeth Sophie 295, 303
Ulrich Christian 295
v. Günderoth, Familie 92, 93
Gyldensteen, Lehnsgrafen 59, 60
Jean Henri 60
Marguérite 59, 60

Hämel, Balthasar Andreas 251
Haenel, Erich 28
Hagemann, Familie 150, 151, 157, 168
Anna Dorothea geb. Scheel 151
Christian Gottlieb 153
Friedrich August 154
Friedrich Carl 154
Georg Heinrich † 1805; 150, 151, 153, 154, 164, 165, 301
Johann Ludwig 153
Hagen, Joachim 274
v. Hahn, Friedrich 252, 253
Vinzenz
Hall, Rat 62
Hammerschmidt, Familie 24
Gerhard 34, 35
Jürgen 35
Karoline geb. Soennecken 34
Rudolf 24, 33, 34, 35
Wilhelm 34, 35
v. Hammerstein, Freiherren 208, 212
Christian Ludwig 208
Hans Detlev 209
Marie Elisabeth geb. v. Ahlefeldt 208, 211
Hansen, Christian Friedrich 14, 17, 210, 235, 281
Hansen, F. M. 235
v. Hansen 205, 206
Happel, E. G. 238
v. Hardenberg, Wilhelm Graf 107

de Haselau, Ritter 263, 271
Arnold 263
Barthold 263
Hinrich 263
de Haselthorpe, Ritter 273, 280, 283
Haszler 179
v. Hedemann, Christian Friedrich 101, 102
Georg 101, 102, 185
v. Hedemann-Heespen, Familie 99, 101, 102, 112
Adolph 110
Anna geb. Gräfin v. Reventlow 109
Carsten † 1960; 111
Fritz † 1905; 104, 109
Hartwig † 1960; 109, 110, 111
Kurt 110
Paul † 1937; 99, 103, 104, 105, 106, 107, 108, 135
Sven * 1956; 111, 112
Vera geb. Reccius 111, 112
v. Heespen, Christian Friedrich 100, 101, 102, 104, 112, 140
Heidtrieder, Henni 234
Heinrich IV, Kaiser 273
Heinrich, Herzog v. Sachsen 190
Heinrich der Löwe 169, 190
Heinrich, Familie 123, 124
Christian 123, 124
Helmuth siehe Lüttwitz 123
Dr. Curt 123, 134
Helms 205, 206
Henninges, Hieronymus 54, 200, 221, 231, 232
Heylmann, Friedrich Christian 210
v. Hildebrandt, Familie 166, 168
Adolph 166
Caesar † 1881; 165, 166
Caesar † 1916; 166
Eduard 166
Joachim Friedrich 165
Marianne geb. Ellermann 165
Wilhelmine geb. Stobbe 166
Hirschberg, Familie 19, 21
Ludwig † 1935; 19, 205
Ludwig geb. 1910; 19, 20, 205, 206
Wilhelm 205
Hirschfeld,
C. L. 193
Gustav 154, 157
Peter 194, 256
Wilhelm 154, 316
Hoenck, Familie 155, 157
Albert August 155 156
Armin 156
Eberhard August 156
Hubertus 156, 157
James 156
Höncke, Gregor 269
v. Holck, Grafen 209
Holm,
J. F. 134
Otto 195
Holst,
Hinrich 211, 212
Hugo 211, 212
M. N. 300, 301
Willy 211, 212
v. Holstein, Grafen 20, 251, 252, 253
Andreas 251
Christian Friedrich 14
Friedrich-Adolph 251
Friederike geb. Gräfin zu Rantzau 251
Friedrich Wilhelm 14
Heinrich, Lehnsgraf 251
Sophie Magdalene 14
Horn, Carl Gottlob 100, 120, 126, 128, 129, 130, 132, 133, 134
Hornemann, Adolf 95, 140, 142, 187
v. Hoym, Magnus Graf 28
Huguetan, Jean Henri 59
Humann, Karl 186

Irmisch, Hans 231

Janisch, J. C. 144
Jardin, Nicolas Henri 215, 217
v. Jensich, Freiherren 18
Jerk, Flemming 7
v. Jessen, Thomas Balthasar 101, 112
Johann, Bischof von Lübeck 255, 262

Johann d. Ä., Herzog 37
Johann, König von Dänemark 285
Joly 155
Juel, Jens 217
Jürgens 234
Juliane v. Hessen, Prinzessin 218

v. Kap – Herr, Freiherren 26
Karl d. Große, Kaiser †814; 197
Karl V, Deutscher Kaiser 102, 226
Kauffmann, Angelika 115
Kelly, Grace 167
v. Kendal, Herzogin siehe Schulenburg 119
v. Kielmansegg, Adelsgeschlecht 64, 82, 251, 253, 254, 256, 258, 259, 262
Adolf A. F. †1866; 260
Alexander †1956; 261
August †1810; 260
Carl Rudolph August 252
Christine Sophie Amalie geb. v. Ahlefeld 296, 297, 303
Dorothea geb. Rventlow 58, 59
Friedrich, Graf 253
Friedrich Christian, Freiherr 58
Friedrich Christian, Graf um 1818; 258
Friedrich Christian, Graf 261
Friedrich O. G. um 1835; 259, 260
Georg Ludwig um 1752; 254, 259, 262
Georg Ludwig *1943; 261, 262
Hans Hinrich, Freiherr 56, 57, 58
Johann Adolf Kanzler 56, 258, 296
Johann Adolf *1906; 260
Johann Gottfried 296, 297, 303
Karl E. A. F. †1899; 261
Ludwig um 1860; 301, 303
Mette geb. v. d. Wisch 57, 58
William †1920; 261
v. Klingenberg, Paul 28, 172, 173, 174, 178, 181
te Kloot, Marie-Elise 187, 188
Klopstock, Friedrich Gottlieb 114, 144
Knuth, Grafen 60
Koenig 33
v. König, Freiherr Leo 218
v. Königsmarck, Grafen 12, 20
Amalie 13
Cord Christopher 12, 13
Johann Christoph 13
(Maria) Aurora, Gräfin 13
Philipp Christoph 13
Koll, Familie 243
Koopmann 251
Kortholt, Sebastian 89
Kramer, F. 210
(v.) Krummendieck, holst. Adelsgeschlecht 171, 191, 196, 198, 200, 207, 212, 214, 220
Albert, Bischof 207
Bernhard 214
Erich 207
Heinrich 207
Jürgen 285
Lüder 208
Margarethe 207
Kruse, Wiebke 294, 300, 302, 303
Kuntze 233

Langot, François 108
Lâszló, Ph. A. 80
Laur, Wolfgang 65, 197, 198, 250
Lavater, Johann Kaspar 114
Laves, Johann 256
Lawätz
Christian Otto 301
Ferdinand Otto Vollrath 301, 303
Johann Daniel 301
Leibniz, Gottfried Wilhelm 89
Leinau, Erika 73
Leisching,
Johann Ernst 144, 147
Johanna Antoinette Maria geb. Baur 288
Polycarp August 288, 291
v. Lente, Familie 185, 189
Christian 185
Friedrich 185
Johann Hugo 185, 297
Theodor 185
v. Leuenburg, Christian 88, 97
v. Levetzow, Bernd Hartwig 204
Liedtke, Johann 187, 188
v. Liliencron, Freiherren
Andreas Ernst 205
Detlev 224, 280

v. Lille, Graf 85
Lindeberg, Peter 199, 200, 230
v. Löbbecke, Gustav 33, 35
Löhndorf, Claus 26
Løvendahl, Baron Woldemar 44, 51
v. Lohendahl (Lohmann) 203, 204, 206
Ida Magdalene geb. v. Ahlefeld 204
Johann Hinrich 204
Lohse, Oswald, Dr. 48
Lothar, Herzog v. Sachsen 190
v. Luckner, Grafen 23, 35
Adam 32, 33
Carl Nikolaus 32
Felix 32, 33
Ferdinand 31
Hedwig Sophie geb. v. Brömbsen 31
Heinrich 32
Nikolaus †1794; 23, 31
Nikolaus †1824; 31
Ludwig XVIII, König von Frankreich 85
v. Lübbers, Georg Nicolaus 288
v. Lütken 301
v. Lüttwitz-Heinrich, Freiherren
Ella geb. Freiin v. Lüttwitz 123
Helmuth 123
Lunden, Johann von 233, 236
Luther, Martin 183, 226

Mannhardt, Familie 179, 181
Anna geb. van der Smissen 179
Hinrich Gysbert 180
Johann Wilhelm 179, 180
Marie Antoinette, Königin v. Frankreich 121
Marie Louise Josephine, Königin v. Frankreich 84, 85
Marselis, Gabriel 27
(v.) Marute, Ritter 75, 82
Gottschalk 75
Marquard um 1289; 75
Marquard um 1339; 75
Timmo 75
Martini, C. D. 300
Mattheson, Johann 13
Matthiessen, P. F. C. 248
Mauritius, Johann Jacob Baron 204
de Medici, aus Florenz 227
v. Mesmer-Saldern 93, 97
Caspar 94
Friederike Marie Sophie geb. Baronesse v. Brockdorff-Saldern 93
Jean Marie Aimé 93, 94
Joseph 94, 95
Lorenz 93, 94
Susanne geb. v. Warnstedt 94
v. Meurer, Freiherren 204, 206, 209, 210, 211, 212
Adolf 208, 210, 211
Heinrich um 1766; 204, 209, 210, 211
Joachim Carl Friedrich 210, 211
Ursula 211
Meyer,
Bauinspektor 107
Friedrich Johann Lorenz 17
F. L. W. 301
Milberg, Familie 62, 64
Oscar Alexander 62, 63
Theodor 62
Milberg-Schoeller, Iris-Alexandra 63, 64
Missfeldt, Frauke geb. Lühning 132
Mohrhagen, Bernhard 143
v. Monaco, Fürstin Gracia Patricia 167
v. Monjou, Fräulien 278
de Monteleone, Don Antonio Casado, Marquis 60
Mores, Jacob 230, 233, 236, 242
Mose, J. E. 216
Moser, August Friedrich 130, 132
Müllenhoff, Karl 184
Mullikas, Erik 219

v. Nassau-Odyck, Gräfin 59
v. Neergaard, Jens Peter 61, 72
Nesselrode, Graf 216
Niemöller, Familie 180, 181
Elisabeth geb. Dyck 180
Harald 180
Reinhard 180, 181
Nikolaus I, Zar v. Rußland 216, 217
af Norce,
Benedictus 66
Friedrich 66

Oldekop, Henning 182
v. Oertzen
Christine Sophie Amalie geb. v. Ahlefeldt 296
v. Oppen-Schilden siehe v. Schilden 271, 283
Otte, Familie 301
v. Ottenbüttel, Ritter 191
Ovens, Jürgen 258

Pauly,
Administrator 166
Georg Friedrich 141, 144, 147
Paustian, N. F. 302, 303
Pellicia, Giuseppe Anselmo 130, 131, 132, 133, 134
Pergolesi 210
Peter III, Kaiser von Rußland 90
Petermann 176
Peters,
Dirck 176, 177
Cai Detlev 176, 177
Peter 176, 177
Petersen, A. Architekt 63, 146, 235
v. Platen,
Hallermund, Grafen 290, 291
Elise, geb. v. Warnstedt 290
Georg †1881; 290
Georg †1927; 290
Georg †1961; 290
Georg *1917; 290
(v.) Plesse, Familie 223, 224
v. Plessen, Adelsgeschlecht 82, 224
v. Scheel-Plessen
Carl 79, 80
Johann, Baron 80
Leopoldine, Gräfin v. Plessen-Cronstern geb. Gräfin Hoyos 122
v. Plessen-Cronstern, Ludwig 79, 80
Ludwig Carl, Graf v. Plessen-Cronstern 80
(v.) Pogwisch, holst. Adelsgeschlecht 37, 38, 44, 286, 291
Hans †1599; 266
Otto 37
Sievert †1626; 267, 286
Posselt, Friedrich 242
Potocki, Graf 84
Presbyter Bremensis 169, 171
Prinz, Ernst 132, 134
v. Prinzen 298
de Prodole, Ritter 10, 11, 20, 24, 136
v. Provence, Gräfin 84

v. Qualen, holst. Adelsgeschlecht 66, 67, 69, 73, 139, 142, 147, 209
Drude †1672; 138
Friedrich August †1803; 144
Heinrich um 1639; 138
Johann Detlev †1824; 144
Juliane Auguste geb. Pauly 144
Magdalena Wilhelmine Caroline geb. v. Rumohr 144
Otto †1620; 138
Rudolf †1830; 144

Rastede, Dieter 167, 168
(v.) Rantzau 51, 53, 64, 76, 82, 97, 99, 100, 102, 112, 115, 118, 124, 138, 139, 147, 168, 172, 181, 194, 195, 198, 200, 206, 208, 212, 214, 220, 253
Anna geb. Walstorp 236, 238, 245
Beate geb. Sehestedt 36
Benedict 53
Breide †1618; 208, 243
Cai um 1383; 207
Cai †1591; 235, 243
Cai †1607; 172, 173, 242, 245
Cai †1645; 118
Cai †um 1700; 118, 119
Catharina 173
Christian †1709; 119
Christian Albrecht †1697; 139
Christine geb. v. Halle 202
Christoph †1596; 53, 76, 160
Christoph †1621; 54, 139, 160
Claus 53
Daniel †1569; 86, 102, 103, 226
Daniel um 1600 †f; 118
Daniel †1658; 139
Detlev 192, 252
Dietrich 243

Elisabeth geb. Rantzau 172, 173, 242, 245
Erich 202
Franz †1612; 202, 243
Friedrich 139, 243
Gert †1580; 42, 118, 138
Gert †1627; 25, 161, 223, 227, 232, 243, 246
Gosche †1564; 86, 102
Hans †1673; 139
Hans †1696; 58, 139
Hedwig 43
Heinrich †1598; 37, 40, 86, 103, 162, 172, 200, 201, 202, 214, 222 ff, 246
Heinrich um 1650; 173
Heilwig geb. Sehestedt 160
Jasper 139, 140
Johann †1565; 37, 38, 40, 50, 51, 200, 201, 202, 208, 222 ff, 246
Johann †1582; 243
Josias 42, 240
Josias Breide um 1698; 139
Magdalena Hedwig 119
Margaretha 102
Moritz 76
Otto †1698; 139
Paul 36, 37, 40, 42, 172, 235, 240
Peter †1602; 87, 102, 118
Peter †nach 1664; 139
Schack 53
Sievert um 1638; 138
Tönnies †1533; 118
Tönnies †1594; 85, 86, 99, 102, 116, 118
Tönnies d. J. †1607; 118
zu Rantzau, Grafen 223, 245
Amoene geb. Gräfin Castell-Remlingen 228, 246
Andreas Conrad 228, 234, 246
August 246
Breido *1949; 229, 246
Carl 246
Conrad 235, 246
Friedrich †1806; 228, 234, 246
Friedrich †1871; 246
Hans Caspar 229, 246
Heinrich 243
Johann 224
Kuno 234, 246
Marie geb. v. Lilienfeld 244
Otto †1910; 229, 246
Otto *1922; 246
zu Rantzau, Reichs-Grafen 182, 196, 253
Christian †1663; 192, 223, 232, 233, 246, 252
Christian Detlev 193, 228, 246
Christoph 160
Detlev 193, 228, 246
Dorothea geb. v. Rantzau †1662; 192, 252
Wilhelm Adolf 193, 228, 246
(v.) Ratlow 37, 171
v. Rayski, Ferdinand 218
v. Reden 143
Reeckmann, Klaus 81, 82
Reese, Gunnar 186
v. Reichenbach, Freiherren 203, 206
Catharine geb. v. Reventlow 203
Christian Ernst um 1692; 203
Christian Ernst um 1714; 203
Elisabeth Sophie geb. Conring 203
Georg Andreas 203
Rembrandt 233
v. Reuss, Fürsten 59, 60, 62, 64
Heinrich VI, Graf 60
Heinrich XLIII 61
Heinrich LXIV 61
Heinrich LXIX 61
(v.) Reventlow, holst. Adelsgeschlecht 11, 46, 206, 238, 291
Benedicte Margarethe 44
Claus 149, 150, 164
Detlev 58, 203
Doso 1347; 159
Gottschalk um 1400; 285
Hinrich 285
v. Reventlow, Grafen 124, 157, 158, 159, 168, 209, 252, 253
Charlotte geb. Gräfin Schlippenbach 120
Charlotte Dorothea geb. Scheel v. Plessen 150
Detlev 120, 128, 150, 151
Friedrich (Fritz) 98, 113, 114, 120, 121, 123, 126

Heinrich, Graf 58
Julia geb. Gräfin v. Schimmelmann 98, 113, 114, 115, 120, 123
Theodor 253
zu Reventlow, Grafen 51
Conrad 58
Ludwig †1978; 142
v. Reventlow-Criminil, Grafen 81, 124, 134
Adolf †1927; 122
Carl †1908; 81, 122
Charlotte geb. Gräfin v. Platen Hallermund 121
Diana 122, 123
Heinrich Anna 121
Joseph Carl 121
Lilian geb. Gräfin Hoyos 122
Richter, Johann Adam 90
Rilke, Rainer Maria 280
Rocholl, O. 18, 19, 21
Roggatz, Ingo 167, 168
Rohlfs 178
Rombauer, Janos 218
de Roncha, Francesco (Franz von Roncha) 191, 192, 214, 220, 250
v. Roncha, Franz 214, 220
Rosenberg, Johann Gottfried 234
v. Rosenberg-Lipinsky 205, 206
Alfred 205, 206
Alexander geb. 1962; 206
Elisabeth geb. Hirschberg 205
Rücker, J. W. 18, 21
Auguste 18
Martin Wilhelm 18
v. Rumohr, holst. Adelsgeschlecht 20, 38, 42, 46, 51, 66, 69, 82, 136, 142, 147, 172, 181, 243, 244
August 244
Benedicta Margaretha geb. v. Buchwaldt 175, 176
Cai †1714; 140, 143, 174, 175
Cai Asmus * 1939; 8
Cai Wilhelm Georg 244
Claus †1723; 175, 176, 177
Conrad 69
Friedrich 244
Heinrich 45, 46
Henning †1902; 244
Henning †1984; 8
Henning Bendix †1777; 140, 141, 142
Hermann 242
Johann Rudolf 45, 177, 178
Jürgen 58, 76
Otto †1768; 140
Schack 10, 11
Wilhelm 140
Wulf August 244

v. Sachsen-Weimar, Herzog 89
Saeftel, Dr.-Ing. 134
v. Saldern, Familie
Carl Hinrich, Graf v. Saldern-Günderoth 93, 97
Caspar 84, 90, 92, 93, 96, 97, 98, 128, 140, 141
Catharina Lucia geb. Thiede 93
Friederica Amalia geb. v. d. Kettenburg Gräfin v. Saldern-Günderoth 93
v. Saldern, Gräfin Maria Sophia Charlotte 85, 93, 96
Sartorius, Luise geb. v. Rumohr 143, 144
v. Schack, Grafen v. Schack-Schackenburg 18, 21
(Brockenhuus-) Schack 18
Dorothea Hedwig geb. v. Sehestedt 100
Hartwig Asche 12, 100
Knud Bille Graf 18
v. Schauenburg, Grafen 169, 170, 267
Adolf I 169
Adolf II 170
Adolf III 170
v. Schaumburg-Lippe, Fürsten 167, 168
Schernikau, R. N. 133
Scheel, Christian †1782; 150, 151, 153, 157, 164, 168
Ludwig Matthias 153
Scheel-Plessen; s. v. Plessen
v. Schilden, Familie 270, 271, 291
Anna Henriette 278
Christian Friedrich (Friccius) 279
Emil (Schönaich-Carolath) †1908; 279, 280

Emilie 279
Friederike Juliane geb. v. Huitfeldt 278, 279
Friedrich Carl (Friccius) 278
Hans Heinrich um 1804; 281
Hans Heinrich (Friccius) 278
Heinrich Andreas 278, 287
Johann Erich 278, 287
Karl (Oppen) 279, 282, 283
Karl Ludwig 278
Rosalie †1864; 279
v. Schilden-Huitfeldt siehe v. Schilden 271, 283
v. Schiller, Familie 62, 64
Gustav Wilhelm 62
Paul 62
v. Schimmelmann, Grafen 72, 77, 82, 114, 126, 228
Schlüter, Louise geb. Binge 72
Schlüter, C. H. G. 32
Schmarje, Otto 146
v. Schmettow 45
Schmidt, Harry 98, 99, 105
Schnepel, Amalie Friederike 96, 97
Schnoor, Claus 87
v. Schönaich-Carolath, Prinz Karl 279
v. Schönaich-Carolath-Schilden, Prinzen siehe v. Schilden 271, 283
v. Schomburg, Bernhard Leopold Volkmar 204, 206
Schreiber v. Cronstern, Familie 76
Carl Friedrich 79
Gabriel 76, 79, 82
Gabriel Friedrich †1807; 79
Gabriel Friedrich †1869; 79
Henriette verm. v. Plessen 79
v. Schröder Johannes 136, 144, 162, 284
v. d. Schulenburg,
Ehrengard Melusine 119, 124
Graf Johann Matthias 119
v. Schwabe 66, 73
Schwartz, Hans Wilhelm 176
v. Schwarz, Ernst Heinrich 188
Seebach, Carl-Heinrich 7, 8, 84, 85, 90, 120, 125, 229
v. Seelen, Johann Heinrich 104
Seestern-Pauly siehe Pauly 144
(v.) Sehestedt, holst. Adelsgeschlecht 20, 35, 148, 157, 159, 168, 182, 189, 191, 196, 208, 212
Anna geb. v. Ahlefeldt 184
Barbara 184
Benedict um 1450; 149
Benedict †1500; 149
Benedict um 1540; 149, 159
Benedict um 1598; 149
Bertram †1562; 149, 159
Detlev um 1576; 11, 22
Detlev um 1620; 24
Dorothea geb. Rantzau †1570; 86
Dorothea Hedwig 12
Enevold (Ewald) 159
Hans 149, 159
Heilwig verh. Rantzau 160
Henneke 183
Ide geb. Gøye 183
Jürgen 22, 149, 159
Margaretha geb. vam Damme 183
Mette 160
Moritz 12
Otto um 1450; 148, 149
Otto um 1480; 149
Otto um 1601; 183, 184
Ove 22, 23, 24
Paul 22
Wulf 183, 184
Selmer, Matthias 116
van der Smissen, Gysbert 179
v. Söhlenthal, Georg Wilhelm Freiherr 185, 189
Sonnin, Ernst Georg 128, 196, 256, 258, 287
Sophie Amalie, Prinzessin v. Holstein Gottorp 28
Sophie Dorothea Prinzessin von Celle 13
v. Sparwenfeldt, Freiherr Jacob Hinrich 90, 97
v. Spörcken, Generalfeldmarschall 260
Springer, Axel 83, 96, 97
Stahmer, Jürgen 155
Stake, Ritter 137
Statius van Düren 40

Stav, Heinrich 140
v. Steding, Familie 303
Arend 293
Elisabeth geb. Fuchs 293
Gerhard 293
Margarethe geb. v. Stralendorff 294
Steffen 188
Stinde, Pastor 90
Stoppel, J. P. 18, 21
zu Stolberg-Stolberg, Grafen 114, 185, 252, 253, 303
Auguste (Gustchen) 298, 299
Catharine (Kätchen) 298
Christian 298
Christian Günther 298, 299, 300
Friedrich Leopold 298
Henriette 298
zu Stolberg-Wernigerode 185
Christian Ernst 299
Storm, Theodor 280
Strathmann, Detlef 157

Tadey, Francesco Angelo 46, 130
Thaer, Albrecht 154
Thiem, Eckhard 290, 291
v. Thienen, Friedrich Ludwig Christoph 205
Thiersen, Elisabeth 239
Thorvaldsen, Bertel 229, 234
Tidemann 232
Tischbein, Wilhelm 209
Treu, Cornelius Gottfried 119, 125, 209, 210

Vaget,
Dirik 292, 293, 303
Elisabeth geb. Koep 293
Vocin 234
Vicelin 191
Vitruvius, Marcus 196
Vollert, Otto 8
Vogel, Dr. H. 48
de Vohs, Peter Gerhard 155, 157
Vysborg, Jens Petersen 194

Wachs, Dr. 180, 181
Walbaum, Anton Heinrich 185
Wallenstein 173, 232
(v.) Walstorp, holst. Adelsgeschlecht 11, 20, 171, 238
Detlef 11
Dorothea 11
Heinrich 11
Warnstedt, Susanne geb. v. Baudissin 296
Henneke 11
Joachim 12
Ove 11
v. Watzdorf, Erna 28
v. Wedderkop, Familie 67, 69, 76, 82, 146
Elisabeth Anna Louise 67
Weidlich, Wolfgang 8
Earl of Wemyss 122
Wernicke, Christian 193
Werthmann, J. F. 153, 162, 165, 168
v. Westensee, Ritter 85, 115, 116, 124, 135, 136, 137, 170
Busche 170
Hinrich 170
v. Wich, Cyrillus 186
Marie Elisabeth geb. v. Wedderkop 186
v. Wiebel, Peter Anton 77, 82
Wilhelm II, Deutscher Kaiser †1941; 145
v. Winterfeld(t), Johann Friedrich 12, 56
v. d. Wisch, holst. Adelsgeschlecht 181
Clemens 171, 172
Wittmaack, Dietrich 203
Wittorp, Ehepaar 266
(v.) Wittorp 171
Wolf, J. Z. 42
Wölfer, Otto A. H. 157
(v.) Wonsfleth 171
Wulff,
August Friedrich 176, 177
O. J. D. 72
Wuffhagen, Franz 233

v. Zarnow, Jürgen †1598; 265, 266, 269
v. Zimmern, Grafen 239

Abbildungsnachweis

Farbtafeln

Alfred Demnick, Kiel: 41, 94
Foto Kaack, Itzehoe: 201, 227, 237
Klaus Rohmeyer, Fischerhude: 117 und Umschlagmotiv

Schwarzweißabbildungen

Bundespräsidialamt Bonn: 34
Jürgen Gaiser, Aachen: 197, 203
Landesamt für Denkmalpflege: 201, 247, 249, 266, 270
Landesmuseum Schloß Gottorf: 43, 217
Nationalmuseum Frederiksborg: 59
Henning von Rumohr, Drült: 9, 15, 16, 19, 20, 22, 25, 29, 30, 36, 39, 55, 57, 61, 76, 81, 95, 150 (freigegeben vom Amt für Denkmalpflege, Kiel), 152, 160, 182, 184, 190, 196, 295, 299
Foto Scholz, Rendsburg: 112
Stadtarchiv Nordenstedt: 300
Städtisches Museum Flensburg: 88, 237
Andreas Vones, Flensburg: 177, 263
Otto Vollert, Kiel: Alle weiteren Fotos